박대훈의

사방팔방
지식 특강

박대훈의
사방팔방
지식 특강

박대훈 + 최.지.선.(최선을 다하는 지리 선생님 모임) 지음

이 책에 나오는 국가

그린란드
(덴마크령)

아이슬란드

미국

멕시코

하와이

자메이카

코스타리카

베네수엘라

파나마 콜롬비아

라이비

브라질

볼리비아

파라과이

아르헨티나

러시아

우즈베키스탄

마니아

터키

아제르바이잔

시리아

이라크   아프가니스탄

사우디아라비아   파키스탄

예멘

에티오피아

케냐   소말리아

카 공화국

네팔

부탄

인도

방글라데시

중국

북한

대한민국

일본

인도네시아

호주

뉴질랜드

■ 1. 지리		▨ 5. 생활	
▨ 2. 여행		■ 6. 경제	
▨ 3. 음식		▨ 7. 스포츠	
▨ 4. 문화			

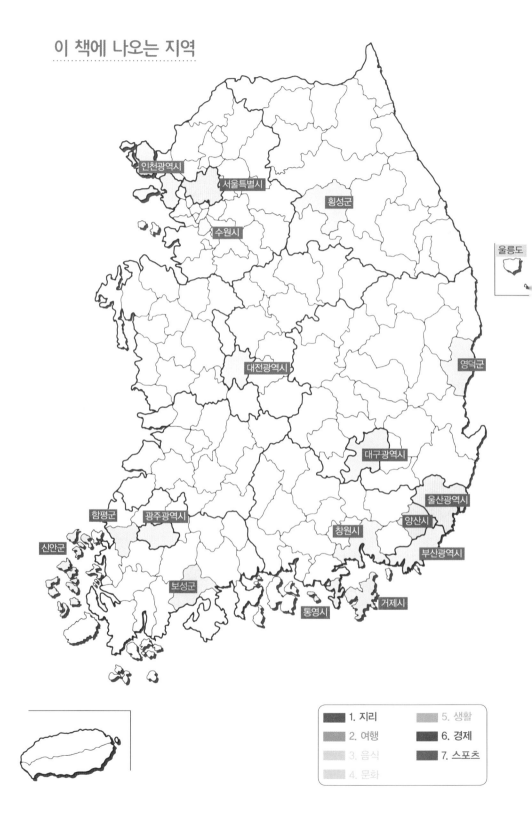

이 책에 나오는 지역

인천광역시
서울특별시
횡성군
수원시
울릉도
대전광역시
영덕군
대구광역시
울산광역시
양산시
함평군
광주광역시
창원시
신안군
부산광역시
보성군
통영시
거제시

1. 지리
2. 여행
3. 음식
4. 문화
5. 생활
6. 경제
7. 스포츠

최.지.선은 '최선을 다하는 지리 선생님 모임'의 줄임말입니다.

최지선은 전국 각지에 계신 선생님들의 무지개 빛깔 생각들을, 지리와 지역에 대해 관심이 많은 모든 사람들과 함께 즐기고 공유하기 위해 만들어졌습니다. 앞으로도 최지선 선생님들은 『사방팔방 지식 특강』을 시작으로 다양한 지식 활동을 이어갈 것입니다.

강문철 (대구) 경북대 사대부고

김도영 (오산) 세마고

김차곤 (서울) 문영여고

김한승 (서울) 하나고

김현명 (인천) 포스코고

박대훈 (서울) 대성마이맥

박동한 (영천) 영동고

박세구 (하남) 하남고

서태동 (광주) 풍암고

송훈섭 (고양) 저현고

윤창호 (울진) 후포고

이세훈 (양산) 양산남부고

이지수 (수원) 권선고

이태우 (남원) 남원중

정겨운 (광주) 성덕고

최종현 (수원) 숙지고

하경환 (서울) 양정고

하장성 (서울) 서문여고

함동식 (속초) 속초여고

익숙한 것들과의 결별

'Impossible'이라는 영어 단어에 점 하나와 공백 한 칸을 추가하면 'I'm possible'이라는 전혀 다른 의미의 문장이 만들어집니다. '발상의 전환'은 이처럼 익숙한 것을 낯설게 보려는 노력을 통해 가능해집니다. 그런 와중에 『박대훈의 사방팔방 지식 특강』이 출간되었습니다. 저는 익숙함으로 인해 무심코 지나칠 수 있는 여러 가지 사물과 생각 들을 다르게 보고자 하는 의도를 담아 이 책을 써내려갔습니다.

지식은 사람이 살아가는 과정에서 터득한 노하우 혹은 정제된 정보입니다. 우리는 끊임없이 움직이면서 보고 듣고 만지고 느낍니다. 가령 여러분이 누군가와의 만남을 준비하고 있다면 먼저 그녀 혹은 그와 언제 어디에서 만날지를 정하는 과정이 진행됩니다. 두 사람 모두가 부담 없이 찾을 수 있는 장소를 예약하고, 그곳으로 가는 데 걸리는 시간을 계산해보고, 이 만남을 차질 없이 진행할 수 있는 이동수단을 선택하는 일 등이 우선적으로 이루어져야 합니다. 그리고 서로가 처음 마주앉아 말을 섞기 시작하면 본격적인 교류가 시작됩니다. 적어도 앞으로 인연을 이어나갈 사람이라는 확신을 갖기 위해서는 다양한 이야기와 경험담을 통해 서로의 느낌을 공유할 수 있어야 합니다. 그리고 첫 만남이 끝나는 순간 더욱 돈독한 사이로 발전할 수 있는 두 번째 만남을 기약할 수 있어야 하겠죠.

이러한 과정에서 우리는 시간과 공간적 이동, 특징적인 장소와 이야기의 소재, 그리고 두 사람의 기억에 남을 수 있는 분위기 등을 알 수 있게 됩니다. 지식은 이렇게 차곡차곡 적립되는 것이지요. '지리'는 이렇게 얻은 모든 지식들을 더욱 풍요롭게 만들 수 있는 마술 그릇입니다. 같은 정보라도 상황에 따라 다르게 사용될 수 있으며 의미가 달라지기도 합니다. 따라서 우리는 상황에 따라 자유롭게 사고를 전환하면서 습득한 지식을 적용할 수 있어야 합니다. 다양한 시각과 발상의 전환을 도와줄 수 있는 마술 그릇, 그것이 바로 '지리'의 역할입니다. 프리즘을 통해 한 가지 색의 빛이 무지개색으로 분리되는 것처럼, 지리는 평범한 일상의 장면들을 반사시켜 전혀 다른 색깔의 신선한 지식으로 튜닝해줄 수 있습니다.

사무엘 울만의 〈청춘〉이라는 시에서 '마음이 늙으면 나이가 어려도 청춘이 아니다'라는 한 구절이 생각납니다. 이 말처럼 늙은 마음은 고정관념에서부터 나옵니다. 그리고 고정관념을 깰 수 있는 가장 좋은 방법은 세상에 대해서 끊임없이 묻고 탐구하는 것입니다.

이 책에 수록된 이야기들은 독자 여러분의 일상에 '지리'라는 시각을 추가하여 만들어졌습니다. 지금껏 무심코 지나쳤던 여러 가지를 새롭고 신선한 관점에서 바라보는 계기가 되었으면 합니다. 감사합니다.

박대훈

Part 5. 생활

Part 6. 경제

Part 7. 스포츠

Part 1.
지리

달마가 북쪽으로 간 까닭은?

첫 번째 글의 제목부터 좀 생뚱맞죠? 하지만 저 물음에 대한 해답이 제가 이 책을 펴낸 가장 중요한 이유 중 하나이기도 하고, 이번 기회에 세계를 바라보는 우리의 잘못된 고정관념을 바꿔보고자 제목을 이렇게 정했습니다.

우선 여러분에게 간단한 퀴즈 하나를 내보겠습니다.

> **퀴즈**
>
> 아르헨티나의 수도 부에노스아이레스에서 인천공항까지 비행기를 타고 올 때, 어느 경유지를 거치는 것이 가장 최단거리일까요?
> 1. 파리 2. 시드니 3. 홍콩 4. 요하네스버그

정답은 잠시 후에 공개하도록 하고 제가 하고 싶은 말을 계속하겠습니다.

만약 지도상에서 남동쪽에 위치한 곳으로 여행을 가기로 결정하고 친구들

과 가족들에게 작별인사까지 다 했는데, 정작 북서쪽으로 출발하면 어떻게 될까요? 아마 "야! 너 어디가?" 또는 "쟤 뭐지?" 이런 반응이 나올 겁니다. 그런데 세계여행을 할 때는 이것이 전혀 이상한 일이 아닙니다.

우리나라의 대척점으로 알려진 우루과이의 몬테비데오나 아르헨티나의 부에노스아이레스를 방문하는데, 북극점이나 남극점을 거쳐서(물론 북극점이나 남극점에는 공항이 없지만요) 가겠다고 하면 왜 그렇게 멀리 돌아가느냐고 반문하겠지만 실제로는 최단거리로 이동하는 것입니다. 이 비정상 같은 일이 전혀 비정상이 아닌 이유는 바로 지구가 둥글기 때문이지요.

수능 시험에도 출제된 적이 있는 대척점에 대해 우리는 보통 이렇게 알고 있습니다. "대척점은 낮과 밤, 그리고 계절이 정반대인 지점이다." 예를 들어 동경 127도 30분, 북위 38도의 대척점은 서경 52도 30분, 남위 38도가 됩니다. 그런데 과연 대척점의 의미가 이것뿐일까요?

벽에 붙여놓은 세계지도가 아니라 지구본을 옆에 두고 우리나라의 대척점을 찾아보세요. 그리고 그곳으로 최단경로로 이동해보세요. 이제 발견하셨나요? 대척점에 위치한 곳으로 이동한다면 어느 방향으로 이동하든지 그 경로는 모두 최단거리가 될 것입니다.

옆에 지구본이 없는 독자들을 위해 더 쉬운 사례를 들어보겠습니다. 북극점과 남극점을 떠올려봅시다. 이 두 지점은 분명히 대척점에 있는 것이 맞지요? 그러면 북극에서 남극으로 최단거리로 이동을 하는 방법은 360개의 경도(편의상) 중에서 아무것이나 선택하는 것이겠죠. 만약 중간 경유지를 2곳 이상 정한다면 최단거리 이동에 문제가 생기겠지만, 중간 경유지를 1곳만 선정하는 것은 전혀 문제가 되지 않습니다. 예를 들어 북극에서 런던을 거쳐 남극을 가고자 한다면 경도 0도를 선택하면 되고, 로스앤젤레스를 거쳐 가고자 하면 서경 120도를 선택하면 됩니다.

자, 그럼 이제 퀴즈의 정답을 말씀드리겠습니다. 애초에 이 문제는 아르헨티나가 우리나라의 정반대 방향에 있다고 가정하고 출제한 것인데, 그렇기 때문에 어느 곳을 경유하든 모두 최단거리가 될 것입니다. 그래도 굳이 정답을 고르라면 파리를 경유하는 것이 가장 가깝습니다. 그 이유는 부에노스아이레스가 우리나라와 완전한 대척점에 위치한 게 아니라 살짝 비켜나 있기 때문입니다. 하지만 파리를 경유할 때 줄어드는 거리는 우리나라에서 부에노스아이레스까지의 총 거리 2만 킬로미터에 비하면 미미한 몇백 킬로미터에 지나지 않습니다.

그런데 만약 여러분이 부에노스아이레스에서 파리를 거쳐 입국했다고 하면 왜 그렇게 돌아왔느냐고 하는 사람들이 꽤 있을 것입니다. 제 친척 중 한 분이 아르헨티나에 사는데 파리를 거쳐 왔다는 말에 실제로 저희 가족들이 이렇게 반응하기도 했죠.

사람들이 이러한 고정관념을 가지게 된 것은 벽걸이용 세계지도(횡축 메르카토르 도법)에 익숙하기 때문일 것입니다. 이 지도는 대항해시대부터 사용한 지도로 세계 각 대륙의 모양과 항해 각도가 정확하기 때문에 가장 많이 사용되는 지도이기는 하지만, 고위도로 갈수록 면적이 지나치게 확대되고 거리도 부정확합니다. 즉 평면에서는 두 지점 사이의 최단거리가 직선이 되겠지만, 지구는 둥글기 때문에 지도상의 두 지점 사이의 실제 최단거리는 직선 경로가 아니라는 뜻이죠.

그래서 만약 인천공항(북위 약 37도, 동경 126도)에서 북위 37도, 서경 54도인 지점(물론 실제 위치는 대서양이지만, 미국 동부에 위치한 도시라고 가정해도 무방합니다)까지 최단거리로 이동하기 위해서는 비행기가 어느 방향으로 날아가야 하느냐는 질문에 '정북쪽'이라고 정답을 이야기하는 사람은 매우 드뭅니다. 오히려 동쪽이라고 생각하는 사람이 훨씬 많을 것 같네요.

물론 심사도법이라든가 대권항로 등에 대해서 알고 있는 독자들도 있겠지만, 이 경우에도 북동쪽(알래스카에 위치한 앵커리지를 경유하는 정도)으로 가야 한다고 대답하는 사람이 대부분으로, '북쪽'이라고 대답하는 사람은 거의 없을 겁니다. 혹시 이해가 안 된다면 동경 126도와 서경 54도는 하나의 큰 원(대권)으로 북극과 남극에서 합쳐진다고 생각하면 됩니다.

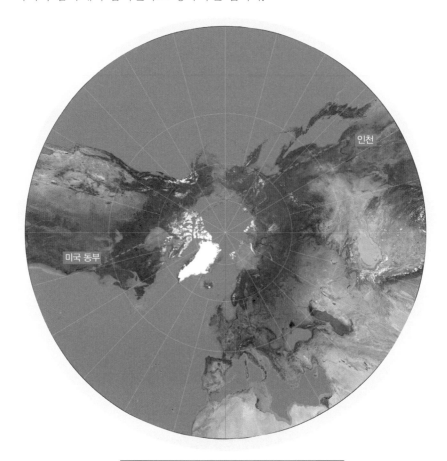

인천에서 미국 동부 지역으로 가는 비행기의 항로

유사한 문제를 하나 더 풀어보죠. 러시아의 예카테린부르크(동경 60도, 북위 55도)에서 미국 로스앤젤레스(서경120도 북위 35도)까지 이동한다면, 지도상으로는 로스앤젤레스의 위도가 낮으므로 당연히 동남쪽으로 이동한다고 생각하게 됩니다. 하지만 이 경우에도 비행기가 북극을 통과해서 가는 것이 최단거리 비행이 됩니다. 서경 120도와 동경 60도 경선이 하나의 대권을 이루기 때문입니다.

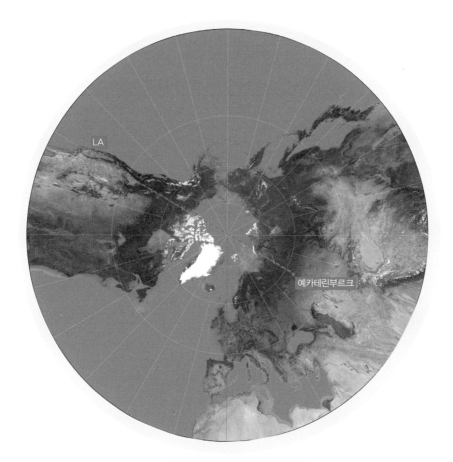

예카테린부르크와 LA의 항로

대권 (大圈, great circle)

지구를 하나의 구라고 했을 때, 그 중심을 지나는 평면과 구면이 교차가 되는 원입니다. 지구상의 임의의 두 지점은 대권을 따라가면 최단거리가 됩니다. 따라서 대권 항로는 선박, 비행기의 장거리 운행에 이용되고 있습니다.

세계지리 수업에서 가장 먼저 배우는 것이 바로 세계지도입니다. 그리고 최근 몇 년간 『지도와 거짓말』, 『메르카토르의 세계』 등 세계지도 관련 서적도 많이 출판되었습니다. 우리가 지도를 배우는 목적은 세계관의 정립과 형성에 있다고 생각합니다. 즉 어떤 지도를 선택하느냐에 따라 '세계관'이 달라질 수 있고 또한 그것은 우리의 '가치관'에도 영향을 미친다는 거죠.

만약 우리가 가장 많이 접하고 사용하는 지도가 메르카토르 도법의 지도가 아니라 다른 지도였다면, 아마 16세기 이후의 역사가 많이 달라지지 않았을까요? 제국주의 역사도 달라졌을지 모르고 어쩌면 1, 2차 세계대전과 같은 인류의 비극도 없지 않았을까, 라고 생각한다면 저의 지나친 비약일까요? 아무튼 달마 대사님이 만약 비행기를 타실 수 있었다면 동쪽이 아니라 분명히 북쪽으로 가셨을 것입니다.

그린란드는 아이슬란드이고
아이슬란드는 그린란드이다!

그린란드(좌)와 아이슬란드(우)의 경관

뒤바뀐 사진일까요? 만약 예비지식 없이 위 두 사진에 제목을 붙여보라고 한다면 아마 왼쪽 사진에 '아이슬란드', 오른쪽 사진에 '그린란드'라는 제목을 붙이는 사람이 많을 것입니다. 그런데 이름대로라면 초원이 있어야 할 그린란드는 실제로는 눈으로 뒤덮인 얼음의 땅이며, 반대로 얼음이 떠다녀야 할 아이슬란드에는 초원이 펼쳐져 있습니다.

두 곳의 이름이 저렇게 붙여진 데는 사연이 있습니다. 대부분의 땅이 얼음으로 덮인 그린란드는 최초 발견자가 이주민들을 끌어모으기 위해 마치 푸른 땅이 있는 것처럼 이름을 붙였고, 반면에 따뜻하면서 많은 온천을 보유한 아이슬란드는 섬을 독차지하려는 바이킹들의 욕망에 의해 작명되었습니다. 덕분에 세계지리 학습에서 매우 재미있는 주제가 생겼네요.

그러므로 "그린란드는 아이슬란드이고 아이슬란드는 그린란드이다!"라는, 언뜻 보면 매우 역설적인 이 문장은 다음과 같은 세 가지 의미를 내포한다고 할 수 있겠습니다.

1. 두 섬의 이름은 애초부터 잘못된 것으로 뒤바뀌어야 한다.
2. 위도상으로 그린란드가 아이슬란드보다 북쪽에 위치한 섬이다.
3. 그린란드는 초록의 섬이 아니라 사람이 살기 힘든 빙설 기후에 해당하고, 아이슬란드는 기후가 온화하고 목초지가 펼쳐진 서안해양성 기후이다.

그다지 어려운 내용은 아니지만 미처 인지하지 못하고 있던 것 하나를 배웠다는 생각이 들지 않나요? 지리를 공부하다 보면 이와 비슷한 경험을 많이 하게 됩니다. 실제로는 당연하지 않은 것인데 우리가 너무나 당연하다고 알고 있는 것들이 많죠.

이번에는 음악에서 사례를 하나 들어볼까 합니다. 비발디의 〈사계〉라는 음악을 모르는 독자는 거의 없을 것 같네요. 한국인이 가장 좋아하는 클래식 음악으로 선정되기도 한 작품이죠. 〈사계〉는 이탈리아 출신의 괴짜 신부님인 비발디가 성경의 〈시편〉을 토대로 작곡한 총 4개의 협주곡으로, 각각의 협주곡은

3개의 악장으로 구성되어 있습니다. 이 중 여름과 겨울의 3악장에 대한 간략한 해설을 살펴봅시다.

여름 3악장	겨울 3악장
하늘을 가르는 천둥과 번개, 쏟아지는 우박에 잘 익어가는 곡식이 회초리를 맞은 듯 쓰러진다.	얼음 위를 걷는다. 넘어지지 않으려고 천천히 발을 내디딘다. 하지만 다급하게 걷다가 미끄러져 넘어진다. 다시 일어나서 얼음이 깨질 정도로 힘차게 달린다. 문밖으로 나가 모든 바람들의 싸움에 귀 기울인다. 이것이 겨울이다.

아주 당연한 해설이죠? 천둥 번개가 치는 여름철과 매서운 바람과 얼음의 겨울! 하지만 다시 생각해본다면 여기서 이상한 점을 발견할 수 있습니다. 비발디가 살았던 이탈리아와 남부 유럽은 여름에는 사막처럼 무덥고 매우 건조하며, 겨울에는 따뜻하고 비가 많이 내리는 이른바 '지중해성 기후' 지역에 해당합니다. 그렇다면 저 해설은 여름에는 '작열하는 태양과 사막에서 불어오는 뜨거운 모래바람'으로, 겨울에는 '따뜻하고 부슬비가 내리는 밭에서 농부가 보리 파종을 한다' 이런 식으로 바뀌는 것이 맞지 않을까요? 그래서 어떤 사람은 비발디의 〈사계〉가 유럽보다 우리나라의 기후와 더 잘 맞기 때문에 유난히 한국에서 인기가 있는 것이라고 말하기도 한답니다.

비슷한 사례로, 이스라엘의 예루살렘에서 탄생한 예수의 생일이 정말 12월 25일이라면, 예수가 태어난 날은 눈 내리는 크리스마스가 아니라 비가 추적추적 내리는 장마철 크리스마스일 것입니다. 우리가 보통 떠올리는 '화이트 크리스마스'는 적어도 예수와는 관련이 없는 셈이죠.

크리스마스와 관련된 것이라면 유명한 캐럴 〈루돌프 사슴 코〉의 루돌프도 빼놓을 수 없을 텐데요, 루돌프는 엄밀히 말하면 사슴이 아니라 툰드라 기후 지역에서 서식하는 순록입니다. 그 명확한 증거가 루돌프의 코가 '빨갛다'는 것인데, 술을 마시거나 추워서 빨간 것이 아닙니다. 툰드라 지역에는 아주 짧은 여름 기간에 얼음이 녹아 물웅덩이나 늪지대 등이 많이 생기는데, 여기에 모기들이 매우 많이 서식합니다. 순록들은 그 모기에 물리고 기생충에 감염되어 코가 빨갛게 된 것이랍니다.

지리에서 기후를 공부하는 이유는 위치에 따라 기후 환경이 달라지며 또한 그 기후 환경에 의해 인간 생활의 형태도 다양하게 나타나기 때문입니다. 그리고 이처럼 잘못 알고 있던 고정관념도 저절로 바로잡히게 되는 경우가 있으니, 그런 면에서 지리 공부는 상당히 흥미로운 일이 아닐까 합니다.

'지오로드'를 아시나요?

지오(geo)는 어원적으로 지구(earth), 땅(land)을 의미합니다. 땅과 함께 생활하는 우리 인간은 모두 땅과 어울려 땅에 순화되어 살고 있습니다. 지리는 동양에서는 '땅의 이치地理'를 의미하며, 서양에서는 '땅의 특징을 기술하다geography'라는 의미입니다. 인간은 땅 위에서 땅과 함께 숨 쉬며 땅을 닮아가는 존재인데, 지역별 땅의 다양한 특징을 파악하고 이해하며 땅 위에서 인간과 연계된 모든 것을 연구하는 학문이 바로 '지리'입니다. 그런 의미에서 우리 인간은 모두가 지리적 인간, 즉 지리인(地理人, geo-human)이라고 할 수 있습니다.

여러분은 '지오로드(georoad)'라는 말을 들어보신 적이 있나요? 땅과 지구를 의미하는 'geo'와 길을 의미하는 'road'가 합쳐진 합성어입니다. 우리가 거주하는 땅 위에는 여러 종류의 길이 있습니다. 일반적으로 우리가 걷는 길도 있고, 우리가 살아가는 인생의 길, 죽으면 가게 되는 황천길 등 길의 의미는 실로 다양합니다. 한 가지 공통점이라면 그 의미가 무엇이든 간에 인간이 길을 따라 끊임없이 나아가고 있다는 것입니다.

인간은 필요에 의해, 아니 필요에 의하지 않아도 계속해서 이동합니다. 목적지가 나를 끌어당기는 요인, 즉 흡인 요인에 의해 이동하기도 합니다. 또한 현재 머무르고 있는 거주지가 나를 밀어내는 요인, 즉 배출 요인에 의해 지금 있는 곳에서 다른 곳으로 이동하기도 하죠. 물론 이동을 방해하는 요인에 의해 이동을 하지 않기도 하고요. 그러나 인간은 선사시대부터 지속적으로 이동을 해왔고, 그 결과 '길'이 만들어졌습니다.

다양한 이동은 다양한 의미를 만들어내고 이는 고스란히 길이라는 매개체에 투영되어 우리에게 제공되고 있습니다. 조선시대 우리나라 주요 교통로였던 삼남대로, 선비들이 과거를 보기 위해 한양으로 갈 때 이용했던 선비길, 지방에서 한양으로 물품을 이송하기 위한 수운 및 해운 경로인 조운길, 동서양 문명의 교역 중심 길인 비단길(실크로드) 등은 우리나라뿐 아니라 세계 인류의 역사와 문화가 깃들어 있는 문화유산 길입니다. 지금 우리가 걷고 있는 크고 작은 길 안에는 여러 시대에 걸쳐 이룩된 의미와 상징이 담겨 있습니다.

과거의 선조들이 걸어왔고, 현재를 살아가는 우리가 걷고 있고, 다가올 미래의 사람들이 이용하게 될 길들과 그 주변 경관에는 다양한 사람들의 이야기, 역사, 문화 등이 투영되어 있으며, 우리에게 끊임없이 자신의 존재를 알아달라고 말하고 있습니다. 이러한 의미에서 '지오로드'는 인간의 이동을 위해 땅 위에 만들어진 경관의 총합이라고 말할 수 있을 것입니다.

숲에 가면 숲 해설사가 여러 식생에 관련된 재미있는 이야기를 해줍니다. 그와 마찬가지로 길 해설사는 길에 내재되어 있는 다양한 인간의 이야기를 풀어서 우리에게 전달해주는 직업입니다. 역사는 시간을 공부하고, 지리는 공간을 연구하는 학문입니다. 지리인은 공간에 녹아 투영되어 있는 시간 누적을 이해하는 사람이며, 지오로드라는 밥상 위에 차려진 각종 산해진미를 맛있게 나누어 먹는 존재라 할 수 있습니다. 지리를 전문적으로 연구하고 공부하는 사람만이 지리인이 아니라 지구상에 존재하는 모든 인간, 즉 바로 여러분이 지리인이 될 수 있는 것입니다.

요즈음 우리나라를 비롯해 세계 여러 나라에서 친환경적인 대안 관광이 대

두되고 있고 그 핵심은 길 따라 걷기입니다. 우리나라에도 제주도 올레길이 성공을 거둔 이후, 지리산의 둘레길 등 지역의 특징을 대표할 수 있는 길이 넘쳐나고 있습니다. 그런데 멀리 갈 것도 없이 우리 주변에도 잘 살펴보면 재미있는 이야기가 담긴 다양한 길이 많이 있습니다. 우리 집 앞 골목은 나에게는 집으로 올 수 있는 연결 통로의 의미이지만, 다른 사람에게는 각기 다른 의미로 이해되고 있습니다.

길은 단순한 이동을 위한 매개체 역할만 하는 것이 아닙니다. 어떤 이에게는 길이 전쟁으로 피란을 가야만 했던 아픔이 숨어 있는 곳이었고, 어떤 이에게는 민주화 투쟁의 공간이기도 했습니다. 또한 붕어빵을 파는 사람들에게는 자신의 생계를 책임져주는 장소이며, 아이들에게는 친구와 뛰어놀며 어린 시절을 보내는 놀이의 공간이기도 합니다. 우리 부모님이 첫 키스를 했던 장소가 될 수도 있겠죠. 오늘날 우리가 걷는 길 속에는 그 길을 걸었던 다양한 사람들의 희로애락이 담겨 있고, 이러한 길을 지오로드라고 할 수 있습니다.

모든 길에는 나름의 이야기가 있는데 이를 이해하는 과정이 지오로드 여행입니다. 여러분 주변에 있는 길에 의미를 부여하며 하나하나 이해해나갈 때, 그 길은 그냥 오고 갔던 가려진 길이 아니라 나의 길, 훤히 드러난 길이 될 것입니다. 가수 유재하의 〈가리워진 길〉이라는 노래를 들어보면 '보일 듯 말 듯 가물거리는 안개 속에 싸인 길, 잡힐 듯 말 듯 멀어져가는 무지개와 같은 길'이라는 노랫말이 나옵니다. 유년 시절 학교를 다니며 걸어왔던 길, 청년 시절 직장을 다니며 청춘을 보냈던 길, 노년기에 자신의 삶을 되돌아보며 정리하는 길 등, 인생의 시기별로 걸어왔던 여러분만의 길을 다시 한 번 걸어보시기 바랍니다. 오늘 걸었던 길을 다시 음미해보세요. 따분하고 지루했던 길이 아니라 여러분에게 지속적으로 이야기하는 길, 의미 있는 나만의 길로 다시 다가올 것입니다.

지구의 연금술사, 해류

고대 이집트에서 시작되어 아라비아를 거쳐 중세 유럽에 전해진 원시적 화학 기술을 '연금술'이라고 합니다. 소설가 파울로 코엘료의 작품 『연금술사』로 우리에게 익히 알려져 있는 연금술은 말 그대로 비금속을 귀금속으로 바꾸고 불로장생약 또는 만능약을 짓는 데 목적이 있는 마법 같은 기술입니다. 이처럼 믿기 어려운 마법을 창조해내는 연금술과 같은 존재가 우리 주변에도 있으니, 그것이 바로 '해류'입니다.

해류는 바닷물의 흐름을 뜻하는 말로 수온, 염도, 밀도가 균일한 바닷물이 일정한 방향으로 흐르는 것을 가리킵니다. 대양을 흐르는 해류는 저위도에서 고위도로 열에너지를 운반함으로써 지구의 열 균형을 이루는 중요한 역할을 담당하죠. 또한 대지리 발견 시대에는 바람과 더불어 범선의 항해에 널리 이용되어 인류 역사에 큰 영향을 끼친 위대한 자연현상이기도 합니다.

그렇다면 이런 바닷물의 흐름인 해류의 속도는 얼마나 될까요? 바다에서 흐르는 것이라 빠를 듯하지만 하천에 비해 그 속도가 느립니다. 하지만 해류는 규모가 대단히 크기 때문에 일정한 시간 내에 막대한 양의 물을 운반할 수 있다는 특징이 있습니다. 그 양이 어느 정도일까요? 세계에서 가장 큰 해류 중 하나인 멕시코 만류는 깊이가 약 1.5킬로미터, 너비가 약 240킬로미터로 바다를 가로지르며 흐르는 데 1초당 7천5백만에서 9천만 제곱킬로미터의 물을 운반한다고 합니다. 미국 미시시피 강의 수심이 30미터이고 폭이 0.8킬로미터, 유량이 1초당 2만 제곱킬로미터인 점을 감안한다면, 멕시코 만류의 규모가 어마어마하다는 것을 알 수 있겠죠?

이렇게 큰 규모로 흐르는 해류는 크게 난류와 한류로 구분할 수 있습니다. 난류란 따뜻한 물의 흐름을 뜻하는 말로, 적도 주변의 따뜻한 물이 북극과 남

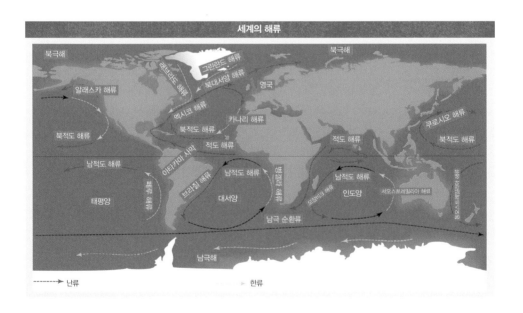

극이 있는 고위도 쪽으로 흐르는 특징이 있습니다. 난류와 반대로 차가운 물의 흐름인 한류도 있습니다. 한류는 차가운 극 지역에서 따뜻한 적도 쪽으로 흐릅니다. 앞에서도 언급했듯이 이런 해류의 흐름이 지구의 열 균형을 이루는 데 중요한 역할을 하게 되죠. 그렇다면 거대한 물의 흐름이 우리 지구에 어떠한 연금술을 부리는지 한번 알아볼까요?

해류는 우리가 살고 있는 지구의 날씨에 큰 영향을 끼칩니다. 1년 내내 비가 고르게 오게 하고, 때로는 1년 내내 건조하게 만들어 주변 지역에 다양한 지형과 문화를 만들어냅니다. 하늘에서 비가 내리는 강수현상이 나타나려면 공기가 위쪽으로 올라가는 상승기류가 발생해야 합니다. 공기는 따뜻하면 위로 올라가고 차가우면 밑으로 내려가는 성질이 있습니다. 그래서 따뜻한 물 위에 있는 공기는 계속해서 올라가려 하고, 차가운 물 위에 있는 공기는 올라가지 않고 바닷물에 붙어 있으려고 합니다. 이때 공기가 상승하는 난류 지역에서는 공기가 상승하면서 응결현상이 일어나 비가 내리게 되고, 공기가 바닷물에 붙어서 떨어지지 않으려고 하는 한류 지역에서는 공기가 상승하지 않아 비가 내리지 않는 건조한 날이 계속됩니다. 이처럼 난류가 흐르는 지역은 기온이 높고 강수량이 많으며, 한류가 흐르는 지역은 그 반대로 기온이 낮고 강수량이 적게 나타나는 것입니다. 큰 대륙 가까이 흐르는 바닷물의 성질에 따라 비가 많이 오기도, 적게 오기도 한다니 과연 지구의 연금술사 해류답습니다.

그렇다면 난류가 흘러 기온이 높고 강수량이 많은 지역은 어디일까요? 여러분이 잘 알고 있는 영국이 대표적입니다. 영국 앞쪽으로는 '북대서양 해류'라는 난류가 흐르고 있습니다. 이 난류에서 계속해서 공기가 상승하면서 응결이 일

영국은 난류의 영향으로 강수량이 많으며 위도에 비해 기온이 높고 따뜻합니다.

어나 구름이 만들어지고 그 구름이 서쪽에서 불어오는 편서풍과 힘을 합쳐 영국에는 1년 내내 비가 고르게 오는 특징이 나타납니다. 영국은 이 난류의 영향으로 우리나라보다 겨울철이 상대적으로 따뜻하기 때문에 실외 스포츠인 축구가 겨울에도 가능한 것입니다. 그리고 겨울철 강수량도 풍부해 선수들이 뛰는 잔디가 시들지 않고 잘 자랄 수 있습니다. 또한 영국 하면 떠오르는 말이 신사인데, 신사라고 하면 무릎까지 내려오는 긴 트렌치코트를 입고 우산을 들고 있는 이미지가 떠오르죠. 이런 영국 신사의 모습도 바다의 연금술에 의해 비가 많이 내리는 영국 기후의 특징을 고스란히 나타내는 것이라고 볼 수 있습니다.

이제 반대로 한류가 흘러 주변 지역에 비가 오지 않아 온통 황폐하게 된 지역을 알아볼까요? 대표적인 지역으로 칠레 북서부에 위치한 아타카마 사막이 있습니다. 아타카마 사막은 남극 쪽에서 흘러오는 차가운 한류인 페루 해류의 영향으로 공기가 상승하지 않아 강수현상이 일어나지 않습니다. 자연히 비가 적게 내려 이곳은 인간이 거주할 수 없는 황무지로 변하게 된 거죠. 아타카마 사막이 지구에서 가장 건조한 곳 중 하나라고 하니, 다시 한 번 해류의 강력한 힘을 느낄 수 있습니다. 아프리카 서남부 지역에 있는 칼라하리 사막도 아타카마 사막과 마찬가지로 한류인 벵겔라 해류의 영향으로 형성된 사막 지역입니다. 이런 사막에는 몇천 년 전에 죽은 동물과 식물이 부패하지 않고 햇빛에 구워진 채로 남아 있다고 하니, 해류가 만들어내는 연금술이 신기할 따름입니다.

　하지만 최근에는 지구온난화 현상 때문에 바닷물의 흐름이 약간씩 바뀌고 있다고 합니다. 따뜻한 물이 흘러야 할 곳에 차가운 물이 올라오고, 차가운 물이 흘러야 할 곳에 따뜻한 물이 흐르게 되면서 기존의 기후에 적응되어 있던 동식물이 더 이상 살지 못하고 그곳을 떠나거나 죽게 되는 거죠. 이렇듯 무시무시한 연금술을 일으키는 바닷물의 흐름을 바꾸는 것이 결국 인간이라는 점을 잊지 말아야 합니다. 우리가 자연에게 많은 도움을 받고 있지만 우리의 활동에 따라 자연은 우리에게 더 큰 재앙을 안겨줄 수 있으니, 앞으로 자연을 사랑하는 마음으로 실천에 앞장서야 할 것입니다.

최초의 연애 컨설턴트, 지구

　인류를 유지시키는 중요한 기제 가운데 하나는 바로 이성교제입니다. 마치 자석이 서로 반대의 극을 끌어당기는 것처럼 사람들은 이성교제를 통해 서로를 끌어당기면서 다양한 경험을 하게 됩니다. 서로 첫눈에 반하건 서서히 관계를 발전시키건 간에 사랑을 확인하려는 시도는 교제의 과정에서 계속되죠. 그리고 이러한 구애 과정에서 지금껏 숨겨온 온갖 색깔의 끼를 발산하고 핑크빛 무드에 젖어들다가, 커플링을 맞춰 끼며 더욱 깊은 연인관계로 발전하기도 합니다. 이러한 행위들은 이성교제 시 보편적인 행동이면서 사람마다 다른 형태로 나타난다는 측면에서 매우 특별하기도 합니다. 그리고 지구상에는 연애에 도움을 줄 수 있는 특별한 요소들이 곳곳에 산재해 있습니다.

　우선 사랑의 상징 하트! 하트(heart)는 심장의 모양을 의미합니다. 연애는 서로의 심장이 쿵쾅거리는 느낌을 동반하며 시작되죠. 지구 이곳저곳에는 하트 모양의 지형들이 있습니다. 사랑을 시작하는 연인들만큼이나 다양한 하트 모양들이 세계 곳곳에 흩어져 있습니다. 가장 대표적인 것이 누벨칼레도니(뉴칼레도니아)의 '보(Voh)의 하트'입니다. 이는 맹그로브 나무의 군락이 형성되는 과정에서 자연스럽게 나타나게 된 것입니다. 또한 호주의 대보초 주변에서는 하트 모양의 산호섬을 볼 수 있습니다. 서서히 자라면서 형성되는 산호초 하트는 시간이 갈수록 단단해지는 사랑을 의미하기도 하지요. 우리나라에서는 여수시 모개도에서 하트 모양의 섬을 볼 수 있어요. 또한 전남 신안의 비금도 주변의 하트 해변은 2006년에 방영되었던 〈봄의 왈츠〉라는 드라마의 배경이 되기도 했답니다. 특정 위치에서 바라보면 하트의 모양이 나타나는 이곳은 마치 연인들이 의도적으로 서로의 장점은 부각시키고, 단점은 사각지대로 보내는 모습을 연상시킵니다.

지속적인 연인관계 유지를 위해서는 적재적소에 서로의 매력을 적절히 발산해야 합니다. 만날 때마다 조금씩 다른 모습을 보여주는 것이 필요하죠. 때로는 요조숙녀처럼, 때로는 섹시미를 자랑하면서, 때로는 차도남 같은 면모를, 필요할 때는 차분

누벨칼레도니(뉴칼레도니아)의 보의 하트

호주 대보초의 하트 모양 산호섬

여수 모개도의 하트섬

하고 댄디한 신사의 모습을 보일 수 있는 것이 매우 중요하답니다. 비록 외모는 변하지 않지만 끊임없이 다른 매력이 발견되는 상대방이라면 처음에 가졌던 호감의 정도는 더욱 강해질 것입니다.

이러한 연애의 팁을 인간에게 알려주는 자연 존재가 있습니다. 호주에 있는 무지개 나무는 껍질을 벗길 때마다 다른 색이 나타납니다. 이 무지갯빛 나무는 '유칼립투스 디글럽타(Eucalyptus Deglupta)'인데, 주로 종이나 장식용품을 만드는 데 사용됩니다. 얇은 나무껍질을 벗겨보면 밝은 녹색을 중심으로 파랑, 보라, 주황, 빨강 등 다양하고 화려한 색깔이 나타나며, 같은 나무에서도 드러나는 색깔은 매년 변한다고 합니다.

이처럼 다양한 모습을 보여주면서 단단해진 연인관계는 서로 다른 나무가 하나의 나무로 합쳐지는 연리지(連理枝)의 형태에 비유되기도 하죠. 연리지가 되기까지는 두 나무가 서로 문질러 껍질이 터지고 생살이 뜯기는 과정을 거칩니다. 그 이후 상처가 아물게 되면 누구도 뗄 수 없는 하나의 줄기로 합쳐지죠. 이 시점부터 서로는 신뢰와 의지로써 함께 같은 곳을 바라보는 것입니다.

적잖은 고난을 수반하는 연애 과정이지만, 이를 견뎌내며 서로에게 핑크빛

호주의 레인보우 유칼립투스

낭만과 꿈을 심어주겠다는 자세는 매우 중요합니다. 역시 지구는 그것을 미리 알고 있었던 것 같아요. 핑크색은 예전부터 낭만과 사랑을 상징하는 색이었습니다. 그리고 호주에는 정말 핑크빛 물을 앞에 두고 연인들이 사랑을 속삭일 수 있는 최고의 장소, 힐러 호수(Lake Hillier)가 있답니다. 이 핑크색 호수는 리셔시 군도(Recherche Archipelago)를 이루는 섬들 중 가장 큰 섬인 미들 아일랜드에 있습니다. 이 호수는 1802년 영국의 탐험가인 매튜 플린더스의 여행기인 『A Voyage to Terra Australis』에서 처음 언급되었다고 합니다. 하늘 위에서 이 호수를 보면 팔레트에 담아둔 핑크색 물감처럼 보입니다. 왜 핑크색을 띠는지 정확히 아는 사람은 아무도 없지만, 과학자들은 이 핑크색이 소금밭에 사는 박테리아가 생성하는 염료 때문일 것이라고 추정합니다. 미생물들이 만들어낸

호주의 힐러 호수

이러한 낭만적인 풍경…… 연애를 하면서 서로의 행복을 위해 계획하고 도전하는 수많은 작은 노력들이 모인 결과에 비유해볼 수 있지 않을까요?

"넌 내 꺼, 난 네 꺼"라는 말을 서로에게 거리낌 없이 하기 위해서 연인들은 커플링을 맞추기도 합니다. 완벽한 원형인 반지는 변하지 않는 영원한 사랑을 의미하기도 하죠. 마찬가지로 지구는 지상에서의 작용이 아닌 지구 내부 깊숙한 곳에서 솟아오르는 뜨거운 용암의 작용을 통해 원형의 반지들을 만들어냅니다. 이를 '스모크 링(Smoke Ring)'이라고 하죠. 스모크 링은 화산 지형의 지표면에 난 구멍(분화구 등)을 통해 지하로부터 강한 압축공기가 뿜어져 나오면서 만들어집니다. 대기 중의 구름이 압축공기에 의해 링의 형태로 말려 올라가는 것이죠. 최근에 스모크 링이 만들어지는 과정을 카메라로 촬영하는 데 성공했고, 조작이 아니라는 것도 증명되었습니다. 파란 하늘에 5분 이상 떠 있는 이

스모크 링은, 어쩌면 지구가 모든 연인들에게 사랑의 다짐을 받아내는 마지막 단계가 아닐까요? 오늘도 그리고 앞으로도 이 스모크 링은 서로의 마음을 나눈 연인들을 위해 계속 하늘을 수놓을 것입니다.

사랑은 즐거움과 동시에 아픔을 수반합니다. 지금 막 연애를 시작하는 사람, 한창 연애 중인 사람, 그리고 실연을 당한 사람 등 여러분 모두는 사랑의 기쁨뿐 아니라 아픔도 겪게 될 것입니다. 그러나 우리가 발붙이고 사는 지구는 이곳저곳에서 다양한 형태로 연애를 컨설팅해주고 있습니다. 특히 반복되는 과정을 두려워하거나 힘들어하지 말고 언젠가 찾아올 인연을 기다려보라고 말합니다. 무려 45억 년 동안의 경험이니 믿어봐야겠지요?

스모크 링은 최근에도 아이슬란드 화산이나 이탈리아 에트나 화산 등에서 관측되고 있습니다.

교가 속에 이런 뜻이

　학창 시절의 애국 조회를 떠올려보면, 운동장에 모인 전교생이 국기에 대한 경례를 한 후 이어지는 교장선생님의 지루한 훈화를 들으며 애국 조회가 끝나기를 애타게 기다렸습니다. 훈화가 끝나고 마지막 순서인 교가 제창 시간이 돌아오면 지루한 애국 조회에서 해방되었다는 느낌 때문이었는지 모두가 목이 터져라 교가를 불렀던 기억이 납니다.

　학교에는 그 학교를 대표하는 교가가 있습니다. 교가(校歌)란 '학교의 기풍과 건학 정신을 발양시킬 목적으로 특별히 지어 학생들에게 부르게 하는 노래'(한국민족문화대백과)입니다. 교가 내용에는 학교의 교육 정신과 이상이 담겨 있기 때문에, 이를 통해 애교심을 비롯하여 함께 노래를 부르는 이들에게 하나의 공동체라는 소속감과 협동심을 느낄 수 있도록 해줍니다. 그래서 애국 조회뿐 아니라 학교 간 운동 경기가 열리는 날이면 목이 터져라 교가를 부르며 자신의 모교를 응원하기도 합니다.

외국 학교에도 우리의 교가와 똑같은 'school song'이라는 것이 있습니다. 인터넷을 통해 외국 교가의 가사 내용을 살짝 살펴보면 크리스트교의 신앙 요소를 내포한 가사, 사랑을 외쳐대는 가사, 기쁨과 진리를 추구하자는 가사, 동요와 같은 내용을 담은 가사 등 그 내용이 매우 다양합니다.

우리가 목청껏 불렀던 각 학교의 교가는 대체로 어땠나요? 서울에 위치한 학교의 교가를 중심으로 살펴보겠습니다. 서울에는 2012년 기준으로 약 600여 개의 초등학교와 380여 개의 중학교, 300여 개의 고등학교가 있습니다. 학교마다 설립 연도와 설립 목적, 그리고 학교가 위치한 지역이 모두 다를 테니, 작사가는 각 학교가 추구하는 이념이나 교육관 등 어떤 특정한 가치를 염두에 두고 노랫말을 썼을 겁니다. 그런데 각 학교의 교가에는 공통적인 요소가 있습니다. 바로 그 학교가 위치한 지역 경관이 노랫말에 반영되었다는 것이죠.

서울 시내 초, 중, 고등학교 교가 노랫말의 구성을 보면 크게 지형, 역사, 인공물 등이 나타나는데, 그중에서 지형적 요소가 가장 많이 등장합니다. 자, 이제부터 우리가 초, 중, 고등학교 시절에 불렀던 교가를 떠올려봅시다. 서울 시내 학교의 교가 가사에 가장 많이 등장하는 것은 바로 한강과 북한산입니다. 그리고 관악산, 남산과 같은 서울을 대표하는 지형 경관도 많이 나옵니다. 서울은 산악으로 둘러싸인 분지 지형을 이루고 있습니다. 동서로 관통하는 한강을 중심으로 북쪽에는 북한산(837m), 도봉산(740m), 북동쪽에는 수락산(638m), 불암산(508m), 남쪽에는 관악산(629m)과 청계산(493m)이 경기도와 경계를 이루고 있습니다. 그리고 이들 산지 사이로 한강의 지류인 청계천, 중랑천, 불광천, 안양천, 탄천, 양재천 등이 흐르고 있습니다. 전체적으로 북부·북서부·북동부에는 산지가 많고, 남쪽에는 낮고 평평한 U자형의 개방 분지, 장기간의 침식을 받아 형성된 구릉지가 분포하며, 한강 주변과 한강 이남 지역에는 충적 지형도 넓게 분포하고 있습니다.

풍수에서 볼 때 북한산은 서울의 종산이며 진산이라고 합니다. 북한산은 '삼각산'이라고도 불렸는데, 이는 백운봉, 국망봉, 인수봉의 세 봉우리가 솟아 있어 붙여진 이름이라고 합니다. 북악(백악)산은 서울의 주산이 되고, 낙산은 좌청룡이 되어 동쪽을 막아주며, 인왕산은 우백호로 서쪽을, 남산은 안산(案山)으로 남주작이 됩니다. 또한 네 개의 산 외곽에는 북쪽으로 서울의 진산인 북한산, 동쪽으로는 용마산, 서쪽으로는 덕양산, 남쪽으로는 관악산이 있어 이중으로 서울을 둘러싸고 있는 모습이 되죠. 특히 풍수에서는 민족의 영산 백두산으로부터 북한산(삼각산) 보현봉을 거쳐 북악산으로 들어온 땅의 기운인 '지기(地氣)'가 모이는 곳에 궁을 세워야 국운이 온 나라에 이를 것으로 믿어, 이에 따라 경복궁을 창건하기도 했다는 사실은 다 아실 겁니다.

이렇듯 '지기'는 산줄기 등의 지형 요소를 강하게 반영하는데, 그렇기에 각 학교에서 우수한 인재를 배출하기 위해서는 우수한 땅의 기운을 받아야 하겠죠? 그러다 보니 학교 교가에 주로 지형 경관 요소로서 '산'이 들어가게 된 것입니다. 게다가 오늘날 도시 개발로 인해 도시의 외연적 확대와 더불어 고층 건물로 대부분의 자연경관이 우리 시야에서 사라지게 되었으나, 북한산(삼각산), 관악산과 같은 산지 지형과 한강 등의 자연 요소는 그 외형이 그대로 보존되어 있기 때문에, 근대화 학교가 설립된 이후 교가에 반영된 게 아닐까 합니다.

  그렇다면 각 학교의 교가를 조금 더 자세히 살펴봅시다. '한강'은 강북과 강남을 가리지 않고 많은 학교의 교가에 공통적으로 들어가 있습니다. 그런데 강북에 위치한 학교의 교가에는 산지 지형으로 '북한산(삼각산)'이 가장 많이 포함되고, 강남에 위치한 학교 교가에는 주로 관악산이 등장합니다. 반대로 보면 강북 학교의 교가에 '관악산'이 들어간 경우는 찾아보기 어렵고, 강남 학교의 교가에는 강북에 위치한 지형이 들어갈 일이 거의 없습니다. 단 1970~80년대 급속한 도시 개발로 강북에서 강남으로 이주한 학교들의 교가에서는 예외적으로 찾아볼 수 있습니다. 예를 들어 한강 이남에 위치한 서울고, 보성고, 양정고, 서울여상 등의 교가에는 학교 이전 전에 위치한 강북의 추억을 살려 인왕산, 삼각산, 홍제원, 무악재 등의 지명이 들어가기도 합니다.

  한강이나 북한산, 관악산 이외에 서울을 대표하는 지형 경관에는 또 어떤 것들이 있을까요? 바로 들판과 언덕입니다. 무악재, 홍제원, 만리재 고개 등 오늘날에도 사용하는 고개 이름이 교가에 들어가기도 하고, 한강의 범람으로 형성된 충적지로 구성된 들판의 이름도 많이 나옵니다. 한강의 홍수가 빈번했던 송파벌과 잠실벌, 한강 하류의 김포평야, 말들이 뛰어놀았던 노원구의 마들벌 등도 교가에 자주 등장합니다.

지역의 역사적 특징과 촌락의 유래를 반영한 지명도 등장합니다. 병자호란 당시 오랑캐를 물리쳤다 하여 붙여진 방잇골, 강감찬 장군과 관련된 역사 유적지인 낙성대, 나루터의 입지 특성을 반영한 양진벌, 광나루 등이 여기에 해당합니다.

재미난 사례도 있습니다. 교가 노랫말에 '활주로'가 포함된 학교는 어디에 위치해 있을까요? 바로 김포공항 주변에 있는 학교입니다. 또한 '여의도광장', '고속도로', '하늘공원', '노을공원' 등의 명칭이 들어가는 교가도 있습니다. 산업화 이후에 설립된 학교들은 지형 경관 외에 주변 지역의 상징적 요소를 반영하기도 합니다.

이처럼 교가는 학교의 상징이면서 학교마다 내세우는 교육이념을 포함하고 있습니다. 그 교육이념을 포함하려면 학교가 위치한 곳의 주변 환경 속에서 의미를 찾아야 하는데, 지역의 경관, 장소의 상징성 등이 교육적 가치를 포함하게 되는 것입니다. 오랜만에 여러분 모교의 교가를 마음속으로 불러보며 어떤 지형이 들어가 있는지 살펴보고 옛 추억을 떠올려보는 것은 어떨까요?

서울 지역 학교의 교가에 들어간 지명과 학교 위치

학교	교가 속 지명	위치	학교	교가 속 지명	위치
은천초등학교	관악의 영봉, 한강의 정수	관악구	중대초등학교	남한강, 송파언덕, 한강	송파구
신북초등학교	한가람	마포구	상지초등학교	하늘공원, 노을공원	마포구
버들초등학교	한강물, 남한산	송파구	보광초등학교	남산, 한강	용산구
동호초등학교	한강	성동구	반원초등학교	관악산, 한강물	서초구
공진초등학교	한강물, 행주산	강서구	중마초등학교	한강, 용마산	광진구
면동초등학교	용마산, 중랑천	중랑구	연가초등학교	안산, 백년산, 한강물, 가좌동	서대문구
정덕초등학교	북악산	성북구	잠신중	남한강, 한강	송파구
서원초등학교	고속도로	서초구	역삼중	관악산, 한강	강남구
수송초등학교	북한산	강북구	경수중	한가람	성동구
상계초등학교	불암산	노원구	신원중	한강물	양천구
천동초등학교	한강	강동구	신동중	한가람	서초구
백석초등학교	수당산, 한강물	강서구	서운중	한강수, 구룡산, 고속도로	서초구
불광초등학교	남산, 북한산	은평구	오주중	천마산, 남한산성, 한강	송파구
경동초등학교	북한산, 남한산, 북한강, 남한강	성동구	용강중	한가람, 한강수, 남산	용산구
개화초등학교	개화산, 한강물, 김포벌	강서구	대치중	구룡산, 한가람	강남구
본동초등학교	한강물, 삼각산	동작구	석촌중	한강물, 남한산	송파구
신림초등학교	관악영봉, 한강수	관악구	전농중	배봉산, 전농동	동대문구
논현초등학교	관악봉, 한강	강남구	양정중	삼각산, 한강	양천구
봉화초등학교	봉화산	중랑구	명덕여중	우장산, 한강	강서구
용답초등학교	용마산	성동구	당곡중	관악산	관악구
미성초등학교	관악산	관악구	월계중	백운대	노원구
삼양초등학교	삼각산	강북구	강명중	한강	강동구
마포초등학교	한강물	마포구	서초중	관악산, 한강	서초구
신흥초등학교	삼성산, 금주벌	금천구	환일중	봉학산, 한강물, 만리재	중구
용산초등학교	한강물	용산구	목일중	김포벌, 한가람	양천구

윤중초등학교	여의도광장	영등포구	청담중	한강물	강남구
상천초등학교	도봉산, 불암, 마들벌	노원구	오륜중	한가람	송파구
당서초등학교	한강물	영등포구	상도중	관악산, 한가람	동작구
소의초등학교	만리재 고개	마포구	대신중	북한산, 백운대	종로구
금화초등학교	금화산	서대문	창북중	백운대, 마들	도봉구
유석초등학교	삼각산, 한가람	강서구	홍대부중	북한산, 한강	성북구
송파초등학교	송파벌	송파구	한양대부중	한가람	성동구
양화초등학교	한강	양천구	신도림중	관악산	구로구
오정초등학교	건지산	구로구	영남중	관악산, 한강물	영등포구
신사초등학교	북한산, 백련산	은평구	대영중	관악산, 한강	영등포구
안산초등학교	인왕산, 안산	서대문구	청원중	서울	노원구
후암초등학교	남산봉	용산구	대청중	구룡산, 한가람	강남구
금호초등학교	한강물, 관악봉	성동구	고덕중	한아람, 남한산	강동구
미동초등학교	북악산, 한강물	서대문구	방이중	한강물, 방잇골, 남한산	송파구
공항초등학교	김포평야, 활주로	강서구	천일중	한가람	강동구
효제초등학교	동대문, 낙산 옛성, 조양루	종로구	길음중	삼각산, 한강	성북구
발산초등학교	우장산, 김포들판, 수명산	강서구	상계제일중	불암산, 마들벌	노원구
봉현초등학교	관악산, 낙성대	관악구	가락중	한강수, 광나루	송파구
강현중	한가람, 노들언덕, 관악산	동작구	광장중	아단성, 한강수, 양진벌	광진구
월촌중	한강물, 행주산성	양천구	홍은중	북한산, 한가람	서대문구
무학중	무학봉	성동구	오금중	남한산, 한강, 강동벌	송파구
삼성중	관악산, 삼성산	관악구	경기고	화동	강남구
대명중	한가람, 한티마을	강남구	서울고	인왕산, 한강	서초구
중계중	불암산, 마들옛터	노원구	보성고	삼각뫼, 한강	송파구
구암중	관악	관악구	양정고	삼각산, 한강	양천구
화곡중	수명산, 한강수, 관악	강서구	서울여상	인왕산, 홍제원, 무악재	관악구

한국의 LA, 천사들의 고향 신안군

미국에서 두 번째로 큰 도시인 로스앤젤레스 (Los Angeles), 이 도시 이름의 의미를 아시나요? 바로 '천사의 도시'라는 뜻입니다. 우리나라에도 '천사의 고장'이라 불리는 곳이 있습니다. 바로 전  라남도 신안군입니다. 차이점이라면 신안군의 천사는 Angel을 의미하는 것이 아니라 숫자 1,004를 가리킨다는 점이지요. 신안군에는 유인도 73개와 무인도 931개를 합쳐 1,004개의 섬이 있는데, 최근 유명세를 탄 만재도 역시 신안군에 포함되어 있는 섬입니다. 우리나라 전체 약 3,600여 개의 섬 중에 신안군에 있는 섬이 거의 30%를 차지할 정도로 많은 수입니다. 신안군은 1,004개의 섬을 바탕 삼아 '천사'라는 의미를 부여해 그 지역을 알리고 이미지를 더 향상시키는 역할을 할 수 있는 슬로건을 만들었습니다. '천사섬 신안'이라는 이 지역의 슬로건, 어떻습니까?

'슬로건(slogan)'이란 어떤 단체의 주의, 주장 따위를 간결하게 나타낸 짧은 어구를 말합니다. 현재 전국의 각 지역은 지역 홍보 및 이미지 향상을 위해 슬로건을 사용하고 있습니다. 일반적으로 시각적인 이미지가 문자보다 더 오래 기억되기에 모든 지방자치단체가 지역 슬로건을 시각적 이미지인 '로고(logo)'로 제작해 홈페이지 및 그 지역을 대표할 만한 곳에 걸어두고 있습니다. 지역의 특색을 한눈에 알아볼 수 있게 하는 지역 로고는 일반적으로 관광 명소 및 문화유적, 특산물, 지리적인 특징 등을 이용해 디자인되어 있습니다. 이 장에서는 전국 여러 지역의 로고 가운데 지역 특색이 잘 표현된 슬로건 및 로고를 몇 가지 소개해볼까 합니다.

먼저 경상남도 통영시의 슬로건과 로고입니다. '한국의 나폴리'라고도 불리는 아름다운 해안 도시 통영에는 비진도, 사량도, 소매물도, 욕지도, 한산도를 비롯해 약 250여 개에 달하는 섬들이 분포하고 있습니다. 아름다운 섬이 많은 도시답게 로고에는 파란 바다를 배경으로 크고 작은 섬들이 표시되어 있습니다. 잘 살펴보면 그 섬들이 '통영'이라는 글자를 이루고 있음을 알 수 있습니다. 바다, 섬, 그리고 통영이라는 지역 이름을 조화롭게 연결한 잘 만들어진 지역 로고라고 할 수 있겠네요.

다음은 대구광역시의 슬로건과 로고입니다. 현재 우리나라에서 네 번째로 인구가 많은 대도시인 대구는 역사적으로 섬유공업이 발달한 도시로 유명합니다. 다양한 옷을 만드는 공장이 많은 대구의 특징을 살려 '컬러풀 대구'라는 도시의 슬로건을 짓고 여기에 다양한 색감을 이미지로 표현한 로고를 만들었습니다. 섬유공업 도시에 잘 어울리는 지역 슬로건이라고 생각됩니다.

다음은 전라남도 보성군의 슬로건과 로고입니다. '보성'이라는 지명만 들어도 자연스럽게 녹차가 떠오를 만큼 보성 녹차는 유명하지요. 보성 녹차밭을 가 본 사람이라면 모두 그 아름다움에 놀라곤 하는데, 보성의 지역 슬로건과 로고 역시 이를 잘 살렸습니 다. '녹차수도 보성'이라는 슬로건을 내걸고 녹찻잎을

그린 후 그 아래 녹차밭을 떠올릴 수 있는 이미지를 만들었습니다. 그 지역의 유명 특산물을 바탕으로 슬로건과 로고를 만들어 홍보 효과도 거두고 있다고 할 수 있습니다.

경상북도 영덕군의 지역 로고를 보시죠. '영덕' 하면 누구나 대게를 떠올립니다. 그래 서 영덕군의 지역 로고는 위의 보성군과 마찬 가지로 그 지역의 특산물인 대게를 누가 보아

도 쉽게 알 수 있도록 표현해놓았습니다. 이렇게 보니 유명한 특산물이 있는 지 역은 슬로건과 로고를 만들기 쉬웠을 거라는 생각도 듭니다.

다음은 전라남도 함평군의 지역 슬로건과 로고입니다. 함평은 뚜렷한 지역성이 없는 전라남도 서해안의 평야 지역인데, 큰 성공을 거둔 지역 축제의 하나로 손

꼽히는 나비축제가 열리는 곳입니다. 이에 함평의 로고는 나비를 형상화한 디자인에 '에코 함평'이라는 슬로건을 걸어 친환경의 이미지를 보여주고자 했습니다.

경상남도 거제시의 지역 슬로건과 로고를 보시죠. 남해안에 위치한 거제시는 우리나라 최대의 조선공업 도시입니다. 이에 걸맞게 바다의 갈매기와 배를 형상화한 이미지, 그리고 빨간 동백꽃을 그려 넣었습니다. 거제시에 속한 '지심도'라는 섬은 동백섬으로 유명하고, 동백은 겨울이 따뜻한 곳에서만 피는 꽃입니다. 이처럼 다양한 모습을 지닌 거제시의 특징에 '블루시티'라는 슬로건으로 젊은 느낌을 담아내고자 했음을 알 수 있습니다.

강원도 횡성군 하면 뭐가 떠오르나요? 횡성 한우를 모르는 사람은 거의 없을 것입니다. 왼쪽의 로고는 강원도 횡성군의 로고가 아니라 횡성축협의 로고입니다만, '횡성'이라는 글자를 이용해서 한우의 얼굴을 형상화시켜 횡성 한우를 표현했습니다. 빨간 바탕에 그려진 소의 얼굴을 보니 이중섭 화가의 〈소〉라는 작품이 떠오르기도 합니다. 상당히 강렬한 이미지를 통해 지역을 알리고 있는데, 이를 횡성군 슬로건과 로고에 활용해도 좋을 것 같습니다.

지역 슬로건과 로고는 전국 모든 지역에 존재합니다. 하지만 잘 살펴보면 그 지역의 특색이 잘 표현된 슬로건과 로고가 있는 반면, 무엇을 표현하고자 했는지 제대로 알 수 없는 것들도 있습니다. 그리고 많은 지역에서 영어 슬로건을 내걸었다는 점도 다소 아쉬움이 남는 부분입니다. 우리말을 이용하면 의미 전달도 쉽고 더 멋질 텐데요.

이제 내가 살고 있는 지역의 슬로건과 로고를 찾아볼까요? 그 슬로건과 이미지가 마음에 드나요? 여러분이 직접 지역의 슬로건과 로고를 만든다면 어떤 이미지와 문구를 사용할지 생각해봅시다. 우리 지역의 얼굴과 같은 슬로건과 로고를 내 손으로 만든다는 것은 상상만으로도 멋진 일이네요.

뉴 무어 섬과 비단섬, 섬을 둘러싼 이야기

21세기 영토 싸움은 그 전장이 육지에서 바다로 바뀌고 있습니다. 영토 분쟁이 이 땅이 누구 것인지를 정하는 싸움이라면 바다 위의 영역 분쟁은 경계를 어떻게 가르느냐가 중요한 문제입니다. 특히 섬의 지위와 관련해서 문제가 많이 발생하고 있습니다.

그렇다면 섬은 무엇일까요? 해양법 협약에 따르면 '자연적으로 형성된, 밀물에도 가라앉지 않는, 사방이 물로 둘러싸인 곳'을 섬이라고 합니다. 어떤 지형이 섬으로 인정되면 육지와 마찬가지로 12해리의 영해를 갖고, 배타적 경제수역도 부분적으로 가질 수 있기 때문에 그 지위가 굉장히 중요합니다.

인도와 방글라데시는 30년이 넘도록 영역 분쟁을 하고 있습니다. 1970년 사이클론 '볼라'가 벵골 만을 강타했을 당시 처음 목격됐던 '뉴 무어 섬(New Moore Island)'은 1974년 미국 위성이 촬영한 사진이 공개되면서 섬으로서의 실

- 영해(領海): 국가의 영유권이 미치는 바다 공간으로, 해안에 접속한 12해리 이내의 해역(1해리는 약 1.852킬로미터).
- 배타적 경제수역(EEZ): 연안으로부터 200해리 수역 안에 들어가는 바다. 연안국은 이 수역 안의 어업 및 광물 자원 등에 대한 모든 경제적 권리를 배타적으로 독점하며, 해양 오염을 막기 위한 규제의 권한을 가진다.

체가 드러났습니다. 규모는 2500제곱미터 정도로 축구장 4분의 1 크기의 작은 섬이지만, 이후 다양한 원격 탐사 활동을 통해 썰물 때면 수면에 드러나는 섬의 면적이 최대 1만 제곱미터까지 늘어난다는 사실이 확인됐습니다.

인도 웨스트벵골 주의 '사우스 24 파르가나스' 지구와 방글라데시의 '사트키라' 지구 사이를 흐르는 하리아방가 강 하구에 위치한 뉴 무어 섬은 애매한 위치 때문에 30년 넘게 양국의 영유권 분쟁 대상이 되었습니다. 인도는 이 섬을 '푸르바샤(Purbasha)'라고 부르는 반면 방글라데시는 '사우스 탈파티(South Talpatti)'라 부르고 있습니다. 특히 인도는 1981년 이곳에 해안경비대를 파견해 국기를 게양하고 국경수비대 초소를 세우기도 했습니다. 뉴 무어 섬은 최고 해발고도가 2미터에 못 미치는 데다 해마다 하리아방가 강의 홍수와 사이클론이 반복되기 때문에 인도와 방글라데시는 이 섬이 개발 가치가 없다고 판단해 이곳에 영구 거주지를 건설하지는 않았지만, 영해와 배타적 경제수역에 큰 영향을 주기 때문에 서로 영유권을 주장했던 것이죠. 또한 대규모 가스전이 있다는 주장이 제기되면서 양국 간 신경전이 더욱 날카로워졌습니다.

뉴 무어 섬의 위치

그런데 최근 지구 온난화에 따른 해수면 상승으로 이 섬이 완전히 물에 잠겨버렸습니다. 자다브푸르 대학 해양연구학교의 수가토 하즈라 교수는 최근 촬영된 위성사진을 분석한 결과 벵골 만에 있는 뉴 무어 섬이 완전히 수몰됐다고 밝혔습니다. 하즈라 교수는 "위성 사진 분석과 함께 현지 어부들과 해안경비대를 통해 재확인한 결과 섬의 흔적은 완전히 사라졌다"고 말하고 "온난화가 촉발하는 해수면 상승에 대한 논란이 있지만, 이 섬이 물에 잠긴 것은 분명히 해수면 상승 때문"이라고 주장했습니다. 그는 "지난 2000년~2009년 기간에 발생한 해안 침식과 기온 상승이 섬을 수몰시켰다"며 "이 기간 벵골 만 일대의 평균 기온은 매년 0.4도씩 상승했다"고 덧붙였습니다. 온난화에 의한 해수면 상승이 결국 양국 간 영유권 분쟁의 불씨도 함께 앗아간 셈이 되었습니다.

비단섬

- 면적: 64.368제곱킬로미터(여의도의 약 8배)
- 둘레: 49.07킬로미터
- 해발 고도: 89미터

섬을 둘러싼 분쟁은 비단 인도와 방글라데시만의 문제는 아닙니다. 한반도의 가장 서쪽 끝은 어디일까요? 한국지리 교과서를 보면 평안북도 신도군 마안도로 나옵니다. 이 마안도 는 1958년 6월 김일성 주석의 지시로 신도를 포함한 압록 강 어귀의 여러 섬을 제방으 로 묶어 건설한 인공섬으로, '비단섬'이라는 명칭은 김 주 석이 직접 지었다고 합니다.

비단섬의 위치

그래서 지금 우리나라의 가장 서쪽은 비단섬이 되는 거죠. 그런데 이 비단섬의 위치가 참 애매합니다. 바다에 있는 것 같기도 하고, 압록강 하구에 있는 것 같 기도 하죠. 비단섬이 바다에 있는 섬이라면 당연히 영해와 배타적 경제수역을 갖는 기준이 될 것입니다. 하지만 하천 가운데 있는 하중도(河中島)라면 아무런 효과가 없습니다. 지금까지 중국과 북한은 국경 조약에 대한 내용을 비밀에 부 치고 있답니다. 그런데 현재 알려진 바에 따르면 중국과 북한이 설정한 강해(江 海) 분계선은 비단섬의 아래쪽 부분을 통과하고 있다고 합니다. 즉 비단섬이 하 중도로 분류되어 큰 영향을 미치지 못한다는 것이죠. 북한에서 조금만 신경을 썼으면 황해에서 영해를 상당히 넓힐 수 있었을 텐데, 무척 아쉬운 일입니다.

참고 자료
『印-방글라 영유권 분쟁 무인도 '수몰'』, 2010년 3월 25일 연합뉴스, 김상훈 특파원

엘 차미잘과 녹둔도,
하천의 유로 변경과 국경 이야기

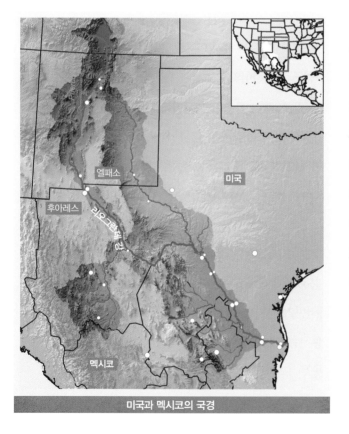

미국과 멕시코의 국경

국경이란 나라와 나라 사이의 경계를 말합니다. 국경은 보통 산맥이나 하천을 기준으로 삼는 경우가 많습니다. 우리나라도 압록강과 두만강을 경계로 중국, 러시아와 국경을 이루고 있죠. 그런데 만약에 산맥이나 하천의 경계가 달라지면 어떻게 될까요?

미국과 멕시코는 1848

년 전쟁을 통해 리오그란데 강(Rio Grande)의 중간을 국경으로 정하기로 조약을 맺었습니다. 왼쪽의 지도에서 볼 수 있듯이 리오그란데 강의 북쪽은 미국 영토가 되고, 남쪽은 멕시코의 영토가 되는 것으로 국가 간에 약속을 한 거죠. 그런데 뉴멕시코의 '엘 차미잘(El Chamizal)'이라는 지역에서 문제가 발생합니다.

리오그란데 강의 유로 (流路)가 1852년에서 1868년까지 남쪽으로 조금씩 내려가면서, 자연스럽게 미국의 엘패소(El Paso) 지역 면적은 넓어지고, 멕시코의 후아레스(Juarez) 시 면적은 줄어드는 결과가 나타났습니다. 멕시코 입

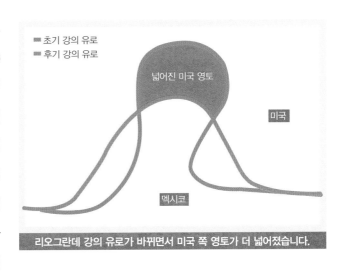

리오그란데 강의 유로가 바뀌면서 미국 쪽 영토가 더 넓어졌습니다.

장에서는 이미 약속을 해버렸으니 영토가 다소 줄어든 것은 어쩔 수 없는 일이었습니다. 그런데 큰 홍수로 하천 유로가 변경되면서 기존의 멕시코 영토였던 엘 차미잘 지역이 미국 쪽으로 넘어오게 됩니다. 그 지역에는 사람들도 살고 있었는데, 미국은 조약에 근거해서 공권력을 행사하고 시효에 의해 문제의 영토를 취득했다고 주장했습니다. 멕시코가 이에 대해 여러 해에 걸쳐 항의한 결과, 결국 1911년에 중재 재판이 열리게 됩니다.

원래 하천을 국경으로 삼을 경우 일반적으로는 자연의 변화에 따라 국경이 조금씩 달라지는 것을 인정하는 게 원칙입니다. 그런데 급격한 전위가 발생하

는 경우에는 기존 상태를 유지하도록 하는 예외가 있습니다. 엘 차미잘의 경우가 바로 급격한 전위가 발생한 경우에 해당합니다. 그래서 멕시코도 이 부분에 대해 계속 항의를 한 것입니다. 결국 중재위원회는 1911년 미국이 멕시코에 엘 차미잘 지역 토지 437에이커를 인도해야 한다고 판정하게 됩니다. 하지만 미국은 중재 재판 결과를 거부하고 계속 이 지역을 자기 땅이라고 주장하다가, 결국 1962년이 되어서야 케네디 대통령이 이 땅을 멕시코에 돌려주게 됩니다.

우리나라에도 엘 차미잘 지역과 아주 비슷한 지역이 있습니다. 바로 두만강 하류에 있는 '녹둔도'라는 섬입니다. 녹둔도는 조선시대 함경도 경흥부에 속해 있던 섬으로, 세종 때 국경이 6진까지 확장된 이후 조선의 영토가 되었습니다. 북쪽으로 여진족들이 있어 섬 안에 토성과 6척 높이의 목책을 치고 인근 농민이 배를 타고 오가며 농사를 지었다고 합니다. 1587년에는 이순신 장군이 조산보 만호 시절 녹둔도의 둔전관을 겸하면서 여진족들과 전투를 벌였다는 기록이 있습니다. 즉 역사적으로 봤을 때 우리나라 영토임이 확실한 지역입니다.

그런데 1860년(철종 11년) 청나라와 러시아 사이에 맺어진 베이징 조약에서 일방적으로 이 땅을 러시아 영토라고 규정해버렸습니다. 기록에 의하면 1884년 녹둔도에는 113가구, 822명의 조선인들이 살고 있었고, 주민들 중 다른 나라 사람은 한 명도 없었다고 합니다. 조선은 1889년(고종 26년)에야 비로소 이 사실을 알고 청나라 측에 항의하고, 10여 차례에 걸쳐 러시아에 반환을 요구했으나 실현되지 못했죠. 이 무렵에 섬이었던 녹둔도가 러시아 쪽으로 연륙(連陸)되기 시작한 것 같습니다. 그 후 조선은 일제 치하에 들어가 외교적으로 전혀 항의할 수 없는 상황이 되었지요. 녹둔도에 살고 있던 조선인들은 강제로 중앙아시아 쪽으로 이주하게 되었습니다. 1984년 11월 평양에서 북한과 소련 당국자들이 국경 문제에 관한 회담을 열어 관심을 끌었으나 미해결인 채로 끝났습니다. 이후 1990년 국경 조약을 통해 녹둔도를 러시아 땅으로 인정한 것으로 알려져 있습니다.

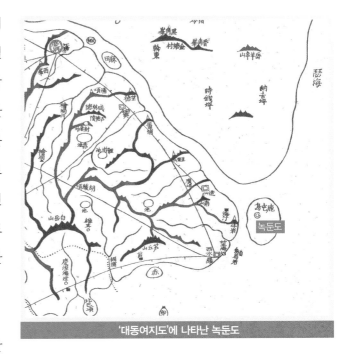

'대동여지도'에 나타난 녹둔도

앞에서 본 엘 차미잘 사건과 똑같이 하천의 유로 변경으로 국경의 바뀐 것인데, 어떻게 대응했느냐에 따라 결과는 정반대로 나오고 있습니다. 참고로 압록강의 '황금평'이라는 곳은 오랜 퇴적으로 중국 영토와 닿게 되었지만, 여전히 북한의 영토로 인정이 되고 있습니다. 사실 지금부터라도 대응을 잘 한다면 우리가 녹둔도에 대한 영유권을 다시 찾아올 수 있지 않을까 생각합니다. 현재 우리 정부는 녹둔도에 대한 러시아의 영유를 긍정도 부정도 하지 않으며, 정부 발행 지도상 이곳을 한국의 영토로 표시하고 있지 않는 상황입니다.

칸트를 만나러 러시아에 가다

세계에서 가장 유명한 철학자는 누구일까요? 소크라테스? 플라톤? 마르크스? 다양한 답변이 나올 수 있겠지만, 항상 빠지지 않고 등장하는 철학자 중 한 명이 바로 이마누엘 칸트입니다. 칸트는 3대 비판서를 비롯해 여러 철학책을 썼으며, 그 누구보다 규칙적인 생활을 한 것으로 잘 알려져 있습니다. 칸트의 유명한 일과표를 한번 보시죠.

4시 55분, 하인 람페가 "일어나실 시간입니다"라는 말로 칸트를 깨운다. 칸트는 자신이 어떤 말을 하더라도 들어주지 말라고 명령했기에, 그가 일어나기 전까지 람페는 절대 자리를 뜨지 못한다. 5시 기상, 홍차 두 잔을 마시고 파이프 담배를 피운다. 잠옷, 덧신, 수면용 모자를 쓴 채 강의를 준비한다. 7~9시, 정장을 입고 학교에 가서 강의를 한다. 9시~12시 45분, 집으로 돌아와 실내복으로 갈아입고 집필을 한다. 12시 45분, 점심시간에 초대한 손님들을 작업실에서 맞는다. 다시 정장 차림, 오후 1시~3시 30분, 점심시간이자 하루 중 유일한 식사 시간. 오랜 시간 손님들과 대화를 나누며 식사를 한다. 오후 3시 30분, 산책을 간다. 비가 오거나 눈이 오거나 변함이 없다. 마을 사람들은 칸트의 산책 시간을 보고 시계를 맞췄다. 저녁, 여행기 등 가벼운 책을 읽는다. 오후 10시, 절대적 안정 속에 잠자리에 든다.

_안광복, 『처음 읽는 서양 철학사』(2007) 중에서

믿기 어렵겠지만, 칸트는 평생 동안 일과표를 두 번 어겼습니다. 한 번은 프랑스혁명 소식을 들었을 때였고, 또 한 번은 루소가 쓴 『에밀』을 시간 가는 줄 모르고 읽었을 때였습니다. 당시는 시계가 지금처럼 보편화되지 않았던 시절이라 동네 사람들은 칸트의 규칙적인 생활 습관 덕분에 정확한 시간을 알 수 있었습니다. 칸트가 산책하는 모습을 보고 동네 부인들은 저녁 준비를 하곤 했는데, 어느 날 칸트가 『에밀』을 읽다가 산책을 깜박하는 바람에 식사 준비가 늦어졌다는 이야기가 있을 정도입니다. 칸트에게 『에밀』은 참으로 인상적이었나 봅니다. "『에밀』이 출간된 일은 마치 프랑스혁명과도 같은 거대한 역사적 사실에 비유할 수 있다"라고 말할 정도니 말이죠. 참고로 루소가 쓴 『에밀』에서는 소년기 때까지(현재 기준으로는 중학생 나이) 책을 읽히지 말라고 합니다. 여러분은 굳이 한 권을 중학생에게 읽혀야 한다면 어떤 책을 권하고 싶은가요? 칸트가 쓴 『순수이성비판』, 플라톤이 쓴 『대화』와 같은 수많은 고전들이 있겠지만, 루소는 『로빈슨 크루소』를 읽게 하라면서 이 한 권으로 족하다고 말했습니다.

다시 칸트로 돌아와서, 칸트는 31세에 고향인 쾨니히스베르크 대학에서 박사학위를 받습니다. 지금도 외국에서는 많은 사람들이 20대에 박사학위를 취득합니다. 칸트가 살았을 때는 더 이른 나이에도 박사학위를 받았으니, 당시 기준으로 칸트는 상당히 늦은 나이에 학위를 받은 셈이지요. 15년 동안이나 정식

교수가 되지 못하고 시간강사 생활을 합니다. 이때 칸트가 대학에서 가르친 과목은 지리학이었습니다. 세계적인 철학자가 지리학을 강의했다는 사실이 이상한가요? 하지만 세계에서 가장 위대한 물리학자인 뉴턴도 지리학자인 바레니우스 책을 번역하여 수업까지 했던 것을 보면 그리 이상한 일도 아닙니다. 그래서 어떤 면에서는 칸트를 지리학자라고 부를 수도 있습니다.

지리학자는 보통 전 세계 곳곳을 다니며 연구하는 사람입니다. 하지만 칸트는 일생 동안 고향인 쾨니히스베르크에서만 살았습니다. 칸트가 가장 멀리 떠난 여행은 쾨니히스베르크 도심에서 50킬로미터 정도 떨어진 별장으로 놀러갔을 때였습니다. 칸트 소유의 별장은 아니었고, 칸트가 귀족 집안의 가정교사로 일했을 때 그 귀족 소유의 별장으로 여행을 간 것입니다.

평생 동안 쾨니히스베르크 밖을 나가지 않았던 칸트가 어떻게 지리학을 가르칠 수 있었을까요? 엄청난 독서량과 상상력 덕분입니다. 칸트는 런던에 쓰레기통이 몇 미터 간격으로 놓여 있는지까지 알 정도였습니다. 칸트는 일반적인 철학을 공부하기 전에 지리학에 대해 아는 것이 필수적이라고 생각했지요. 지리학은 철학을 좀 더 깊게 이해하기 위해 실용적이면서 도덕적인 기초를 제공한다고 믿었습니다. 지리학은 공간을 다루고 역사학은 시간을 다룹니다. 그래서 우리가 세계를 볼 때는 공간과 시간의 두 범주로 바라보게 됩니다. 이것이 칸트가 지리학에 마음을 둔 이유라고 할 수 있습니다.

이번에는 지리학자 칸트의 평생의 무대가 되었던 쾨니히스베르크에 대해 알아볼까요? 칸트는 1724년 당시 동프로이센의 수도였던 쾨니히스베르크에서 태

칼리닌그라드(쾨니히스베르크)의 위치

어났습니다. 쾨니히스베르크는 지금은 러시아의 도시로 '칼리닌그라드'라고 부릅니다. 그런데 칼리닌그라드를 지도에서 찾아보면 무언가 이상합니다. 우리는 흔히 '영토'라고 하면 땅이 계속해서 이어지는 모습을 상상하지요. 그런데 칼리닌그라드는 지금의 러시아 영토와 떨어져 있습니다. 칼리닌그라드는 러시아 안에 있지 않고 리투아니아에 위치합니다. 이를 지리학에서는 '엑스클레이브 (exclave)', 우리말로는 '월경지(越境地, 국경을 넘어 다른 지역에 있는 우리 땅)'라고 합니다.

우리나라에서는 옛날에 내륙 지역의 관청에서 해산물을 얻는 등의 경제적 이유와 군사적 이유로 월경지를 만들려고 했습니다. 전라북도 완주군에도 월경지가 있습니다. 1987년 1월 1일 완주군 조촌읍이 전주시로 편입되면서 완주

완주군 관광지도를 보면 이서면과 완주군은 전주시를 사이에 두고 완전히 떨어져 있음을 알 수 있습니다.

군 이서면이 월경지가 되었지요. 현재 인천광역시에 속해 있는 강화군도 월경지가 됩니다. 강화군은 인천광역시 관내에 위치하지만, 인천 도심에서 강화도로 놀러 가려면 경기도 김포시를 지나야 합니다. 1995년 강화군이 경기도 소속에서 인천광역시로 통합되었기 때문입니다.

다시 러시아로 돌아가서, 러시아는 과거부터 얼지 않는 항구인 부동항을 얻기 위해 항상 노력해왔습니다. 독일 땅이었던 칼리닌그라드는 독일이 2차 세계대전에서 패하면서 1945년 포츠담 회담의 결과로 소련(지금의 러시아)에 편입됩니다. 소련 해체 뒤에도 러시아 땅으로 남은 이유는 1990년 독일 통일 과정에서 독일 정부가 소련 영토임을 인정해줬기 때문이지요. 그 덕에 러시아는 대서양으로 나아가는 유럽 쪽 유일한 부동항을 얻게 됩니다. 그래서 독일 철학자로 알려진 칸트를 만나려면 독일이 아니라 러시아로 가야 합니다.

Part 2.
여행

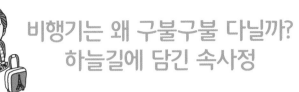

비행기는 왜 구불구불 다닐까?
하늘길에 담긴 속사정

요즈음처럼 세계 각국을 쉽게 넘나드는 글로벌 시대에 비행기를 타는 것은 흔한 일이 되어버렸습니다. 그런데 30대 이하의 젊은 층들은 믿기 힘들겠지만, 한 세대 전만 해도 관광 목적의 출국이 불가능했습니다. 정부 입장에서는 가난한 나라에서 국부 유출이 웬 말이냐는 것이었겠죠. 일반인이 해외에 나가려면 출장, 유학, 취업 등 특별한 사유가 있어야 했고, 순수 여행 목적으로는 여권이 아예 발급되지 않았습니다. 당시 여권 소지자의 상당수는 중동 건설 현장에 일하러 가는 노동자들이었습니다. 서울 올림픽이 열린 1988년까지 해외에 나가려면 만 30세 이상이거나 공무, 출장, 유학 등 목적이 분명해야 했습니다. 관광여권이 처음 생긴 1983년에는 50세 이상으로 발급을 제한했고 관광 예치금 명목으로 200만 원을 납입해야 했답니다.

1989년 1월 1일은 관광업계의 '광복절'과 같은 날이 아닐까 싶습니다. 전 국민의 해외여행 자유화 조치가 바로 이날부터 시행된 것입니다. 마침내 관광 목적의 출국 허용 연령 기준이 철폐되면서 해외여행 전면 자유화 시대가 개막되었는데, 이는 경제성장으로 국민 대다수가 절대빈곤에서 벗어나고 서울 아시안게임과 올림픽을 치르면서 높아진 국제화 수준에 기인한 결과였습니다.

해외여행 자유화 이후 급부상한 여행지는 타이완이었습니다. 공산주의 국가인 중공(지금의 중국)을 갈 수 없으니 타이완이라도 가자는 것이었죠. 그때는 중국뿐 아니라 베트남, 소련(지금의 러시아) 등 공산권 국가는 모두 여행이 금지되었습니다. 그 시절 정부는 우리 국민이 해외에서 '빨간 물'이 들까 걱정했습니다. 1992년까지 남자는 반공연맹(지금의 자유총연맹), 여자는 예지원에서 소양 교육을 받아야 여권을 지급했다고 하네요. 지금 생각하면 괜히 실소가 나옵니다.

신혼여행이든 가족여행이든 어학연수든 비행기를 타면 기내식도 즐기고 부족한 잠도 자야 하겠지만, 앞좌석 후면에 설치된 액정 화면을 한번 살펴보기 바랍니다. 비행기의 위치와 항로, 고도와 날씨 등이 표시된 상황 화면이 보일 겁니다. 뻥 뚫려 거칠 것 없는 하늘길, 곧바로 가면 시간도 덜 걸리고 편할 것 같은데, 비행기는 직선으로만 다니지 않는다는 것을 알아차

비행기를 타면 좌석 앞에 비행 경로를 확인할 수 있는 화면이 나옵니다.

릴 수 있습니다. 택시 같으면 기사에게 버럭 항의를 해야 할 일입니다. 그런데 비행기는 왜 직선으로 가지 않을까요?

눈에 보이지 않지만 하늘에도 길이 있습니다. 그 길은 날씨나 다른 나라의 하늘, 안전한 비행을 위한 조건 등을 따져 만들죠. 바닷 속 해류가 눈에 보이지 않는 것처럼 하늘에도 눈에 보이지 않는 바람이 있습니다. 바람 흐름에 따라 그날그날 항로가 바뀌기도 하죠. 바람인 제트기류를 이용하면 비행시간을 많이 줄일 수 있습니다. 제트기류는 지구상의 바람 가운데 여러모로 '형님'에 해당합니다. 고도 10킬로미터 내외의 저 '위쪽'에서 고고하게 거동하는 모양새부터가 예사롭지 않죠. 제트기류는 크게 보면 서에서 동으로 부는데, 직진하는 게 아니라 뱀처럼 구불구불 전진합니다. 제트기류의 평균 시속은 150킬로미터(최대 시속 400킬로미터) 정도이고, 제트여객기의 순항 속도는 900킬로미터 안팎입니다. 이러니 제트기류가 뒤에서 불 때와 이에 맞서야 할 때 상황은 판이하겠죠.

눈썰미 있는 승객이라면 인천─로스앤젤레스 왕복편을 한 번만 타봐도 오갈 때 항로가 딴판이라는 걸 알아차릴 수 있을 겁니다. 로스앤젤레스로 갈 때는 북태평양 항로를, 돌아올 때는 북극 쪽의 베링 해 부근을 지나는 루트를 주로 이용합니다. 돌아오는 경로는 제트기류의 도움이 없어 비행시간이 갈 때에 비해 최대 2시간 가까이 늘어나게 되죠. 그런데 베링 해 부근으로 굽어 오는 이유를 아시나요? 구형의 지구 타원체를 생각해볼 때 북극권 쪽으로 이동해야 거리를 크게 단축할 수 있기 때문입니다.

항공사 사람들은 항로를 놓고 시시각각 치열하게 '계산 싸움'을 합니다. 국제선 비행은 마치 1만 원짜리 지폐를 1, 2초에 한 장씩 공중에 뿌리는 것과 같거든요. 가령 보잉 747 여객기는 10시간 비행에 15만 리터에 육박하는 엄청난 기름을 소모합니다. 편의상 리터당 기름값을 1000원으로 잡고 15만 리터를 소모한다고 가정하면 10시간에 대략 1억 5천만 원의 거금을 쓰는 셈이 됩니다.

또한 다른 나라 하늘을 지나갈 수 있느냐 없느냐에 따라서도 하늘길은 달라집니다. 허가를 받지 않으면 다른 나라 하늘 위로는 비행할 수 없습니다. 이 밖에 비행할 때 생길 수 있는 문제를 고려해 하늘길이 바뀌기도 합니다. 비행기에 문제가 생겼을 때 착륙할 수 있는 공항이 주위에 있어야 하죠. 예를 들어 태평양이나 대서양 한가운데서 문제가 생기면 생각만 해도 아찔한 상황이 벌어질 수 있습니다. 제트기류의 영향이 없다손 쳐도, 비행기는 태평양 상공을 직선으로 날지 않습니다. 비상착륙을 해야 하는 상황이 발생할 수 있기 때문이죠. 비상착륙까지 허용되는 시간은 180분(일부 기종 207분)이라고 합니다. 망망대해 태평양을 가로지를 때, 항로상 어느 지점에서든 3시간 안에 비상착륙 가능한 활주로를 끼고 날아야 한다는 말입니다. 이렇듯 비행기가 직선 항로로 가지 않는 건 결국 안전을 고려한 경제적인 이유도 결합되어 있었던 겁니다.

태평양 한복판에 있는 미드웨이 섬(Midway Atoll)을 아시나요? 이 섬은 아시아와 북아메리카의 딱 중간쯤에 있어 말 그대로 미드웨이로 불리는, 사방 길이가 수킬로미터에 불과한 아주 작은 섬입니다. 그러나 규모상으로 보잘

태평양 중앙부에 위치한 미드웨이 섬

것없는 이 섬은 많은 항공사와 승객들에게 보물과 같은 존재입니다. 비상 활주로가 나 있는 이 섬 덕분에 매년 최소 수천만 명의 승객들이 운임과 비행시간 절약의 혜택을 보거든요. 물론 항공사들도 같은 맥락에서 이익을 보고 있죠. 만약 이 섬이 없었더라면 태평양을 가로지르는 여객기들은 비상 활주로를 끼고 날기 위해 현재보다 훨씬 더 먼 거리를 불가피하게 우회해 날아야 했을 겁니다. 한마디로 지금보다 더 삐뚤빼뚤하게 항로 설계를 할 수밖에 없지 않았을까요?

세계여행은 비행기에서 시작된다

해외로 이동하는 방법은 다양하지만 여객 수송률에서는 항공기가 단연 최고 비율을 차지하고 있습니다. 이렇게 비행기를 타고 여행을 할 때는 허기진 배를 달래주기 위해 하늘 위에서 먹는 식사인 기내식이 제공됩니다. 기내식에는 재미있는 비밀이 몇 가지 있습니다. 먼저 기내식은 평소에 우리가 먹는 음식보다 약간 짜게 만든다고 합니다. 그 이유는 1만 미터 고도에 올라가면 기압이 80%까지 떨어져 사람의 미각과 후각이 둔해지기 때문에, 지상에서 먹는 음식보다 더 짜게 만들어야 사람들 입맛에 맞는 음식이 된다고 합니다. 기내식에 소스가 함께 제공되는 이유가 이 때문입니다.

또 하나의 재미있는 사실은 기내식은 그 양에 비해 높은 칼로리를 자랑하는데, 혹시나 불의의 사고가 일어났을 때 사람들이 배가 고파 기력을 상실하는 일이 없도록 튀기거나 기름진 음식을 제공한다고 합니다. 그리고 하늘 위에서는 음식을 조리할 수 없기 때문에 지상에서 1차 조리한 음식을 급속도로 냉

동해 비행기에 실은 뒤 12시간 내에 해동만 시켜 승객들에게 제공한다고 하죠. 따뜻한 밥이 제공된다고 해서 비행기에서 음식을 만드는 것이 아니라 이미 지상에서 만들어진 음식을 데워 제공하는 것입니다.

마지막으로 종교·건강·연령의 이유로 음식을 가려 먹어야 하는 승객들을 위해 특별 기내식도 제공된다고 하니, 하늘 위에서는 누구나 굶을 일 없이 식사를 즐길 수 있습니다. 참고로 이런 특별 기내식은 추가 비용이 들지 않으니 혹시 하늘에서 아주 특별한 식사를 경험해보고 싶다면 비행 전 예약을 하는 것도 좋은 방법입니다.

최근 비행기에서 제공되는 음식과 관련해 사회적 이슈가 많이 발생하고 있죠. '라면 상무', '땅콩 회항' 등과 같은 사건은 모두 비행기 내에서 제공되는 음식 서비스와 관련해서 벌어진 일들입니다. 기내식 메뉴는 전 세계 모든 항공사가 천편일률적인 것이 아니라 항공사 저마다의 특색 있는 메뉴가 개발되어 있고, 또 그 나라의 전통 음식을 소개하는 장이 되기도 합니다. 그렇다면 지금부터 여행의 시작을 알리는 비행기에서 우리에게 제공되는 기내식과 그 나라의 음식 문화가 어떻게 연관되어 있는지 한번 알아볼까요?

동양과 서양 식문화의 가장 큰 차이는 탄수화물을 섭취하는 음식의 종류입니다. 우리나라 사람들은 '밥심'으로 산다고 해도 과언이 아니죠? 그만큼 우리나라를 비롯해 동양인들은 쌀 없는 생활을 상상할 수 없습니다. 하지만 유럽, 미국, 호주 등 서양인들은 우리처럼 쌀을 주식으로 삼지 않을뿐더러 식당에서 쌀밥을 먹기란 하늘에 별 따기일 정도입니다.

그렇다면 서양인들은 어떤 음식으로 탄수화물을 섭취할까요? 일반적으로 서양인들이 탄수화물을 섭취하는 주된 음식으로는 감자와 밀이 있습니다. 이를 통해 동양과 서양은 주식에서부터 큰 차이를 보이고 있음을 알 수 있습니다. 그래서 항공기를 탈 때 그 항공기가 동양 국적의 항공기냐 서양 국적의 항공기냐에 따라 기내식의 주식이 달라집니다. 즉 하얗게 잘 지어진 쌀밥을 먹느냐, 잘 삶아진 감자나 잘 익힌 밀로 만든 면을 먹느냐가 되겠지요.

물론 동양이라고 해서 다 똑같은 쌀밥이 주어지는 건 아닙니다. 쌀의 종류는 크게 자포니카종과 인디카종으로 나뉘는데, 우리나라를 포함한 중국, 일본 등 동아시아 국가의 비행기에서는 주로 자포니카종의 쌀을 이용한 기내식이 제공되고, 그 외에 남부아시아, 서남아시아 등지의 항공사에서는 인디카종의 쌀을 기내식으로 제공합니다. 후 하고 불면 날아갈 것 같은 쌀이 바로 인디카종이죠.

우리나라 항공사에서 제공되는 기내식(비빔밥류)

그럼 나라별로 어떤 음식이 하늘 위의 식탁에 오르는지 한번 살펴보도록 하겠습니다. 먼저 한국입니다. 우리나라의 유명한 음식에는 불고기, 비빔밥, 김치 등이 있습니다. 한국 항공사에서는 한국을 대표하는 음식을 기내식으로 제공합니다. 사진에서처럼 비빔밥과 미역국이 기내식으로 제공된다면 누가 봐도 한국 비행기라는 것을 알 수 있겠죠? 이 항공사에서는 1997년부터 지금까지 비빔밥을 기내식으로 제공하고 있는데, 외국인 승객들에게 워낙 반응이 좋아서 오히려 한국인들보다 외국인 승객들이 이 메뉴를 더 찾는다고 합니다. 비빔밥을 어떤 순서로 비비고 먹어야 하는지 등이 적힌 매뉴얼도 함께 제공해, 외국인들로서는 한국 항공사를 이용하는 것만으로도 한국 음식 문화를 체험할 수 있습니다. 심지어 최근에는 10개가 넘는 외국 항공사에서 비빔밥을 기내식으로 제공하고 있다고 하니 한국 음식의 위상이 높아졌음을 알 수 있습니다. 또 다른 국내 항공사에서는 한국을 대표하는 음식인 불고기와 쌈, 그리고 된장국을 제공하고 있습니다. 이처럼 한국 항공사에서 제공하는 한국 전통 음식들은 최근 웰빙의 흐름과 맞물려 외국인 승객들에게도 엄청난 호응을 얻고 있다고 합니다.

다음으로 이웃 나라 일본으로 가보겠습니다. 일 본은 사면이 바다로 둘러싸여 있어서 오래전부터 다른 나라보다 식탁 위에 생선을 많이 올렸다고 합 니다. 그렇다면 당연히 일본 기내식에서 생선이 빠 질 수 없겠죠? 그래서 일본 항공사에서는 생선구이 나 외국인들에게도 친숙한 스시를 제공한다고 합니다.

일본 항공사에서 제공되는 기내식

이제 유럽으로 가봅시다. 유럽에서 음식으로 유 명한 나라가 몇 군데 있는데, 그중에서도 피자와 파스타의 나라로 유명한 이탈리아를 꼽을 수 있습 니다. 따라서 이탈리아 국적의 항공기를 타면 맛있 는 피자와 파스타를 비행기에서 맛볼 수 있습니다.

이탈리아식 기내식

또 지중해 지역에서 재배되는 올리브와 포도로 만든 와인도 맛볼 수 있다고 하 니 기내식을 통해 여행의 재미를 배가시킬 수 있겠죠?

이슬람 문화권에서는 기내식으로 어떤 음식이 제공될까요? 이슬람 문화권 의 삶의 지침서인 『코란』에서는 돼지고기가 금기 식품으로 명시되어 있다고 하 죠. 그래서 중동 지역의 항공사를 이용할 경우 비행기 내에서 돼지고기는 찾아 볼 수 없습니다. 대신 그 지역 사람들이 즐겨 먹는 양고기가 주 메뉴라고 하네 요. 우리나라에서는 양고기보다는 돼지고기가 흔한데, 이 기회에 중동 지역의 항공사를 이용해 양고기를 먹어보는 것도 괜찮을 듯합니다.

구름 위에서 즐기는 식사가 모두 최고일 수는 없습니다. 최고가 있으니 어쩔 수 없이 최악의 기내식도 있을 텐데요. 얼마 전 인터넷을 뜨겁게 달구었던 세계 최악의 기내식으로 뽑힌 항공사는 북한의 고려항공입니다. 고려항공의 부실한 식단과 성의 없는 서비스에 외국인들이 경악을 금치 못했다고 하니, 같은 민족으로서 안타까울 따름입니다. 세계적으로 맛이 뛰어나다는 대동강 맥주에 평양냉면이 기내식으로 제공되는 고려항공을 우리나라에서 탑승해 북한으로 자유롭게 여행할 수 있는 날이 오기를 간절히 바라봅니다.

 하룻밤 사이에 이틀이 지났다

2015년 1월, 저는 미국 서부로 여행을 갔습니다. 빡빡한 여행 일정을 마친 후 샌프란시스코 공항에서 1월 31일 밤 11시 30분에 한국행 비행기에 몸을 실었습니다. 단 한 번의 낮도 거치지 않고 계속 어둠 속에서만 날아간 비행기는 역시 캄캄한 어둠에 갇힌 인천공항에 도착했습니다. 그때 시간이 새벽 6시였습니다. 그리고 잠시 후 동이 트고 세상은 밝아지기 시작했습니다. 샌프란시스코에서 1월 31일의 밤을 맞이하고 하룻밤이 지나 인천에서 새벽을 맞이했습니다. 그런데 인천공항에 도착한 후 휴대전화에 표시된 날짜를 살펴보니 2015년 2월 1일이 아니라 2월 2일 새벽 6시였습니다. 비행하는 동안 창밖으로 단 한 번의 낮도 거치지 않았는데 이틀이 지나가버린 것입니다. 따라서 2015년 2월 1일은 제가 단 1초도 겪어보지 못한 채 지나가버린 하루가 된 셈이지요.

일반적으로 우리가 아는 하루는 한 번의 낮과 한 번의 밤이 지나야 성립하는 개념입니다. 그런데 1월 31일 밤에 출발하여 어둠 속에서만 날아 새벽에 도착한 시간이 어떻게 2월 2일이 될 수 있을까요? 어떻게 이런 일이 가능한 것일까요?

이것을 이해하려면 기본적으로 시차의 개념을 알아야 합니다. 전 세계 모든 사람에게 24시간이 똑같이 주어지지만, 그 시간이 누구에게는 아침, 누구에게는 정오, 누구에게는 오후, 그리고 누구에게는 저녁과 새벽이 될 수 있습니다. 이것을 바로 '시차'라고 부릅니다. 시차란 세계 표준시를 기준으로 하여 정한 세계 각 지역의 시간 차이를 뜻합니다. 이런 시간의 차이가 발생하는 이유는 우리가 살고 있는 지구가 매일 서쪽에서 동쪽으로 스스로 회전하는 자전현상 때문인데, 지구가 360도이고 하루는 24시간이니 이를 나누어보면 약 15도에 1시간 차이가 발생한다는 사실을 알 수 있습니다.

그렇다면 우리가 살고 있는 이 지구에서 시간의 기준은 어디이며, 왜 그곳이

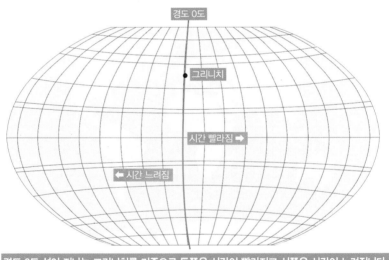

경도 0도 선이 지나는 그리니치를 기준으로 동쪽은 시간이 빨라지고 서쪽은 시간이 느려집니다.

기준이 되었을까요? 세계 시간의 기준이 되는 경도 0도는 영국 런던 근교 그리니치라는 도시를 지납니다. 따라서 그 기준을 흔히 'GMT(Greenwich Mean Time)', 즉 '그리니치 평균시'라고 부릅니다.

그런데 전 세계의 많은 나라 중에 왜 하필 영국이 세계 시간의 중심이 되었을까요? 해답을 찾기 위해 15~18세기 유럽의 배들이 세계를 누비던 대항해시대로 거슬러 올라가봅시다. 대항해시대 탐험가들의 고민은 자신의 위치와 목적지의 정확한 위치를 알아내는 것이었습니다. 다른 말로 하면 위도와 경도를 구한다는 뜻인데, 위도는 북극성을 관측하면 손쉽게 측정할 수 있지만 경도는 어떠한 기준점이 없어서 구하기가 불가능하다고 생각했습니다.

이때 영국의 과학자인 크리스토퍼 렌이 시계를 이용하여 경도를 측정하는 방법을 제안했습니다. 목적지에 도착해서 해가 가장 높이 뜬 정오에 영국에서

자오선
지구의 북극과 남극을 연결한 큰 원을 말하는데, 그중 영국 그리니치 천문대를 지나는 자오선을 본초자오선이라고 합니다.

가져온 시계가 가리키는 시간과 그 차이를 비교해 경도를 측정하는 것이 그 방법이었습니다. 이는 지구가 360도이고 24시간 동안 자전하기 때문에 15도마다 1시간 차이가 존재한다는 원리에서 착안한 것이었습니다. 렌의 계산법을 받아들인 영국 왕실은 1675년 왕립 그리니치 천문대를 건설하기에 이릅니다. 1714년에 영국 의회는 그리니치 천문대를 본부로 하는 경도 위원회를 구성했고, 오차가 적은 경도를 구하기 위해 상금으로 2만 파운드(현재 환율로 한화 약 3,300만 원)를 내걸었습니다. 이때 시계 기술자 존 해리슨이 크로노미터라는 정확한 해상 시계를 발명해 결국 이 어마어마한 상금의 주인공이 되었습니다. 이 시계가 발명되고부터 런던에서 출항하는 모든 배는 그리니치 천문대에서 제공하는 시간을 표준으로 삼았고, 이로써 영국은 전 세계 시간의 중심지로서 식민 지배에서 우위를 점할 수 있게 되었습니다. 1851년 영국은 그리니치 천문대를 관통하는 자오선을 경도의 기준이 되는 본초자오선으로 정했고, 1884년 워싱턴에서 열린 세계 만국 지도 회의에서 이를 받아들이면서 마침내 영국이 세계 시간의 중심으로 확정되었습니다.

자, 이제 본격적으로 하룻밤 사이에 이틀이 지나간 이유를 살펴보겠습니다. 지구는 서쪽에서 동쪽으로 돌기 때문에 영국보다 동쪽에 있는 곳은 영국보다 시간이 앞서고, 서쪽에 있는 곳은 영국보다 시간이 뒤처집니다. 해가 동쪽에서 뜬다는 점을 생각하면 동쪽의 시간이 앞선다는 개념을 이해하기가 쉽겠네요. 우리나라는 영국을 기준으로 동경 135도에 위치하므로 영국 시간보다 9시간

앞선 시간대를 사용하고 있습니다(135÷15=9). 마찬가지로 미국의 샌프란시스코는 영국을 기준으로 서경 120도에 위치하므로 영국보다 8시간 뒤처진 시간을 쓰고 있고(120÷15=8), 우리나라보다는 17시간(9+8)이 뒤처진 시간대를 쓰고 있는 것입니다. 즉 샌프란시스코에서 비행기에 올라탄 1월 31일 밤 11시 30분 그 순간에 한국은 이미 그보다 17시간이 앞선 2월 1일 오후 4시 30분이었고, 여기에 비행시간 13시간 30분을 더하면 비행기가 인천공항에 도착한 시각은 2월 2일 새벽 6시가 되는 것입니다.

그렇다면 어떻게 비행기는 낮을 한 번도 거치지 않고 어둠 속에서만 날았던 것일까요? 아래 그림을 보시면 어느 정도 이해가 갈 것입니다.

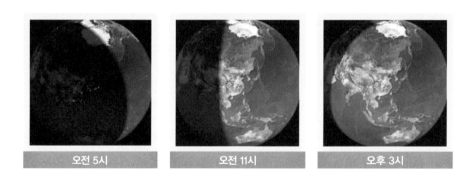

| 오전 5시 | 오전 11시 | 오후 3시 |

지구는 자전을 하며 태양 주위를 도는데, 태양빛을 받는 지구의 절반은 낮이고 태양빛을 받지 못하는 절반은 밤이 됩니다. 태양이 동쪽에서 떠오르니 아침도 동쪽부터 시작되고 어둠 역시 동쪽에서 먼저 시작되어 서쪽으로 흘러가게 되지요. 지구상의 밤과 낮의 경계 역시 동쪽에서 서쪽으로 이동합니다. 샌프란시스코에서 인천까지 계속 서쪽으로 날아간 비행기는 지구의 어둠이 흘러가는

방향과 같은 방향으로 비행했기 때문에 주변이 계속 어두웠던 것입니다. 결국 비행기에 타고 있던 제 몸은 단지 하룻밤 어둠을 지나왔을 뿐인데 시간은 이틀이 지나버리는 놀라운 일이 발생했죠.

시차와 관련된 재미있는 이야기가 또 있습니다. 세계에서 가장 많은 표준시를 사용하는 나라는 어디일까요? 바로 러시아입니다. 러시아는 세계에서 영토가 가장 큰 나라입니다. 동서로 무려 9,000킬로미터로 이어진다고 하는데, 우리나라 인천에서 강릉까지 거리가 약 300킬로미터인 것을 생각하면 러시아 영토가 얼마나 큰지 대충 짐작될 겁니다. 이렇게 동서로 긴 러시아가 표준시를 하나만 사용한다면 동쪽에서는 해가 떠서 아침식사를 하고 등교 준비를 하는데, 가장 서쪽 지역 학생들은 해가 뜨려면 한참이나 멀었는데도 등교 준비를 해야 하는 우스꽝스러운 일이 발생하게 될 것입니다. 그래서 러시아는 표준시를 무려 11개나 사용하고 있습니다. 영토도 가장 크고 표준시도 가장 많이 사용하는 나라로 등극했습니다.

영토의 크기가 크면 표준시를 많이 사용하는 것이 당연해 보이는데, 세계에서 네 번째로 영토가 큰 중국은 이상하게 표준시를 하나만 사용하고 있습니다. 즉 러시아에서 발생할 수 있었던 우스꽝스러운 일들이 중국에서는 실제로 발생하고 있다는 거죠. 광활한 영토를 가진 중국은 왜 표준시간을 하나만 사용할까요? 실제로 중국은 1912년부터 1949년까지는 5개의 표준시를 사용했었는데, 1949년 중화인민공화국 성립 후 통제의 효율성을 고려해서 시차를 하나로 통일했습니다. 즉 중국의 표준시는 정치적인 상황이 반영되었다고 볼 수 있습니다.

이렇게 세계 각 나라의 시간은 물리적인 것 이외에 역사적, 정치적 상황까지 영향을 받고 있어, 세계 곳곳에서는 오늘도 재미있는 일들이 많이 벌어지고 있답니다. 이제 더 이상 류현진 선수는 왜 새벽에 공을 던지느냐고, 손흥민 선수는 왜 한밤중에 축구를 하느냐고 물어보면 안 되겠죠?

아프리카의 작은 유럽, 남아프리카공화국

　우리 인류의 출현 지역이며 수만 년 인류 문화의 원천이었던 대륙은 어디일까요? 유럽 또는 북미를 생각할 수 있겠지만 위 질문의 정답은 아프리카입니다. 이처럼 아프리카 대륙은 인류 진화의 시발점이 된 지역이지만, 오늘날 우리가 떠올리는 이미지는 척박한 토양, 끊이지 않는 내전, 복잡한 종족, 높은 질병 발병률 등 부정적인 것들이 대부분입니다. 현재도 아프리카 대륙 곳곳에서 전쟁, 기아, 질병 등 다양한 문제로 인해 많은 사람들이 고통받고 있는 현실입니다. 아프리카가 가진 전통이 자본에 의해 무너지고 왜곡된 문화와 관습이 외부로 알려지면서 아프리카는 인간이 거주하기에는 부족함이 많은 대륙으로 변한 것이죠. 이렇게 뼈아픈 역사가 있는 아프리카에 막강한 경제력과 군사력, 그리고 엄청난 지하자원을 바탕으로 최고의 국가로 올라선 나라가 있으니, 바로 아프리카 최남단에 위치한 남아프리카공화국입니다. 지금부터 아프리카 최고의 국가 남아프리카공화국에 대해 파헤쳐보도록 하겠습니다.

아프리카인데 백인이 왜 이렇게 많아?

남아프리카공화국은 아프리카 대륙의 다른 국가들보다 좋은 기후 조건과 상당량의 지하자원, 교역을 중계할 최적의 위치를 자랑하는 항구 등을 바탕으로 서양 제국주의 시대부터 유럽의 뜨거운 관심을 받았습니다. 1488년 포르투갈 국적의 탐험가 바르톨로메우 디아스가 아프리카 최남단의 희망봉을 발견하면서 남아프리카공화국에서는 본격적으로 유럽화가 시작됩니다. 최초로 이곳에 정착했던 민족은 네덜란드인들입니다. 그 사람들이 하던 일이라고는 그저 농사를 짓거나 가축을 기르는 수준이었습니다. 이들을 네덜란드어로 '농부'라는 뜻인 '보어(Boer)'라고 불렀고 현재 남아프리카공화국 백인의 대부분을 차지하는 인구가 바로 이 보어인들입니다. 이를 계기로 네덜란드인들이 본격적으로 남아프리카공화국으로 유입되었고, 1652년 네덜란드의 동인도회사가 케이프타운에 설립되었습니다. 이러한 지리적 이점을 가진 지역을 18세기 당시 바다의 패권을 쥐고 있던 영국이 가만둘 리 없었고, 결국 1899년부터 1902년까지 영국과 네덜

보어인들의 모습

란드 보어인들이 전쟁을 하기에 이릅니다.

전쟁에서 승리한 영국은 기존에 네덜란드인들이 대부분이었던 남아프리카공화국에서 자국의 자본가들이 그 땅을 통치할 수 있도록 통치권을 그들에게 넘겨주었습니다. 이후 보어인들은 본인들의 영토를 되찾기 위해 끊임없이 노력했고, 그 결과 영국과의 타협을 통해 영토에 대한 통치권을 되찾게 됩니다. 지금까지도 네덜란드계 보어인들은 남아프리카공화국에서 통치권을 행사하며 살고있고, 아프리카에서는 흔치 않게 전체 인구의 약 13%(630만 명)에 해당하는 백인 인구가 거주하고 있다고 합니다. 남아프리카공화국으로 여행을 가면 여기가 아프리카인지 유럽인지 헷갈릴 정도라 하니, 백인의 거주와 문화가 남아프리카공화국에 깊이 뿌리내린 것은 틀림없는 사실입니다.

세상에서 가장 악랄한 인종 분리 정책 '아파르트헤이트'

'아파르트헤이트(Apartheid)'란 분리·격리를 뜻하는 아프리칸스어입니다. 그렇다면 무엇을 분리·격리한다는 뜻일까요? 가슴 아픈 이야기이지만, 피부색에 따라 분리·격리했던 정책이 바로 아파르트헤이트입니다. 아파르트헤이트는 인류 역사상 가장 악랄한 인종 분리 정책으로 알려져 있습니다. 이 정책에 따라 기존에 살던 아프리카 원주민들을 쫓아내고 유입된 유럽인들이 정치·경제·사회 모든 부분에서 흑인들을 차별하고 격리시켰습니다. 유색 인종들에게는 참정권을 부여하지 않고 백인들의 특권만 유지하는 정책이 1948년부터 1994년까지 무려 46년 동안이나 지속되었습니다.

자세히 살펴보자면, 인종을 백인, 흑인, 유색인, 인도인의 4가지 등급으로 나누어 등급에 따라 거주지를 격리시키고 심지어 다른 등급의 거주지에는 출입도 할 수 없었다고 하니, 그 악명이 괜히 나온 소리가 아니라는 걸 실감할 수 있습니다. 뿐만 아니라 다른 등급 간 결혼은 상상도 할 수 없을뿐더러 직장이나 학교, 대중교통 등 많은 부분에서 인종 분리 정책을 실시하여 같은 나라에 사는 국민인데도 전혀 다른 생활양식을 가진 채 46년이라는 시간을 보내야만 했습니다. 이는 백인들이 흑인들에게 스스로 국적을 잃게 만들어 원주민이었던 흑인들이 외국인 신분을 가지도록 하는 데 목적이 있었습니다. 나라를 잃은 것도 서러운데 외국인 신분으로 살아가야 한다니 그 고통은 상상조차 할 수 없습니다.

이렇게 악랄했던 아파르트헤이트 정책은 국제사회의 끊임없는 비난과 1994년 4월 27일 남아프리카공화국 최초의 흑인 대통령인 넬슨 만델라의 당선으로 막을 내리게 됩니다. 하지만 아직까지도 아파르트헤이트의 잔재가 곳곳에 남아 있어 고통받는 사람이 있다고 하니, 하루빨리 모든 잔재가 사라지고 전 국민이 행복한 삶을 누리기 위해 노력해야 할 것입니다.

남아프리카공화국 최초의 흑인 대통령, 넬슨 만델라

"모든 사람은 태어날 때부터 자유롭고 동등한 존엄성과 권리를 가지고 있다."

끝나지 않을 것 같았던 인종 분리 정책에 마침표를 찍었던 남아프리카공화국 최초의 흑인 대통령 넬슨 만델라가 남긴 명언입니다. 만델라가 태어난 곳은 아파르트헤이트의 거주지 분리 정책에서 아프리카인 구역으로 분류되었던 트

넬슨 만델라(Nelson Rolihlahla Mandela, 1918~2013)

란스케이(Transkei) 지역입니다. 그는 그곳에서 성장기를 보내며 끊임없이 인종차별 정책을 비판했고, 자신의 손으로 이 정책을 끝내고자 법학을 공부한 뒤 1944년 국회의원에 당선됩니다. 그의 목표는 인종 분리 정책을 없애는 것이었기에 계속해서 저항 운동을 벌였는데, 당시 이를 탐탁지 않게 여긴 백인들이 반역죄를 덮어씌워 결국 1962년 넬슨 만델라는 체포되었고 5년 동안 감옥살이를 하게 되었습니다. 억울한 감옥살이 중 재심이 이루어졌지만, 백인들은 그들에게 위협이 된다는 이유로 징역 5년을 무기징역형으로 바꿔 선고했고 만델라는 1990년까지 26년 동안이나 철창 안에서 지내게 됩니다. 이때 유명한 일화가 있죠. 아파르트헤이트에 대한 반대 입장만 철회한다면 당장 자유를 주겠다고 제안했지만, 만델라는 이를 거절하고 끝까지 수감생활을 하겠다며 뜻을 굽히지 않았다고 합니다.

이런 넬슨 만델라의 끊임없는 자유의지에 국제사회가 동요하기 시작했고, 1990년 그는 결국 수감생활을 마치고 자유를 얻게 됩니다. 그리고 다시 인종차별 철폐를 위해 투쟁한 결과 마침내 그의 손에 의해 아파르트헤이트는 철폐되기에 이르렀습니다. 이를 공로로 만델라는 1993년 노벨평화상을 수상했으며, 2013년 세상을 떠난 후에도 전 세계 많은 사람들의 귀감이 되며 존경을 받고 있습니다.

세상의 모든 자연경관, 뉴질랜드

뉴질랜드를 머릿속에 그려보면 천혜의 자연환경과 아름다운 미소가 떠오릅니다. 2015년 새해가 밝아오며 떠난 뉴질랜드 여행 이야기를 사진을 중심으로 펼쳐보겠습니다. 사실 처음부터 뉴질랜드에 가고 싶었던 것은 아닙니다. 동행하기로 한 선배의 강력한 권유로 뉴질랜드 여행을 선택하게 되었습니다. 그저 사진 몇 장 슬쩍 보고는 '이런 것들이 있겠지' 하고 떠났기에 뉴질랜드 여행에 대한 기대감은 그리 크지 않았습니다. 그런데 큰 기대를 하지 않아서였는지, 즐거움이 그만큼 컸던 것 같습니다.

저는 보통 여행을 하면서 가이드북 한 권만 들고 내키는 대로 다닙니다. 그동안 다녀왔던 인도, 네팔, 라오스, 캄보디아, 몽골 모두 가이드북만 믿고 큰 계획 없이, 그 자리에서 만들어지는 인연과 제 감정에 따라 여기저기 다녔습니다. 그런데 뉴질랜드 여행은 시작부터 불길했습니다. 당연히 있으리라 믿었던 가이드북이 인터넷에도, 서울의 대형 서점을 다 뒤져도 없었습니다. 여행자들이 선망하는 여행지인 뉴질랜드에 대한 정보가 이렇게 없을 수가…… 갑자기 두려움이 몰려왔습니다. 어느 나라든 공항 서적 코너에 놓여 있던 영문 여행서인 '론리플래닛'이 생각나 '그래, 영문판 론리플래닛이라도 구하자' 하고 아무런 정보 없이 뉴질랜드로 떠났습니다. 다행히 공항 가판대에 제가 구하고 싶었던 가이드북이 있었고, 그렇게 약간의 안정감과 함께 뉴질랜드 여행이 시작되었습니다.

1. 무리와이 비치(Muriwai Beach)

뉴질랜드 최대 도시 오클랜드 북서부에 위치한 무리와이 비치에 들렀습니다. 이곳은 해안사구 지형이 아주 뚜렷하게 나타나 있는 곳입니다. 충남 태안의 신두리 해안사구에 가본 적 있나요? 해변의 모래가 바람에 날려서 쌓인 거대한

모래언덕이 펼쳐져 있는 곳입니다. 사구는 거대한 지형이라 정확히 관찰하기 위해서는 높은 곳이나 멀리 떨어진 지역에서 보아야 하는데, 아쉽게도 신두리에는 그런 곳이 별로 없습니다. 무리와이 비치는 사구 옆 바다 쪽으로 돌출한 암석 해안에서 사구의 형태를 뚜렷이 볼 수 있었습니다. 바다와 접한 평평한 모래 사장과 가파르게 형성되어 있는 사구, 파도와 바람이 만들어낸 작품입니다.

2. 로토루아의 와이오타푸(Wai-O-Tapu)

오클랜드에서 두 시간가량 달리면 로토루아 온천 지대가 나타납니다. 이곳은 땅속 깊숙이 파이프를 연결한 우리나라의 온천과 달리, 마그마가 지표 가까이 있어 지하수가 펄펄 끓어 넘치는 진짜 온천입니다. 온천수에는 다양한 광물들이 녹아 있어 다채로운 물빛을 만들어냅니다. 광물이 암석에 내려앉아 굳으

면 돌 색깔도 형형색색 변합니다. 앞장의 사진은 와이오타푸에서 가장 유명한 샴페인 풀을 촬영한 것입니다. 초록색 온천수와 붉은색, 갈색의 암석이 대비되어 로토루아를 대표하는 경관으로 널리 알려지게 되었습니다. 로토루아는 온천의 도시답게 바람만 불면 유황 냄새가 도시 곳곳을 휩쓸고, 공원에서도 온천이 솟아올라 김이 모락모락 피어오릅니다. 진짜 온천을 경험하고 싶다면 로토루아를 추천합니다.

3. 통가리로 화산 지대(Tongariro)

학창 시절 지리 공부를 할 때 뉴질랜드 지역이 도무지 이해되지 않았습니다. 그래서 약간의 꼼수를 생각했죠. "북섬은 적도랑 더 가까우니까 더울 거야. 그러니 화산 지형이 풍부하고, 남섬은 남극에 가까우니 빙하 지형이 넘쳐나지."

사실 그렇게 외우기만 했을 뿐 정말로 어떤 지형이 있는지는 잘 몰랐습니다. 뉴질랜드 북섬의 화산 지형은 왼쪽의 사진 한 장으로 설명됩니다. 북섬은 일본과 유사하게 해양판과 대륙판이 충돌해 화산 분출이 활발한 지역입니다. 판과 판의 경계부를 따라 화산이 발달하는데, 사진을 살펴보면 화산이 일렬로 줄지어 발달해 있습니다. 최근까지도 화산 활동이 활발히 일어나는 이곳은 여행하기에 다소 위험한 지역입니다.

4. 캔터베리 평원(Canterbury Plains)과 서던 알프스 산맥(Southern Alps Mt.)

북섬과 달리 남섬에서는 히말라야 산맥과 가까운 특징이 나타납니다. 대륙판과 대륙판이 충돌하는 지역이라 높은 산맥이 형성되어 있죠. 서던 알프스 산맥은 '남반구의 알프스'라는 뜻에서 유럽인들이 붙인 이름입니다. 아래 사진 상

단에 일렬로 보이는 산들이 서던 알프스 산맥의 일부입니다. 뉴질랜드는 연중 비가 꾸준하게 내려 강수량이 많은 지역입니다. 덕분에 산맥의 바위들이 부서지고 깎여나가 드넓은 평야를 형성했습니다. 그렇게 해서 이루어진 지형이 바로 캔터베리 평원입니다.

5. 테카포 호수(Lake Tekapo)의 은하수

별을 보기 위해서는 일단 하늘이 맑아야 하고, 주변에 별빛을 방해하는 도시가 없어야 합니다. 뉴질랜드 남섬은 이 두 가지를 모두 갖춘 지역입니다. 남섬에서도 테카포 호수는 별을 관측할 수 있는 최적의 장소로 널리 알려져 있습니다. 별자리에 관해서는 문외한인지라 뉴질랜드에서 바보 같은 짓을 했습니다. 별을 볼 때마다 '북두칠성은 어디 있을까? 별이 너무 많아서 내가 못 찾는 것일

까?' 한참을 고민했습니다. 나중에 안 사실인데, 남반구에서는 북두칠성을 관찰하기가 어렵다고 합니다. 지구는 둥그니까요. 테카포 호수에서 별을 관찰하실 분들은 저처럼 엉뚱하게 북두칠성 찾는 일이 없기를 바랍니다. 대신 남십자성을 찾아보세요.

6. 마운트 쿡(Mount Cook)

앞서 뉴질랜드의 남섬은 대륙판과 대륙판이 충돌해 높은 산맥이 형성되어 있다고 했습니다. 마운트 쿡은 남섬, 아니 남반구에서 가장 높은 산입니다. 마운트 쿡을 오르던 중 이곳이 융기되었다는 증거를 발견했습니다. 대각선으로 가로줄이 나 있는 암석을 볼 수 있었습니다. 이러한 암석은 층리가 발달한 퇴적암입니다. 퇴적암은 호수나 얕은 바닷가 근처에서 퇴적물이 쌓여서 만들어지는

암석으로, 해발고도 수천 미터 근처의 산악 지역에서는 퇴적암이 형성되기 어렵습니다. 더군다나 이 암석은 물속에 있는 게 아니라 작은 덩어리로 분해되어 등산로 한가운데 있었습니다. 이것이 낮은 고도에 있었던 암석이 높은 곳으로 융기했다는 증거입니다. 산맥이 형성되는 과정에서 낮은 곳에 있던 퇴적암이 부딪혀 깨지고 때로는 휘어지며 높은 곳까지 올라왔을 것입니다.

7. 다우트풀 사운드(Doubtful Sound)

사운드(sound)는 좁고 긴 만을 가리키는 단어입니다. 뉴질랜드에서 사운드라는 명칭이 붙은 곳에서는 빙하에 의해 형성된 피오르(fjord) 지형이 나타나는 경우가 많습니다. 피오르라면 노르웨이의 송네 피오르(Sogne Fjord)가 가장 유명하죠. 뉴질랜드에서는 노르웨이처럼 깎아지른 듯하지는 않지만 피오르가 넓

은 지역에 발달해 있습니다. 사진 속에 보이는 좁고 긴 만은 과거에 빙하가 흘렀던 흔적입니다. 지구의 기온이 높아지며 빙하가 녹아 사라지고 바닷물이 이곳에 들어와 채우면서 피오르가 형성되었습니다.

더 많은 지면이 할애된다면 쓰고 싶은 뉴질랜드의 자연경관 이야기가 아직도 한가득 남아 있습니다. 세상의 모든 자연경관이 공존하는 뉴질랜드, 실제로 뉴질랜드에는 사막 지형을 제외한 거의 모든 지형이 나타난다고 합니다. 아무런 계획 없이, 정보도 없이 떠난 뉴질랜드는 가는 곳마다 놀라움과 함께 즐거움을 선사해주었습니다. 아름다운 자연경관과 함께 힐링을 하고 싶으신가요? 그렇다면 뉴질랜드로 떠나보세요!

행복해지리

'부탄'이라는 나라를 들어보셨나요? 부탄가스의 부탄과는 다르다는 건 아시죠? 영화 〈방가? 방가!〉(2010)에서 주인공으로 열연했던 김인권 씨가 맡았던 역할이 '부탄'에서 온 '방가'였죠. 요즈음 부탄이라는 나라가 우리나라뿐 아니라 서양 전역에서도 관심을 받는 이유는 바로 '행복'이라는 말 때문입니다.

1972년, 당시 17세였던 부탄의 국왕 지그메 싱기에 왕추크(Jigme Singye Wangchuck)는 국내총생산(Gross Domestic Product, GDP)과는 다른 지수로 각 나라를 살펴봐야 한다고 주장했습니다. 경제력보다 국민이 행복한 정도로 국가의 발전 정도를 평가해야 한다고 생각했던 거죠. 이렇게 해서 만들어진 것이 바로 국민행복지수(Gross National Happiness, GNH)입니다. 사람들이 추구하는 모든 것의 밑바탕에는 '행복'이 깔려 있습니다. 국민행복지수는 경제, 문화, 환경, 정부의 4개 항목과 심리적 복지, 건강, 문화, 시간 활용 등 9개 영역으로 나누어 측정합니다. 그리고 국민총행복위원회라는 기구를 만들어 국가의 법령

하나까지 국민의 행복을 성장시킬 수 있는지를 기준으로 검토합니다.

실제로 우리가 알고 있는 부탄의 겉모습에서 행복을 찾아보기란 쉬운 일이 아닙니다. 부탄은 인도와 중국 사이 히말라야 산맥에 자리 잡고 있는 나라입니다. 부탄이라는 이름 자체가 산스크리트어로 '높은 지역'이라는 뜻입니다. 국토 대부분이 해발 2,000미터 이상 고지대에 위치하지요. 국토의 총 면적은 약 38,000제곱킬로미터로 남한의 절반보다 작습니다. 총 인구도 73만 명으로 광주광역시의 절반 정도밖에 되지 않습니다. 지그메 싱기에 왕추크는 2008년 절대왕정을 입헌군주제로 전환했으며, 지금은 그의 아들인 지그메 케사르 남기엘 왕추크(Jigme Khesar Namgyel Wangchuck)가 나라를 다스리고 있습니다.

국가별 행복지수와 소득 수준

	행복지수(%)	1인당 GDP(달러)
사우디아라비아	64	19,890
인도	60	1,527
스웨덴	57	61,098
중국	41	5,450
한국	19	23,749

- 행복지수는 현재 생활 만족도, 1인당 GDP는 2011년 추정
- 자료 : Ipsos, IMF

영국에 본부를 둔 유럽 신경제재단(NEF)의 2010년 국가별 행복지수 조사에 따르면, 한국은 143개 국가 중 68위를 차지했고, 부탄은 1위를 차지했습니다. 부탄이 행복지수로는 세계 1위 자리를 지키고 있지만, 국내총생산(GDP)과 같은 경제발전 정도를 측정하는 다른 지수들을 비교해볼 때는 빈국에 속하지요. 우리나라 1인당 GDP는 2만 달러고, 부탄은 2천 달러가 채 안됩니다. 하지

부탄 전통 의상인 '고'를 입은 지그메 케사르 남기엘 국왕

만 전 국민의 97%가 자신이 행복하다고 느낀다고 합니다. 그 이유가 무엇일까요?

부탄에서는 남성들이 항상 정해진 복장을 입어야 합니다. '고(Gho)'는 한복의 두루마기와 비슷한 부탄의 전통 의상입니다. 경찰, 승려, 군인을 제외하고 국왕, 관리, 농부, 학생 모두 이 똑같은 전통 의상을 입고 생활합니다. 예전에는 전통 의상을 입지 않고 거리를 돌아다니는 사람들을 잡아 경찰이 벌금을 매기기도 했다고 합니다. 부탄은 남자들을 위한 복장 규정이 있는 전 세계 유일한 국가입니다. 모두 같은 옷을 입는다면 옷을 가지고 상대방과 비교할 수가 없겠죠?

부탄의 수도인 팀부에는 전체 인구의 70%인 50만 명이 살고 있습니다. 우리나라에는 있지만 팀부에는 없는 것이 세 가지가 있습니다. 무엇일까요? 패스트푸드점, 현금자동지급기, 그리고 신호등입니다. 출근 시간과 같이 차가 밀릴 때에는 하얀 장갑을 낀 경찰관이 수신호로 교통정리를 합니다. 국민들도 수신호를 보는 것이 편하고, 신호등이 오히려 익숙지 않아 신호등이 있다면 운전하기 어려울 것 같다고 말합니다. 속도보다는 여유 있는 삶을 추구하는 거죠.

부탄에서는 대학 교육까지 교육비와 의료비가 모두 무상입니다. 또한 세계 최초의 금연 국가이기도 하지요. 흡연자들은 과연 이 나라가 행복할까, 하는 의문을 가질 수도 있겠습니다. 어쨌든 국민 대부분이 불교를 믿고 있어 욕심을 내지 않고 현재에 만족하며 살아가는 분위기가 행복을 만들어가는 것 같습니다. 다른 사람들과 비교하지 않고, 스스로 정신적 만족을 찾아 행복을 느끼는 것이지요. 1인당 국민소득이 2천 달러에 불과한 부탄은 '경제적인 풍요로움이 행복을 만든다'는 믿음을 없앤 대표적인 나라가 되었습니다.

우리나라는 어떠한가요? 우리나라는 1인당 국민소득이 부탄보다 10배나 많습니다. 여러분은 행복한가요? 최근 조사 결과에 따르면, 우리나라는 OECD 국가 중 9개 분야에서 최하위권과 '꼴찌'를 차지했습니다. GDP 대비 복지 예산 비율(꼴찌), 국민행복지수(최하위권), 아동의 삶의 만족도(꼴찌), 부패지수(최하위권), 조세의 소득불평등 개선 효과(최하위권), 출산율(꼴찌), 노조 조직률(최하위권), 평균 수면 시간(꼴찌), 성인의 학습 의지(최하위권) 분야입니다.

물론 국민소득과 행복지수가 꼭 반비례하는 건 아닙니다. 잘사는 나라가 행복지수도 높을 수 있습니다. 복지국가로 널리 알려진 북유럽의 스웨덴과 같은 나라가 대표적이지요. 경제적으로 힘들게 사는 나라들만 행복하게 산다는 이상한 논리로 사람들을 현혹해서는 안 됩니다. 국민들이 행복하게 살아갈 수 있도록 고민하고 노력하는 부탄 정부의 모습이 부러운 것은 저뿐일까요? 우리 정부도 노력하여 사회 안전망을 만든다면 최소한 자살률 1위나 저출산율 1위는 벗어날 수 있지 않을까요? 그러면 적어도 지금보다는 더 행복해질 것입니다.

여행금지국가에 가려면
한류 스타가 되어야 하나요?

　요즈음에는 해외여행을 한 번도 안 갔다온 사람을 주변에서 찾아보기가 어려울 정도로 해외여행은 흔한 일이 되었죠. 한국관광공사의 발표에 따르면 지난 2014년 해외여행을 위해 출국한 한국인 관광객이 누적 1,600만 명을 돌파했다고 합니다. 해외로 나간 한국인 관광객 수는 2009년 금융 위기로 감소하기도 했지만 2010년 이후 해마다 100만 명 이상 증가했고, 2014년에는 그 전해보다 8.3%나 증가한 1,608만 684명이었습니다.

　지금이야 돈과 시간만 허락한다면 내가 원하는 나라에 얼마든지 갈 수 있지만, 1989년 해외여행 자유화 조치가 시행되기 전까지 한국 사회에서 '여권'을 소지하고 외국으로 나가는 것은 상당한 특권이었습니다. 실제로 우리나라에서 관광 목적의 여권이 처음 발급된 것은 1983년이었습니다. 그것도 만 50세 이상에게만 여권을 발급해주었죠. 당연히 50세 이하 국민은 해외여행은 꿈도 못 꿀일이었습니다. 하지만 이게 끝이 아닙니다. 관광 여권을 발급받으려면 200만 원의 관광 예치금을 1년 이상 은행에 예치해야 했었다는군요. 당시 소주는 200원, 짜장면 한 그릇은 500원, 대기업 사원의 평균 월급이 20만 원이었다는 점을 감안하면, 여권 발급 비용이 얼마나 비쌌는지 감이 올 겁니다. 한마디로 가진 자만이 해외로 갈 수 있었던 시절이었죠. 하지만 1987년 6월 항쟁의 민주화 요구로 인한 국민의 권리 신장과 1988년 서울 올림픽을 치르면서 밀려온 세계화의 흐름은 폐쇄적 한국 사회의 국민에게 여행의 자유를 가져다주는 계기가 되었습니다.

이런 우여곡절 끝에 이제는 누구나 원하는 나라로 여행을 갈 수 있는 자유가 주어졌습니다. 하지만 돈이 있어도, 시간이 있어도 여행을 갈 수 없는 나라가 있다는 걸 아시나요? 현재 우리나라에서 국민의 안전을 위해 여행을 금지하고 있는 나라가 있습니다. 너무 위험해서 국가가 국민의 생명을 보장해줄 수가

주요국 한국인 출국 통계

연도	출국자 수(명)	전년 대비
2000년	5,508,242	26.9%
2001년	6,084,476	10.5%
2002년	7,123,407	17.1%
2003년	7,086,133	−0.5%
2004년	8,825,585	24.5%
2005년	10,080,143	14.2%
2006년	11,609,879	15.2%
2007년	13,324,977	14.8%
2008년	11,996,094	−10.0%
2009년	9,494,111	−20.9%
2010년	12,488,364	31.5%
2011년	12,693,733	1.6%
2012년	13,736,976	8.2%
2013년	14,846,485	8.1%
2014년	16,080,684	8.3%

출처 : 관광조사연구센터(2015년 1월 31일 기준)

없는 나라들입니다. 그 무시무시한 나라는 바로 아프리카의 소말리아와 리비아, 그리고 중동의 시리아, 예멘, 이라크, 아프가니스탄입니다. 대한민국 정부는 왜 이 나라들을 여행금지국가로 지정했을까요? 지금부터 그 이유를 하나하나 알아보도록 합시다.

2010년 튀니지에서는 26세 청년 무함마드 부아지지가 부패한 경찰의 노점상 단속으로 생존권을 위협받자 분신자살한 사건이 발생했습니다. 그동안 독재에 시달리며 고통받았던 튀니지 국민들은 이 사건을 계기로 반정부 시위를 전개하며 독재정권에 저항했습니다. 결국 국민의 저항에 24년이나 튀니지를 통치했던 진 엘아비딘 벤 알리 대통령이 사우디아라비아로 망명하면서 독재정권이 붕괴되었죠. 이를 '재스민 혁명'이라고 부르는데, 튀니지의 국화(國花)인 재스민을 따서 언론에서 그렇게 이름 붙였습니다. 재스민 혁명은 SNS와 방송을 통해 주변국으로 빠르게 전파되면서 리비아, 이집트, 예멘, 시리아, 사우디아라비아 등으로 퍼져나갔고, 이러한 일련의 민주화 바람을 '아랍의 봄'이라고 부릅니다.

아랍의 민주화 바람으로 리비아에서는 무아마르 알 카다피의 42년 장기 집권이 막을 내리고 과도정부가 등장했지만, 이슬람 세력과 세속주의 세력 간의 충돌이 계속되는 가운데 2014년 7월 현재 리비아는 실질적 내전 상태에 돌입한 상황입니다. 예멘도 민주화 혁명으로 독재자 알리 압둘라 살레가 실각한 후에도 사회 혼란이 지속되어, 북부에서는 시아파 후티 반군이 준동하고 있으며 남부에서는 남예멘의 재분리를 요구하는 분리주의자들, 그리고 이 혼란을 틈타 침투한 알카에다 아라비아 반도 지부(AQAP)가 살림을 차려 혼란은 더욱 가중되고 있습니다.

아랍 민주화 바람의 영향은 시리아에 상륙했고, 남부 도시 다라에서 청소년 들이 담벼락에 "국민은 정권의 전복을 원한다"는 낙서를 한 죄로 구속되자 부 모들이 시민들과 함께 이들의 석방을 요구하는 시위에 나서면서 본격적으로 민 심이 동요하기 시작했습니다. 10대들의 담벼락 낙서에서 시작된 민주화 요구 시 위에 대해 정부가 군인과 경찰을 동원하며 단호하고도 무자비한 강경 유혈 진 압 작전에 돌입한 결과 수천에 달하는 사상자가 발생했습니다. 이에 격노한 반 정부 인사들이 무기를 들고 무력 항쟁에 나섰고, 정부군에서 이탈한 군인들이 자유시리아군(Free Syrian Army)을 결성하여 반정부 세력에 힘을 보태면서 격 렬한 내전의 소용돌이로 빠져들었죠. 이렇게 혼란스러운 상황에서, 제정일치의 칼리파 국가 선포를 주장하며 사실상 이라크와 시리아의 일부 지역을 점령하고 있는 이라크·시리아 이슬람국가(ISIS)의 출현으로 매우 복잡하고 해결하기 어려 운 국면이 펼쳐지고 있으니, 이곳을 여행한다는 것은 정말로 위험한 일이겠죠.

자연스럽게 이라크 이야기를 하게 되네요. 세계 평 화에 위협이 되는 대량 살상 무기를 가지고 있다는 이유로 미국이 2003년 이라크를 침공한 이래 이라크 는 극심한 혼란에 빠지게 되었습니다. 미국의 개입으 로 오히려 종파 간 갈등은 더욱 심해졌고, 치안은 불 안하고 각종 테러가 발생해 수많은 민간인이 테러의 희생양이 되기도 했죠. 2011년 미군의 철수로 잠시 안정을 되찾기도 했으나 현재 이라크의 치안은 정·종

IS의 깃발. '알라 외에 다른 신은 없다', '무함마드는 신의 예언자이다'라고 적혀 있습니다.

파 간 대립, 반정부 세력의 테러 등으로 심각한 불안 상태를 보이고 있으며, 시 리아와 인접해 있는 북부 지역은 ISIS가 세력을 확대해 점령하고 있는 상태로

매우 불안정한 상황입니다.

마지막으로 아프가니스탄은 2001년 9·11테러를 일으킨 장본인으로 지목된 빈 라덴에게 은신처를 제공해줬다는 명분으로 미국이 침공한 이래 지금까지 극도로 불안한 정세를 유지하고 있답니다. 특히 2013년 초 탈레반 발표를 통해 외교 공관(국제기구 포함) 및 외국 기지가 중점 공격대상으로 지목되면서, 수도 카불에서만 아프가니스탄 정부 기관 및 외국 공관을 타깃으로 하는 폭탄 테러가 28건이나 발생했고, 2014년에는 아프가니스탄 대통령 선거 및 국제치안유지군(ISAF) 철군 등으로 반군(탈레반 등)의 활동이 지속적으로 늘고 있어 아프가니스탄의 치안은 계속 불안할 것으로 예상되고 있으니, 국민의 안전을 위해 정부에서 여행금지국가로 지정한 것이죠.

이렇게 정부에서 여행금지국으로 정한 6개국은 체류와 방문이 금지되어 있습니다. 정부의 허가 없이 방문할 경우 현행법상 1년 이하의 징역이나 1,000만 원 이하의 벌금에 처할 수도 있습니다. 한마디로 국가가 정한 여행금지국가에 들어가게 되면 국가는 책임을 질 수 없으니 본인이 책임을 지라는 뜻이죠.

그러나 여행금지국가라고 꼭 못 들어가는 건 아닙니다. 여행금지국가 지정 시 이미 해당국 영주권을 취득한 사람이거나, 취재와 보도를 목적으로 하는 기자, 또는 국제기구와 같은 공공기관에서 일하는 사람들은 허가를 받으면 그 나라를 여행(?)할 수 있는 특혜를 받게 되죠. 아, 한 가지 더 있네요. 한류 스타가 되면 갈 수 있습니다. 실제로 이라크에서는 드라마 〈허준〉이 시청률 80%라는 경이적인 기록을 세우며 엄청난 인기를 끌었죠. 그러자 이라크 대통령의 영부

인인 히로 여사가 직접 초청장을 보내 허준 역을 맡았던 배우 전광렬 씨를 초청했고, 전광렬 씨는 이례적으로 외교부의 허가를 받아 여행금지국가인 이라크를 방문할 수 있었답니다.

칭짱철도, 설국열차의 중국판?

〈설국열차〉라는 영화를 보셨나요? 새로운 빙하기를 맞이한 인류가 유일하게 살아 있는 곳은 끝없는 눈밭 위를 달리는 열차 속이고, 열차 칸이 인간 계층을 기준으로 철저하게 나뉘어 있어 추위와 배고픔에 시달리는 꼬리칸 사람들이 앞 칸에 있는 높은 계층의 인간들과 벌이는 투쟁을 그린 영화입니다. 물론 설국열차는 현실에 존재하지 않는 열차이지만, 실제 이와 유사한 열차가 있다면 과연 어떤 모습일까요?

세상에는 많은 철도가 있습니다. 작년까지만 해도 세상에서 가장 긴 철도는 러시아에 있는 시베리아 횡단철도였습니다. 모스크바에서 블라디보스토크까지 전체 길이가 9,297킬로미터이고 소요 시간만 7박 8일이 걸린다고 합니다. 그런데 그 기록이 이제 바뀌었습니다. 2014년 11월 개통한 '이신어우'라는 화물 전용 열차가 그 주인공인데, 중국의 이우라는 도시에서 출발하여 카자흐스탄, 러시아, 벨라루스, 폴란드, 독일, 프랑스를 거쳐 스페인의 수도 마드리드까지 장장 12,756킬로미터를 달립니다. 총 길이가 지구의 지름과 비슷하다고 하네요. 또 오스트레일리아에는 전체 길이가 약 3,961킬로미터인 인디안 퍼시픽 철도가 있는데, 이 철도는 약 480킬로미터의 거리를 일직선으로 달리는 것으로 유명합니다. 하지만 이번에 소개할 중국의 칭짱철도야말로 어떤 열차보다 우리가 살고 있는 이 세상을 가장 잘 보여주는 열차라고 할 수 있을 겁니다.

칭짱열차는 중국의 수도인 베이징의 서역에서 출발하여 시안, 란저우, 시닝, 거얼무라는 도시를 지나, 서서히 고도를 높여 세계에서 가장 높은 철도역인 해발고도 5,068미터의 탕구라 역을 거쳐 티베트의 수도인 라싸까지 2박 3일에 걸쳐 총 4,064킬로미터를 달려갑니다. 이 열차를 타고 가며 보고 느낄 수 있는 것

칭짱열차 운행 구간과 중국의 기후대

들은 마치 이 세상의 축소판 같습니다. (칭짱철도란 정확하게는 시닝에서 라싸까지의 1,956킬로미터 구간을 의미하는데, 평균 해발고도가 4,500미터나 됩니다. 우리나라에서 가장 높은 백두산이 2,744미터이니 얼마나 높은지 짐작이 가나요?)

칭짱열차를 타기 위해 베이징 서역에 가면 먼저 엄청난 사람 수에 놀라게 됩니다. 베이징은 중국의 수도이지만 지도에서 보듯 위치가 중국의 북동쪽에 치우쳐 있는 관계로, 서쪽으로 가는 기차역에는 중국 내의 다양한 민족들이 뒤섞여 있는 모습을 볼 수 있습니다.

〈설국열차〉 영화 속에서는 인간의 계층별로 거주할 수 있는 기차칸이 엄격히 정해져 있습니다. 영화에 나오는 정도까지는 아니지만 칭짱열차에도 3개의 등급으로 기차칸이 구분되는데, 가장 고급 객차인 4인 침대칸, 그다음 등급인 6인 침대칸, 가장 낮은 등급인 의자칸으로 나뉘어 있습니다. 4인 침대칸은 한 방에 2층 침대가 2개씩 있는 나름 편안하고 쾌적한 곳으로, 중국의 상류층이나 해외여행객들이 주로 이용합니다. 6인 침대칸에는 누울 수는 있지만 높이가 낮아 앉아 있을 수는 없는 높이의 3층 침대가 방의 좌우에 놓여 있습니다. 의자칸은 가장 저렴한 객차로 가격이 4인 침대칸의 4분의 1 수준입니다.

가격에서 예상할 수 있듯이 각 등급의 객차 승객들은 분위기가 다르고 겉으로 드러나는 차림새도 매우 다릅니다. 특히 의자칸에는 다소 남루한 행색의 티베트인들과 지방 소수민족들이 앉아 있는 모습을 주로 볼 수 있습니다. 여기서 중요한 점은 낮은 등급의 객실 승객들은 높은 등급의 객실로 들어갈 수 없다는 것입니다. 반대로 높은 등급의 객실 승객들은 낮은 등급의 객실에 마음껏 들어가볼 수 있어서 객실 등급에 따라 이동 제한 정도에 차이를 두고 있습니다. 기차의 중앙에는 식당칸이 있는데, 의자칸에 있는 승객들은 이 식당을 이용할 수 없기에 직접 가지고 온 고기를 잘라 먹는 광경도 볼 수 있습니다.

'하늘열차'라고도 불리는 이 칭짱열차를 타고 가는 2박 3일 동안 사람들은 기차 안에서 먹고 자는 것을 모두 해결합니다. 조금은 불편하고 고생스럽지만 창밖으로 펼쳐지는 다양한 모습을 보고 있으면 그 고생이 아깝지 않을 것입니다.

베이징을 출발한 기차는 서쪽으로 달리는데, 처음에는 따뜻한 온대 기후의 곡창 지대를 달리다 시닝을 지나면서 반건조 기후 지역으로 접어듭니다. 창밖에 보이는 풍경이 달라지는 것이죠. 녹색의 풍경이 사라지고 흙으로 덮인 황토 고원이 나타나면 흙동굴 속에 지은 집도 보이고 모래먼지가 날리는 모습도 보입니다. 거얼무라는 도시를 지나고 점점 해발고도가 높아질수록 머리가 슬슬 아파옵니다. 흔히 '고산병'이라고 불리는 이 증세는 두통, 구토, 어지럼증, 무력감 등을 동반하는데, 해발고도가 높아지면서 기압이 낮아지고 산소가 부족해서 나타나는 증상입니다. 이를 위해 기차 침대칸의 머리맡에는 산소공급기가 설치되어 있어 산소를 들이마시면 다소나마 회복이 됩니다.

고통을 참아내며 창밖을 보면 다시 새로운 풍경이 나타납니다. 멀리 보이는 만년설에 뒤덮인 산과 가끔 드러나는 초원과 늪, 빙하가 만든 호수가 세상 무엇보다 깨끗한 모습으로 다가옵니다. 고산 지대에서만 볼 수 있는 다양한 희귀 생물과 티베트 영양, 야생 야크와 같은 희귀 동물도 스쳐 지나갑니다. 중국 동부에서는 쉽게 보기 힘들었던 깨끗한 하늘과 공기, 그리고 무엇보다 원시의 자연 그대로에 가까운 모습이 보입니다. 길가에는 '오체투지'라고 불리는, 쉬지 않고 땅바닥에 큰절을 하며 걸어가는 티베트인들도 쉽게 볼 수 있습니다. 그렇게 2박 3일을 달려 티베트 불교의 성지, '신의 땅'이라는 의미의 도시 라싸에 도착해 하늘을 바라보면 세상 어디에서도 볼 수 없었던 더없이 파란 하늘과 성스러운 포탈라 궁전을 만날 수 있죠.

이렇게 베이징에서 라싸까지의 2박 3일 동안 열차는 온대 기후 지역에서 건조 기후를 거쳐 고산 기후 지역으로 갑니다. 그 과정에서 들판, 산, 하천, 사막, 초원, 설산, 빙하와 같은 다양한 지형과 동식물을 만나게 되지요. 여러 기차역

라싸의 포탈라 궁전

에서 만날 수 있는 무수한 사람들과 기차 안에서 겪을 수 있는 다양한 경험들은 마치 우리가 살고 있는 이 세상의 모습을 축약해놓은 것 같습니다. 세상 어디에서도 겪을 수 없는 다양함을 보여주는 2박 3일의 기차 여행, 중국 칭짱열차를 한번 타보시겠습니까?

시내버스 전국일주,
다양한 방법으로 즐기는 전국일주

여행을 좋아하는 사람이라면 전국일주를 꿈꾸기 마련이지요. 필자도 역시 여행을 꽤나 좋아합니다. 다만 남들처럼 어느 유명한 관광지에 가보고 맛집 방문을 통해 여행의 즐거움을 느끼는 부류가 아니라, 버스나 기차를 타고 목적지까지 가는 그 과정을 두 눈으로 확인하는 것만으로 여행의 맛과 멋을 즐기는 부류입니다.

고등학교 1학년 때 처음으로 전국일주 비슷한 것을 해본 기억이 있습니다. 전주에서 시작해 광주, 목포, 진주, 부산, 대구, 강릉, 춘천, 원주, 대전을 거쳐 다시 전주로, 반시계 방향으로 무작정 기차와 버스로만 다녔던 기억이 납니다. 그 당시 제가 가져간 여행 정보라고는 지리부도 한 권과 '시각표'라는 기차와 시외버스 시간표가 적힌 소책자 하나였던 것 같습니다. 고작 지리부도에 나와 있는 도별 지도에 의존하고 교통수단 시간표를 보며 차를 타고 다녔는데, 지금은 스마트폰으로 실시간 지도, 교통 정보, 숙박 정보 등 모든 것을 자유자재로 이용할 수 있으니 요즈음 여행은 참으로 편하지요. 어찌 됐건 여행이라는 것은 마음먹은 그 시점부터 떠나기 전까지 주는 긴장과 설렘 때문에 중독성이 있는 것 같습니다.

이번엔 다른 각도로 전국일주를 생각해봅시다. 전국일주를 하는 가장 간단한 방법이라면 시간을 만들어 자동차를 타고 훌훌 떠나면 그만이겠지만, 저는 시내버스로 전국일주를 하는 방법에 대해 이야기해보겠습니다. 일단 시내버스로만 전국일주가 가능할까요? 결론부터 말씀드리면 당연히 가능합니다. 요즈음은 전국 교통망이 아주 잘 발달되어 있으니 시내버스로만 전국일주를 하는 것은 어렵지 않죠. 단 얼마 만큼의 비용과 시간이 들어가느냐, 이것이 문제입니다.

인터넷에서 찾아보니 세상에는 정말 여행 괴짜들이 많습니다. 남들과 다르게 독특한 아이디어로 여행을 즐기는 사람이 많죠. 예를 들면 무전여행, 도보여행, 버스여행, 기차여행 등 남들보다 조금 더 고생하며 여행을 즐기는 그런 부류 말입니다. 어떤 예능 프로그램에서 이미 한 번 다뤄서 아시는 분들은 아시겠지만, '시내버스로 전국일주 하기'라는 다소 엽기적인 프로젝트가 사람들의 관심을 받은 것은 지난 2001년입니다. 그 당시 서울에서 부산까지 3일간 30여 번에 걸친 환승을 통해 도전에 성공한 것이 처음이었고, 이후 비슷한 도전자들이 그 기록을 깨며, 또는 또 다른 노선을 개척하며 인터넷 등에 각종 정보를 올렸죠. 필자도 그러한 노력에 동참하고자 한참 후인 2009년에 비슷한 도전을 해서 서울에서 해남 땅끝마을까지 하루 반나절 만에 도착한 경험이 있습니다.

자, 그럼 시내버스 전국일주 노선이 어떻게 이루어지는지 상세히 알아봅시다. 출발지 선정이 가장 우선입니다. 아무래도 교통의 출발과 도착은 교통 순환이 가장 활발한 도시를 선택해야 여행이 순조로워집니다. 우리나라에서 교통이 가장 발달하고 모든 교통의 종착지 역할을 하는 서울에서 시작해 호남권으로 향하는 루트와 영남·부산권으로 향하는 루트가 있습니다.

호남권으로 향하는 코스는 먼저 사당역에서 출발합니다. 사당에서 출발한 버스는 관악산과 우면산 사이의 고개인 남태령을 지나 수원으로 향하게 됩니다. 수원에서 오산, 평택, 천안, 공주, 부여, 논산, 익산, 김제, 정읍, 고창, 장성, 함평, 나주, 영암을 거쳐 가는 코스인데, 수도권이나 도시 주변의 시내버스

사정은 넉넉하지만 지방으로 갈수록 시내버스 연결 노선과 시간이 맞지 않아 운이 좋으면 하루 만에 도착하겠지만, 그렇지 않으면 중간에 1박을 해야 할 수도 있습니다.

시내버스 전국일주가 주는 가장 큰 즐거움은 무엇일까요? 비행기나 KTX처럼 편하고 빨리 도착하는 교통수단에 비해 기다리는 시간도, 달리는 시간도 길어질 테지만, 그 안에서 주고받는 정겨운 이야기와 훈훈한 인심을 맛보는 재미가 쏠쏠합니다. 제가 시내버스 전국일주를 할 때 부여가 그때 마침 장날이었습니다. 다음 코스로 넘어가는 버스에 탑승했는데, 요즈음 농촌의 인구 현상을 반영하듯이 탑승객 전원이 나이 많은 어르신들이었습니다. 젊은 총각 혼자 버스에 덩그러니 앉아 있으려니 장터에서 구입한 온갖 먹을거리를 건네주시며, "집이 어디냐, 뭣하러 이런 여행을 하느냐"는 물음부터 여행 조심히 하라고 격려해주시던 그런 훈훈함을 느낄 수 있었습니다.

또 다른 추천 코스는 부산으로 향하는 것입니다. 부산행 여정 역시 호남권에 비해 그리 여유로운 편은 아닙니다. 서울 사당역에서 출발하여 용인, 진천, 보은, 상주, 선산, 대구, 영천, 경주, 울주 등으로 이어지는 코스입니다. 지방의 열악한 시내버스 배차로 인해 연결편이 하루에 한두 편 정도인 지점이 가장 난코스가 되겠네요. 이밖에 응용 코스도 있어요. 부산에서 강원권으로 향하는 방법, 부산에서 호남권으로 향하는 방법 등이 있고, 대망의 전국일주 코스는 서울을 출발해 호남권으로 향하며 반시계 방향으로, 또는 시계 방향으로 돌아 다시 서울로 돌아오는 방법이 있겠죠.

짧은 지면에 여행의 모든 정보를 올리지는 못하지만, 고속버스 프리패스를 이용하는 방법, 열차 프리패스인 하나로 패스를 이용하는 방법 등 시내버스 외에도 다양한 교통수단을 이용해 전국일주를 할 수 있습니다. 빠르고 편안한 여행도 좋지만, 시간을 갖고 천천히 여행하는 과정에서 사람 만나는 재미와 전국 각지의 아름다움을 느껴보시는 건 어떨까요?

커피, 알고 마시자!
커피의 종류

언제부터인가 우리나라에도 각양각색의 커피 매장이 우후죽순처럼 생겨났습니다. 밥보다 커피를 더 즐길 정도로 커피에 대한 애착이 남다른 사람들도 크게 늘고 있죠. 커피를 한 잔 두 잔 마시다가 아예 주방 한편에 커피 캡슐 머신을 들여다 놓고 아침마다 진한 에스프레소를 뽑아 마시는 사람들이 있는가 하면, 어디에서 더 좋은 원두를 파는지 수소문해 공동구매의 장을 펼치곤 하는 사람들도 많습니다. 아침마다 마시는 커피는 늘 피곤하고 일상에 지쳐 있는 사람들에게 각성제의 역할을 합니다. 커피를 마실 때 눈이 번쩍 뜨이는 경험을 하고 나면 커피를 끊기가 어려운 상태가 되어버리죠. 이런 상태를 한마디로 '중독'이라고 하지요.

커피(coffee)의 어원은 아랍어의 카파(caffa)로 '힘'을 의미하며, 에티오피아에서 커피나무가 야생하는 곳의 지명(Kaffa)이기도 합니다. 커피가 최초로 발견된 지역은 에티오피아 북동쪽 하라(Harrar) 지역이라고 추측하고 있습니다.

커피의 유래

커피의 유래에 대해서는 크게 두 가지 설이 많이 알려져 있습니다. 첫 번째로 오마르 설이 있습니다. 셰이크 오마르(Sheik Omar)라는 아랍의 승려가 중병에 시달리는 성주의 딸을 치료한 후 그 공주를 사랑하게 된 벌로 오우삽(Ousab) 산으로 유배를 갔는데, 그곳에서 우연히 한 마리 새가 빨간 열매를 쪼아 먹는 모습을 보고 그 열매를 따 먹었습니다. 그런데 이 열매를 먹고 난 뒤 피로가 풀리면서 몸에 활기가 생기는 걸 느끼게 되자, 그 열매를 마을로 가지고 와 전파했다는 설입니다. 두 번째로는 칼디 설이 있습니다. 6세기경 에티오피아에 칼디(Kaldi)라는 양치기 소년이 있었습니다. 어느 날 염소들이 주변에 있는 빨간 열매를 따 먹은 후 흥분해 뛰어다니는 것을 본 칼디가 그 열매를 먹었더니 기분이 상쾌해짐을 느껴 이슬람 사원 승려에게 전했다고 합니다. 하지만 승려들은 이를 믿지 않고 열매를 불에 던져버렸습니다. 그런데 불타던 열매에서 향기가 나기 시작했고, 다시 승려들이 불 속에서 열매를 꺼내 물에 타 마시기 시작한 것이 커피의 유래라고 합니다.

에티오피아 카파 지역에서 자라던 야생의 커피나무는 남아라비아로 전파되었다가 15세기경에 재배되기 시작했습니다. 커피는 종교와 떼려야 뗄 수 없는 관계인데, 특히 이슬람교도들의 종교의식에서 대중적인 음료로 사용되기 시작했습니다. 커피는 16~17세기 유럽에 도입되었고, 17세기 중반 런던의 한 커피집에서 음료로서 인기를 얻었는데, 이곳은 정치, 사회, 문학의 중심지였을 뿐만 아니라 상인들의 집합소이기도 했습니다. 그러니 전파 속도가 엄청났겠죠? 대중성이 높아짐에 따라 커피나무는 자바, 인도네시아에서도 재배되기 시작했고, 뒤이어 하와이와 엘살바도르에서 커피 재배를 시작했습니다. 이 나라들은 모두 적도를 기준으로 남·북회귀선(남위 23.5도~북위 23.5도)까지 저위도 열대 지역에 위치하고 있으며, 이 위도대의 국가들이 현재 대표적인 커피 생산국입니다. 그래서 이 위도대를 이른바 '커피 벨트(Coffee Belt)'라고도 하지요.

커피 생산지의 분포에는 기후 조건이 가장 중요한 요소로서 영향을 미치고 있습니다. 커피는 우선 열대작물이므로 기온 조건이 가장 중요합니다. 그래서 기본적으로 적도를 중심으로 재배됩니다. 그러면서도 열매가 맺을 때까지는 비가 충분히 오는 우기여야 하고, 맺고 난 후에는 태양이 쨍쨍 내리쬐는 건기가 지속되어야 합니다. 이처럼 건기와 우기가 뚜렷한 기후를 사바나 기후(Aw)라고 하는데, 이 사바나 기후가 바로 커피 재배에 최적화된 기후 조건입니다. 덧붙여 땅이 비옥하고 배수도 잘되어야 하는 것 또한 매우 중요합니다.

그런데 커피 생산량이 많은 국가보다 고급 커피 브랜드로 유명한 대표적 커피 생산 국가들은 이 커피 벨트 내에서도 특히 신기 조산대와 관련이 있습니다. 여기서 신기 조산대란 신생대 이후의 지각변동으로 형성된 높고 험준한 산맥으로 이루어져 현재도 지진이나 화산 활동이 빈번한 곳을 말합니다. 즉 품질이 우수한 고급 커피는 커피 벨트 위도대에서도 해발고도가 높으면서 화산 지형인 곳에서 생산됩니다. 고급 아라비카 품종의 커피 생산으로 유명한 곳들이 바로 그렇습니다. 환태평양 조산대에 속하는 안데스 산맥의 중남미 지역, 콜롬비아, 페루, 코스타리카, 과테말라, 파나마 등과, 동아프리카 지구대의 에티오피아, 케냐, 탄자니아, 르완다, 그리고 태평양 열점(hot spot, 지각의 판 경계가 아닌 고정된 위치에서 마그마를 분출하는 곳)인 하와이가 바로 우수한 아라비카 품종 커피를 주로 생산하는 지역이지요. 즉 열대 사바나에서도 해발고도 1,000미터 이상인 고지대의 기후 환경과 배수가 양호한 화산회토 토양 환경이 우수한 아리비카 커피 생산의 가장 중요한 조건이 되는 것입니다.

반면 아라비카와 더불어 대표적인 커피 품종으로 아라비카에 비해 맛도 떨어지고 가격도 저렴한 로부스타 품종은 병충해에도 강하고 재배 조건이 그다지 까다롭지 않아 저지대에서도 널리 재배가 가능합니다. 기니 만 연안의 서부 아프리카에서도 커피를 많이 생산하는데, 주로 로부스타 품종 중심이어서 아무

세계 주요 커피 생산지

래도 에티오피아를 위시한 동부 아프리카에 비해 유명세에서 뒤처집니다.

이번에는 커피의 품종에 대해 이야기해보겠습니다. 커피는 크게 아라비카 품종과 카네포라 품종으로 나뉘는데, 실제 재배되는 카네포라 품종의 대부분은 로부스타 품종입니다. 이외에도 리베리카 품종이나 아라비카와 로부스타의 교

아라비카 커피 열매(좌)와 생두(우)

배종인 아라부스타 품종 등도 있지만 재배 비율이 매우 낮으므로, 커피의 품종은 크게 아라비카 품종과 로부스타 품종으로 나뉜다고 생각하면 되겠습니다.

우선 '아라비카'라는 말은 많이 들어봤을 겁니다. 특히 요즘 커피 광고에서 '○○ 아라비카'라는 단어가 정말 많이 나오죠. 아라비카 품종은 해발 최소 800미터 이상의 고지대에서 생산되며, 총 생산량의 70%가 중남미에서 재배되고 있습니다. 성장 속도가 느리고 병충해에도 약할뿐더러 기온이 섭씨 30도 이상 올라가면 며칠 사이에도 해를 입을 만큼 재배 조건이 까다롭습니다. 하지만 부드럽고 향미가 매우 풍부하여 가격이 비싼 편이지요.

커피 원두의 종류

1. 에티오피아 예가체프 Ethiopia Yirgacheffe	특유의 장미향을 풍기는 에티오피아 모카 예가체프는 깔끔하고 부드러운 신맛을 낸다.
2. 케냐 AA Kenya AA	아프리카의 대표적인 고급 커피 중 하나로 'AA' 등급은 고급 분류에 속한다. 초콜릿향과 중후한 보디감이 균형을 이룬다.
3. 콜롬비아 수프리모 Colombia Supremo	부드럽고 구수한 향과 약간의 신맛이 특징으로, 강하게 볶으면 묵직한 보디감과 단맛을 느낄 수 있다. 맛의 균형이 잘 잡힌 커피이다.
4. 브라질 버번 산토스 Brazil Bourbon Santos	브라질 커피 중 가장 대중적인 산토스는 부드럽고 구수하며 신맛이 적어 초보자들도 무난하게 마실 수 있다.
5. 인도네시아 수마트라 만델링 Indonesia Sumatra Mandheling	인도네시아 수마트라 섬 메단 지방에서 재배되는 커피로, 고유의 강렬한 향과 금세 사라지는 쓴맛, 그리고 뒤에 찾아오는 단맛을 동시에 느낄 수 있는 커피이다.
6. 코스타리카 타라주 SHB Costa Rica Tarrazu SHB	중남미 커피를 대표하는 코스타리카에서도 특히 타라주 지역은 해발 1,600미터 이상의 고산지대로 일교차가 커서 커피 체리의 수축 이완 작용이 일어나 커피가 깔끔한 신맛을 낸다.

7. 과테말라 안티구아 　　Guatemala Antigua	해발 1,700미터 이상 지역에서 재배되며, 스모키한 커피향과 묵직한 보디감이 특징이다.
8. 탄자니아 킬리만자로 AA 　　Tanzania Kilimanjaro AA	킬리만자로 산의 해발 1,000~1,900미터에서 재배하는 커피로 로스팅에 따라 다양한 맛과 향을 낸다. 부드러운 신맛과 보디감이 좋으며 맛의 균형이 잘 잡혀 있다.

한편 아프리카 콩고 지역에서 기원한 로부스타 품종은 생존력이 매우 강해 척박한 환경에서도 잘 자라며, 성장 속도가 빠르고 병충해에 강한 것이 특징입니다. 또한 아라비카 품종과는 달리 해발고도가 낮은 저지대에서도 잘 자라는 편입니다. 로부스타 품종은 TV에서 많이 광고하는 대중적인 인스턴트커피의 주재료입니다. 우리가 익히 알고 있는 커피믹스도 주로 이 로부스타로 만들지요. 아라비카 품종에 비해 커피 자체가 거칠고 억세며 쓴맛에 향도 부족한 특성이 있습니다. 카페인 함량도 아라비카 품종보다 높고요. 그렇기 때문에 싱글 커피로 사용하기보다는 다른 품종과 배합하거나 인스턴트커피를 제조하는 데 주로 사용됩니다. 질은 무시하고 대용량을 생산하기에 딱 알맞은 품종이죠. 세계 커피 2위 생산국인 베트남은 특히 로부스타 품종이 중심입니다.

요즈음 고급 아라비카 품종 커피의 맛에 대한 관심이 늘어나면서 소위 '핸드드립 커피'라고 하는 싱글 커피가 요즘 크게 관심을 받고 있습니다. 그렇다면 커피의 '맛'은 어떨까요? 처음 커피를 마실 때는 "쓰다!"라는 느낌이 들었을 것입니다. 하지만 어느 정도 커피에 익숙해지면 커피가 가진 미묘한 맛과 매력을 알게 되고, 이것이 커피마다 다름을 깨닫게 됩니다. 커피를 마셔보면 쓴맛뿐 아니라 단맛, 신맛, 짠맛에 감칠맛도 느낄 수 있습니다. 와인 맛이나 초콜릿 맛, 과일 맛이 난다고 하는 사람들도 있습니다. 보디감도 커피를 판단하는 중요한 요소가 됩니다. 보디감은 커피를 머금었을 때의 밀도감과 중량감을 의미합니다. 물과 우유를 각각 입에 머금었을 때의 차이를 생각해보면 쉽게 이해가 될 거예요. 여기에 맑은 장국과 푹 곤 사골 육수의 묵직함 차이도 함께 고려해보면 더욱 좋겠죠. 이렇듯 커피의 품종에 따라 특성의 차이가 크기 때문에, 커피에 대한 관심이 늘어나면서 커피의 세계로 빠져드는 사람들이 점점 많아지는 것 같습니다.

그렇다면 우리는 왜 커피를 마실까요? 졸릴 때 한 잔, 식사 후 한 잔 마시는 커피는 참 개운하죠. 커피를 많이 마시면 건강에 좋지 않다는 이야기도 여러 번 들어왔습니다. 그 이유 중 하나가 카페인인데, 그래서 우리나라에서는 부모님이 나이 어린 자녀에게 커피를 마시지 못하게 합니다. 물론 부모님이 안 계실 때 몰래 타 마셨던 커피는 정말 꿀맛이었던 기억이 나네요. 카페인은 녹차, 홍차, 콜라 같은 음료에도 들어 있으며 적당량만 섭취하면 건강에는 이상이 없습니다. 그런데 유독 커피만 가지고 뭐라 하는 걸 보면 커피 입장에서는 조금은 억울하기도 하겠죠? 카페인의 치사량은 10그램 정도로 이는 커피 100잔을 30분 이내에 마셨을 때 섭취할 수 있는 양이라고 하네요. 아무리 커피가 맛있어도 100잔을 원샷하는 사람은 없겠지요? 커피 원료별 1그램에 대한 카페인 함유량을 살펴보면, 자판기 커피 37.5밀리그램, 인스턴트커피 19.74밀리그램, 원두커피 12.24밀리그램, 디카페인 커피 3.375밀리그램, 캔커피 0.1밀리그램으로 자판기 커피에 카페인이 가장 많이 함유되어 있습니다. 저급한 커피 원두를 사용하고 중간 정도로 로스팅해서 커피 추출 과정에서 질보다는 양에 치중한 것이 원인이라고 합니다.

커피의 효능, 엄밀히 말하면 커피 속에 들어 있는 카페인의 효능으로 대표적인 것이 각성 효과입니다. 이슬람 사람들은 아침에 눈을 뜸과 동시에 기도와 커피로 하루를 시작한다고 합니다. 또 다른 효능으로 인체의 에너지 소비량을 증가시켜 비만을 방지한다고 합니다. 또한 숙취 해소나 입 냄새 제거에 효과가 있다는데, 이는 모두 원두커피에만 해당한다고 합니다. 이상적인 카페인 섭취량은 하루 300밀리그램으로 대략 3잔 정도라고 하고, 하루 1그램(10~20잔) 이상을 섭취하면 사람에 따라 이상 증상이 온다고 합니다. 그래서 커피를 몹시 좋아하지만 카페인 때문에 쉽게 마시지 못하는 사람들을 위해 요즈음은 카페인만 따로 분리, 제거해서 만든 디카페인 커피도 인기입니다. 국제 기준으로는 97% 이상 카페인이 추출된 커피라고 하는데, 보통 디카페인 커피일지라도 10밀리그램 이하의 카페인은 포함되어 있습니다. 과유불급 아시죠? 뭐든 적당량을 마셔야 몸에 이로운 작용을 하는 것 같습니다.

참고 자료

『세계의 명품 커피』, 존 톤·마이클 세갈 지음, 세경북스(2008)
『커피기행』, 박종만 지음, 효형출판(2007)
『닥터만의 커피로드』, 박종만 지음, 문학동네(2011)
『허형만의 커피스쿨』, 허형만 지음, 팜파스(2009)

유럽에 카페가 들어오기까지

우리가 즐겨 마시는 커피는 아마도 유럽 사람들이 가장 먼저 마시고 즐겼을 거라고 생각하는 사람들이 많을 겁니다. 커피 광고를 보면 대부분 유럽이 배경이니 그렇게 생각할 만도 하죠. 그런데 식민지 시대의 유럽인들은 우리가 생각하는 것만큼 커피에 그리 관심을 가지지 않았습니다. 오히려 홍차나 포도주 등 다른 음료의 매력에 푹 빠져 있는 상태였지요. 커피에 관심 있어 하는 유럽인들은 학자 계층의 사람들로, 커피를 음료가 아닌 학문 연구 대상으로만 취급했습니다. 유럽에 커피를 알린 사람도 의사였다고 합니다. 커피는 1600년대가 되어서야 유럽의 여러 항구도시를 통해 대량으로 들어오기 시작합니다.

커피는 이슬람교도들이 종교적인 이유로 즐겨 마셨는데, 유럽에서는 이교도들의 음료라 하여 커피를 탐탁지 않게 생각했습니다. 그래서 유럽인들이 커피에 접근하기는 쉽지 않았지요. 우선 교황청의 허락이 있어야 했습니다. 십자군 전쟁 이후 기독교의 권위는 땅에 떨어졌지만 교회의 지배력은 여전했습니다.

유럽의 노천 카페

따라서 이슬람 국가에서 건너온 커피를 쉽게 허용할 수가 없었습니다. 처음에 커피는 '악마의 음료'라는 소문 때문에 누구도 마시려고 하지도 않았지요.

17세기 초에 성직자들은 이교도의 음료인 커피를 들여오는 것에 대해 불편한 심기를 드러냅니다. 그러나 거부하기에 커피는 너무나 많은 매력을 가지고 있지요. 또한 사람에게 해를 가하는 성분이 없다는 것도 알고 있었습니다. 오히려 커피가 기도할 때 잠을 쫓아내고 머리를 맑게 해준다는 것을 깨달은 뒤, 암암리에 커피를 찾는 성직자들이 늘어나는 추세였습니다. 이에 교황 클레멘트 8세는 "커피는 굉장히 유익한 음료인데 이교도들만 마시는 것이 유감스럽다"며 커피에게 세례를 내려버립니다. 목적은 커피를 기독교인들이 마실 수 있는 음료로 만들기 위함이었지요. 커피에게 세례라니! 생각만 해도 우스꽝스러운 이야기이지요? 어쨌든 커피 세례 이후로 커피에 대한 박해는 많이 누그러지게 됩니다.

이제 커피가 유럽에 널리널리 퍼질 것 같지만 그렇지 않았습니다. 커피가 대중화되기 위해서는 넘어야 할 커다란 산이 하나 있었습니다. 당시 유럽에서 널리 마시던 음료는 포도주였습니다. '신의 음료'라 불리는 포도주는 종교 의례에 빠지지 않았고, 치료제로도 쓰였지요. 그러다가 독일에서 구교와 신교의 전쟁인 30년 전쟁이 일어났습니다. 그 결과 모든 농경지가 폐허가 되어버리자 재배가 까다로운 포도 농사는 전부 망해버렸죠. 그 때문에 독일 사람들은 포도주 만드는 것을 포기하고 맥주 제조로 옮겨갔습니다. 맥주는 만들기도 쉬울뿐더러 가격도 저렴했고, 서민들의 지친 삶을 달래주는 데 최고였죠. 이렇게 해서 맥주가 북유럽 전체에 퍼지게 되었는데, 폭음과 알코올중독이라는 결과물이 뒤따랐습니다. 너 나 할 것 없이 모두 마셔대고 마구 취하자 나라에서 금주령까지 내렸지만 효과를 거두지 못했습니다. 그런데 커피가 들어오면서 상황이 달라졌습니다. 지역마다 그 많았던 선술집이 줄어들고 카페가 생겨나기 시작한 거죠.

조너선 커피하우스

영국은 '홍차의 나라'로 잘 알려져 있습니다. 그런데 사실 영국 사회에는 차보다 커피가 더 먼저 도입되었습니다. 현재 런던 증권거래소의 모태라 불리는 '조너선 커피하우스'는 단순히 커피를 마시는 장소가 아니었습니다. 이곳은 사교의 장이었을 뿐 아니라 경제, 정치, 문화의 흐름을 주도하기도 했습니다. 또한 이를 뒷받침하는 자본의 흐름도 주관했습니다. 그래서 무역을 통해 부를 축적한 상인들이 커피하우스로 모여서 주식거래소를 만들었습니다. 빅토리아 여왕 시대에 세계 최초의 증권 거래소인 '로열 익스체인지'가 만들어지기는 했지만, 주식 거래의 모든 것을 처리하기에는 부족했습니다. 그렇기에 주변의 커피하우스가 부족한 공간을 채워주는 역할을 했던 것입니다. 조너선 커피하우스에서는 아예 증권 전문가를 고용하여 서비스를 제공해주기도 했습니다.

| 런던 증권거래소의 모태가 된 '조너선 커피하우스' | 현재 런던 증권거래소의 모습 |

17~18세기 유럽에는 커피 문화가 확산되었습니다. 초창기 카페는 여느 술집과 다름없는 배경에 매춘과 노름, 사기가 판을 치는 곳이었습니다. 그러다가 시간이 흐를수록 카페는 성공한 상공업 계층(부르주아)의 모임 장소로 바뀌어갔죠. 그들은 신분은 귀족보다 낮았지만, 카페에서는 신분으로 인해 제약을 받는 일이 없었습니다. 다만 그 당시 카페는 오로지 남성들만이 드나들 수 있는 금녀의 공간이었죠.

그렇다면 여자들은 카페를 좋아했을까요? 매우 적대적이었습니다. 당시 카페는 커피만 마시는 곳이 아니라, 신문을 보며 토론도 하고, 당구나 체스 등의 게임도 하고, 사업적인 거래도 성사시키는 등 일종의 복합 문화 공간이었습니다. 카페가 생기고 난 후 남편들의 귀가 시간이 전보다 훨씬 더 늦어졌으니, 집에서 한없이 기다리던 아내들은 화가 날 수밖에 없었겠죠. 그래서 여자들이 모여 '커피를 마시면 남자들의 정력이 떨어진다'는 내용의 팸플릿을 만들어 밤에 몰래 뿌리기도 했답니다.

유럽에 커피가 도입되면서 음주 문화는 확실히 종지부를 찍습니다. 중세 시대의 술은 종교 행사에 쓰였지만 커피는 달랐습니다. 신의 음료도 아니었고, 공적인 이미지도 아니었죠. 오히려 그러한 제도적인 것으로부터의 해방을 의미했습니다. 가까운 사람들끼리 마시다 보니 마시는 형식이나 절차 또한 없었습니다. 술처럼 단숨에 원샷할 필요도 없었고요. 따라서 편안하게 대화하면서 즐길 수 있는 음료로 자리매김하게 되었지요.

오늘도 여기저기 생겨난 카페의 조명 아래서 여러 사람이 마주보며 정답게 이야기하고 있는 모습이 보입니다. 유럽의 여느 카페도 이와 다를 게 없을 것이라 생각됩니다. 커피의 맛과 향, 이 두 가지와 함께 즐겁게 담소를 나누는 화기애애한 분위기가 커피가 주는 또 하나의 시각적, 공간적 매력이 아닐까요?

참고 자료

『유럽 커피문화 기행』, 장수한 지음, 한울(2008)

요즈음 TV나 그 밖의 대중매체에서 다양한 종류의 커피 광고를 많이 볼 수 있습니다. 그중에 'ㅇㅇ 칸타타'나 '악마의 유혹'과 같은 다소 특이한 이름의 커피도 있죠. '악마의 유혹'은 커피가 유럽에 들어오기 전 이교도가 마시는 음료라는 이유로 처음에 '악마의 음료'라고 했던 것을 그대로 따다 쓴 것 같습니다. 그런데 '칸타타'라는 말은 다소 생소합니다. 칸타타는 음악 용어인데, 칸타타와 커피가 무슨 연관이 있기에 이런 이름을

라이프치히에 있는 바흐의 동상

붙였을까요?

'칸타타(Cantata)'라는 음악은 이탈리아어로 '노래하다'라는 의미의 '칸타레(cantare)'에서 유래했는데, 17~18세기 바로크 시대에 가장 성행했던 성악곡의 형식입니다. 오페라보다는 규모가 작고, 대개 소규모 오케스트라와 함께 연주되며 독창, 중창, 합창으로 된 스토리가 있는 짧은 곡이지요. 칸타타 하면 빼놓을 수 없는 작곡가가 한 명 있는데, 바로 바로크 시대를 대표하는 '음악의 아버지' 요한 제바스티안 바흐입니다. 바흐는 평생 오페라라는 한 작품도 작곡하지 않고 오직 칸타타만 300여 곡을 남겼는데, 칸타타의 내용 대부분이 종교와 관련되어 있는 가운데 몇 안 되는 세속적인 곡 중 하나가 바로 〈커피 칸타타〉입니다. 커피를 광적으로 좋아했던 바흐가 단숨에 익살스럽게 만든 곡으로, 이 작품은 칸타타라기보다 오페라에 가까운 형태입니다. 작품의 배경은 독일 침머만의 카페였죠. 노래 가사는 '피칸더'라는 사람이 작사했고, 첫 장면에서 내레이터 역할을 맡은 테너 가수가 관객을 향해 "조용히 하세요. 떠들지 마세요"라고 노래하며 주의를 끕니다. 그럼 〈커피 칸타타〉의 내용을 한번 살펴볼까요?

요한 제바스티안 바흐(Johann Sebastian Bach, 1685 ~ 1750)

바흐는 독일의 작곡가이자 오르가니스트입니다. 거리에서 바이올린을 연주하던 아버지에게서 어린 시절부터 바이올린을 배웠고, 친척으로부터 오르간을 배웠습니다. 9살 때 부모님이 돌아가시고 큰형과 함께 살게 되었는데, 이때부터 본격적으로 작곡의 기초를 배웠습니다.
바흐는 생전에는 지금과 같이 국제적으로 유명한 음악가가 아니었습니다. 바흐는 평생 교회 음악가로 일했기 때문에 동시대 음악가인 비발디나 텔레만처럼 유명세를 떨치지는 못했습니다. 하지만 바흐가 죽고 50년이 지난 1802년, 음악사학자인 포르켈이 『바흐의 생애와 예술, 그리고 작품』이라는 책을 출간하면서 바흐의 음악이 재조명되었습니다. 그러면서 바흐는 살아 있을 당시보다 더욱 인정받는 작곡가가 되었으며, 후배 작곡가들에게 큰 영향을 주었습니다.
대표곡으로 〈푸가의 기법〉, 〈평균율 클라비어곡집〉, 〈골드베르크 변주곡〉, 〈마태 수난곡〉 등이 있으며, 〈커피 칸타타〉는 오페라 형식의 곡으로 카페에서 공연을 하기 위해 만들어졌습니다.

커피는 오로지 남자만이 마실 수 있었던 시절, 주인공인 리스헨이라는 여인
은 아버지가 금하는 커피를 중독이 될 정도로 즐깁니다. "커피의 감미로움이란
천 번의 키스보다 달콤하고 뮈스카 포도주보다 더 감미롭지. 커피! 커피를 마셔
야 해. 나를 기쁘게 하려면 커피를 주세요!"라고 외치며 커피를 마셔댔습니다.
보다 못한 아버지는 아주 완고하게 엄포를 놓습니다. "커피를 끊지 않으면 이젠
어떤 결혼식장에도 가지 못하고 산책도 못 나간다. 멋진 코트도 사줄 수 없어"
라며 딸을 위협하죠. 하지만 리스헨은 아버지가 아무리 위협해도 커피를 포기
할 수 없다고 합니다. 그러자 아버지는 마지막 방편으로 "그래, 그럼 너를 약혼
자와 결혼시키지 않겠다!"라고 으름장을 놓지요. 사랑하는 사람과의 파혼이 눈
앞에 다다르자 리스헨은 무릎을 꿇고는 "커피를 끊고 결혼을 할게요!"라고 아

버지에게 선언했습니다. 그러나 그 후 리스헨은 몰래 약혼자를 찾아가 결혼 승낙을 받아내고, 혼인 계약서에 '커피 자유 섭취 조항'을 써넣었지요. 결국 이 맹랑한 아가씨는 결혼과 커피 모두를 잡는 데 성공했습니다.

바흐의 〈커피 칸타타〉는 1732년에서 1735년 사이에 작곡되었습니다. 작품의 배경인 독일 라이프치히의 시민들이 커피를 즐겨 마시는 풍토를 극적으로 잘 묘사했다는 평을 받고 있지요. 그런데 한 가지 의문이 생깁니다. 바흐는 주로 교회 음악을 작곡했는데, 이 〈커피 칸타타〉에는 종교에 관련된 인물들이 전혀 등장하지 않습니다. 오히려 주인공이 '시민'이죠. 독일에서의 시민은 상공시민으로 사회적으로 막 성장하기 시작한 평민 계층을 지칭합니다. 즉 이 사람들이 침머만의 카페에 드나들던 고객이었다는 이야기입니다. 바흐는 작품의 주인공으로 성직자가 아닌 평민을 내세움으로써 당시 시대상을 반영했다고 할 수 있습니다. 카페는 커피를 제공하는 곳이었을 뿐만 아니라 음악을 연주하는 장소로도 이용되었습니다. 바흐가 이끄는 일종의 음악 모임인 콜레기움 무지쿰(Collegium Musicum)도 바로 여기서 연습을 했다고 합니다.

하지만 그 당시 카페 출입과 커피는 남성들의 전유물이었습니다. 계급을 막론하고 여자들은 집에서 커피 마시는 것조차 금지되었죠. 심지어 카페에서 공연을 할 때도 소프라노의 아리아를 남자 가수가 불렀을 정도라고 하네요. 시대가 이러했으니 〈커피 칸타타〉에서 커피 중독인 딸 리스헨을 아버지가 얼마나 못마땅히 생각했을지 짐작이 되죠? 그러나 이러한 금기는 점점 무너져갔고, 공공장소만 아니었을 뿐 여자들도 커피의 유혹을 뿌리칠 수 없었지요. 그리고 곡의 마지막 부분은 "처녀들은 커피 주위에 모이고 어머니도 커피를 즐기고 할머니도 커피를 마셔왔으니 누가 딸을 나무랄 수 있으랴!"라는 내용으로, 굉장히 유쾌하고 즐겁게 끝이 납니다. 아마 여자들도 암암리에 커피를 마시고 있다는 것을 사람들도 암묵적으로 인정한 게 아닌가 싶습니다.

마시면 즐겁고 유쾌한 음료인 커피, 그리고 대단한 커피 애호가였던 바흐와 그의 작품 〈커피 칸타타〉, 현대의 광고주들은 이 세 가지를 연결시켜 '칸타타'라는 커피 상표를 만들어냈을 것입니다. 그래서 커피 광고에 유럽을 배경으로 클래식 연주를 들으며 즐거워하는 배우의 모습이 등장하는 것이겠죠.

참고 자료

『유럽 커피문화 기행』, 장수한 지음, 한울(2008)

세계 3대 명품 커피를 아시나요?

커피에도 명품이 있다? 우리의 일상에서 아주 익숙해져 언제든 쉽게 접할 수 있는 커피, 명품이라 하기에는 이젠 너무 저렴하고 흔해져버린 것이 아닐까요? 커피 맛을 좀 안다고 하는 커피 애호가들은 조금 더 비싼 가격으로 어려운 이름의 핸드 드립 싱글 커피를 즐기기도 하지요. 그렇다고 이것을 명품이라고까지 이야기하긴 좀 그렇죠? 그럼 어떤 커피를 소위 명품이라고 할까요?

커피로 유명한 각 나라마다 우수한 품질로 자랑스레 내세우는 원두들이 있습니다. 이들 가운데 그 맛과 풍미가 뛰어나 세계 유수의 커피 전문가와 애호가로부터 찬사를 받으면서, 한편 생산량이 많지 않기 때문에 매우 고가에 거래되는 원두가 있습니다. 그 가운데서도 세 손가락 안에 꼽히는 커피를 소위 세계 3대 명품 커피라고 부릅니다. 특히 유명 인사가 즐겨 마셨다는 에피소드 덕분에 더욱 유명세를 떨치게 되기도 했죠. 화가 빈센트 반 고흐가 사랑했던 커피 '예멘 모카 마타리(Yemen Mocha Mattari)', 소설가 마크 트웨인이 격찬했던 커피 '하와이안 코나 엑스트라 팬시(Hawaiian Kona Extra Fancy)', 영국 엘리자베스 여왕이 즐겼던 커피 '자메이카 블루마운틴(Jamaica Blue Moutain)'이 바로 소위 말하는 세계 3대 명품 커피랍니다.

앞서 품질이 우수한 아라비카 품종의 커피는 사바나 기후 지역에서도 해발고도가 높은 고지대에서 주로 재배된다고 했습니다. 이것은 열대 사바나에서도 고지대의 기후 환경 및 배수가 양호한 화산회토 토양 환경과 관련이 있을 것입니다. 소위 말하는 세계 3대 커피 역시 모두 저위도의 고지대에서 재배되고 있습니다. 아라비아 반도 남서쪽 끝에 위치한 예멘의 모카 항은 오랜 커피 역사를 간직한 곳이며, 모카커피가 재배되는 바니 마타르(Bani Mattar) 지역은 해발고도가 1,000~1,300미터가량 되는 고지대입니다. 하와이안 코나 커피 역

예멘 모카 마타리의 재배지역

시 태평양 한가운데 위치한 하와이 빅아일랜드의 4,000미터가 넘는 마우나케아(Mauna Kea)와 마우나로아(Mauna Roa) 화산 서쪽 산비탈에 위치한 코나 지역에서 재배됩니다. 자메이카 블루마운틴은 중앙아메리카 카리브 해에 위치한 섬나라인 자메이카의 남쪽 킹스턴(Kingston)과 북쪽 포트 마리아(Port Maria) 사이에 위치한 블루마운틴에서 재배되는데, 최고봉인 블루마운틴 봉은 해발 2,256미터에 달합니다.

그럼 지금부터 세계 3대 명품 커피의 특징에 대해 하나씩 이야기해보겠습니다. 우선 예멘 모카 마타리(Yemen Mocha Mattari) 커피! 모카 하면 어떤 커피로 알려져 있나요? 카페모카, 즉 에스프레소에 우유와 초콜릿 시럽을 넣은 달짝지근한 커피죠. 모카 항은 앞에서도 언급했다시피 아라비아 남쪽 예멘에 위치한 항구로 과거 중요한 커피 무역항이었고, 바로 이 모카 항 근처의 바니 마타르 지역에서 생산된 커피를 모카커피라고 합니다. 모카커피는 다크 초콜릿 향과 꽃향기, 그리고 흙냄새가 어우러진 맛이 특징입니다. 아마도 이런 이유로 사람들은 초콜릿 향의 달달한 커피를 모카라고 생각하게 된 것 같습니다.

고흐의 〈아를 포룸 광장의 카페 테라스〉

예멘 모카커피는 화가 빈센트 반 고흐가 좋아했던 커피로도 유명하지요. 그가 프랑스 아를(Arles)에 머물던 시기에 그린 대표 작품인 〈아를 포름 광장의 카페 테라스*Café Terrace, Place du Forum, Arles*〉에 나오는 카페 테라스가 바로 그가 모카커피를 즐겨 마셨던 곳이라고 합니다. 고흐의 팬들은 그와 소통하기 위한 길은 모카 마타리를 마시는 것밖에 없다고 말할 정도로 고흐와 모카커피는 떼려야 뗄 수 없는 관계인 것 같습니다.

하와이안 코나(Hawaiian Kona)는 『톰 소여의 모험』을 쓴 소설가 마크 트웨인이 가장 즐겨 마셨던 커피로 유명합니다. 그는 자신이 쓴 『하와이로부터의 편지*Letters from Hawaii*』라는 글에서 "코나 커피의 맛과 향은 그 어느 것과 비교할 수 없을 만큼 향기롭고 그윽하다"고 격찬했다고 합니다. 코나는 부드럽고 달콤한 향기를 지닌 가운데 신맛과 고급스러운 여러 향이 조화를 이루어 전체적으로 깊은 맛이

하와이안 코나의 재배 지역

특징입니다. 첫 맛은 아프리카 커피와는 또 다른 묵직한 신맛을 지니면서도 여운이 오래가는 강렬한 향미가 있어 수많은 커피 애호가들로부터 찬사를 받고 있죠. 오후의 따뜻한 바람과 밤의 차가운 바람이 향기로운 코나를 숙성시킨다고 해서 저녁에 마실 것을 권한다고도 하네요.

코나 커피가 재배되는 하와이 제도의 가장 큰 섬인 빅아일랜드는 중심부의 마우나케아와 마우나로아 화산을 기준으로 동쪽의 힐로(Hilo) 지방과 서쪽의

코나(Kona) 지방으로 나뉘는데, 동쪽 사면의 힐로 지방은 북동무역풍의 바람받이 사면에 해당하여 연중 강수가 집중됩니다. 이에 반해 서쪽 사면인 코나 지방은 맑은 날이 많으면서도 하루 중 낮에는 지형성 구름에 의한 자연 그늘이 형성되어 직사광선을 차단해주기 때문에, 일명 클라우드 패턴(cloud pattern) 재배라고 하는 자연적 그늘 재배(shadow grown) 방식으로 고품질의 코나 커피를 생산하고 있습니다. 하와이안 코나 중 원두의 크기가 크고(스크린 사이즈 19 이상) 결점두가 10개 이하인 것을 엑스트라 팬시(Extra Fancy)라고 하여 최고 등급의 코나 커피로 분류하고 있습니다.

자메이카 블루마운틴(Jamaica Blue Mountain) 커피는 중앙아메리카 카리브 해의 서인도 제도에 위치한 섬나라인 자메이카의 남동부 블루마운틴 지역에서 생산됩니다. 블루마운틴이라는 이름이 붙은 이유는 햇빛이 카리브 해의 푸른 빛깔을 비추어서 산 전체가 푸르게 보이기 때문이라고 하지요. 블루마운틴 커피는 생산량을 소량으로 제한하여 희소가치를 높이고, 수작업 중심의 과정을 통해 생산한 원두를 품질보증서와 함께 자루가 아닌 전용 오크통에 넣어 출하 및 수출하는 등 차별화된 전략으로 최고급 커피의 명성을 만들어가고 있습니다. 그렇다면 요즈음 고급 아라비카 커피 열풍과 함께 대형마트 등 시중에서 흔하게 볼 수 있는 블루마운틴 커피는 순도 100%의 블루마운틴일까요? 실상은 여러 다른 원두에 극소량의 블루마운틴을 함께 블렌

자메이카 블루마운틴 커피 재배 지역

딩하고는 상표에 커다랗게 '블루마운틴'이라고 찍어 내놓는 것이 대부분입니다. 다른 명품 커피도 그렇겠지만, 최고 품질의 블루마운틴은 매우 고가이고 유통되는 양도 그리 많지 않답니다.

한편 블루마운틴 커피는 영국 왕실에서 엘리자베스 2세 여왕이 즐겨 마신 것으로 유명하여 '커피의 황제'라고 부르기도 합니다. 부드러우면서도 스모키한 향미와 묵직한 보디감, 그리고 전체적으로 균형 잡힌 신맛과 단맛을 지니고 있어 모카나 코나 커피에 비해 특색이 상대적으로 덜 강렬한 느낌도 있지만, 콜

자메이카 블루마운틴 커피가 담긴 오크통

롬비아 수프리모, 코스타리카 타라주와 같은 중남미 커피의 느낌이 한층 고급스럽게 업그레이드된 맛이라는 생각도 듭니다.

지금까지 소위 세계 3대 명품 커피에 대해 알아보았습니다. 하지만 이런 분류가 그렇게 큰 의미가 있는 것은 아닌 듯합니다. 말하기 좋아하는 사람들이 만들어놓은 명확한 경계가 없는 분류이기도 합니다. 이 3대 커피 말고도 수많은 좋은 커피들이 저마다의 특성으로 많은 사람들로부터 사랑받고 있기 때문에, '세계 3대 커피'라는 굴레는 어쩌면 공허한 분류일 수도 있습니다. 맛이라는 것은 개인에 따라 그 선호도가 달라질 수 있으며, 아무리 좋은 커피라도 원두를 로스팅하는 정도와 시간, 분쇄 정도, 추출하는 방법 등에 따라 그 맛이 얼마든지 달라질 수 있습니다. 남들이 명품이라 하니 무조건 좋은 커피라고 생각하

는 것도 바람직하지는 않습니다. 커피의 맛은 관심을 가지고 아는 만큼 느낄 수 있는 법입니다. 달콤한 우유와 시럽을 섞은 커피향도 좋지만, 싱글 커피를 통해 커피 그 자체의 맛을 느끼고 알아가는 것도 의미 있습니다. 그 맛을 알아가다 보면 커피가 생산되는 본고장에 대해서도 배우게 되고, 커피가 생산되는 유통 구조도 이해하게 되면서 공정 무역에 대해서도 생각해볼 기회를 가질 수 있겠지요. 그러면서 마침내 우리가 살아가는 이 세계의 다양한 사람들의 삶에 한 발자국 더 가깝게 다가설 수 있는 것 아닐까요? 우리가 마시는 커피 한 잔이 세상을 이해하는 틀이 될 수 있음을, 지금 마시는 커피 한 잔의 의미로 삼아보는 것은 어떤가요?

　작년 가을, 평소에 자주 찾던 커피숍에 가서 핸드 드립 커피를 주문했습니다. 단골이었던 저는 사장님과 커피에 대한 이런저런 대화를 나눴습니다. "강릉에 놀러갔을 때 마셔본 예멘 모카 마타리는 정말 깊은 맛이 나더군요. 역시 세계 3대 커피다운 느낌이었어요." 커피숍 사장님은 싱긋 웃으시더니 "혹시 게이샤 드셔보셨어요? 저는 게이샤의 맛을 잊을 수가 없는데"라고 하셨습니다. 저는 커피 이야기를 하다가 왜 갑자기 일본 기생이 나오나 싶어 귀까지 빨개지며 당황했습니다.

　'게이샤'라고 하면 대부분의 사람들은 짙은 화장과 새하얀 얼굴, 아름다운 기모노를 입은 일본의 전통적인 기생을 떠올립니다. 그런데 게이샤(Geisha)는 아프리카 에티오피아의 남쪽 카파 마지(Kaffa Maji) 지역 내의 게이샤 숲에서 자라는 커피 품종을 뜻하기도 합니다. 1931년에 발견한 뒤 케냐, 우간다, 탄자니아, 그리고 코스타리카를 거쳐 파나마로 유입되었고, 오늘날의 파나마 게이샤 커피가 된 것이죠. 커피 원두의 이름은 그 품종의 커피나무가 처음으로 자란 나라와 지명을 붙이는 것이 일반적입니다. 물론 '브라질 산토스'처럼 커피가 많이 수출되던 항구의 이름을 붙이는 예외도 있지만요.

에티오피아에서 주목받지 못했던 게이샤 품종은 파나마로 건너와 그 위상이 완전히 달라집니다. '아시엔다 라 에스메랄다(Hacienda la Esmeralda)'라는 농장에서 생긴 일 때문이죠. 1998년 파나마 커피의 본산지인 치리키(Chiriqui) 주에 엄청난 양의 비가 내렸습니다. 이때 대부분의 커피나무는 폭우가 몰고 온 곰팡이균에 의해 죽거나 병이 들었는데, 신기하게도 세 가지 품종만은 온전히 살아남았습니다. 이 중 하나가 게이샤 품종이었고, 농장주 프라이스 씨는 게이샤를 포함해 살아남은 품종 세 가지만 재배하기로 마음먹었다고 합니다. 5년 후 프라이스 씨의 아들 다니엘은 농장에서 재배한 커피를 맛보다가 탁월하게 맛있는 커피가 있다는 사실을 깨달았습니다. 그리고 각 지역을 세분화하여 샅샅이 찾은 결과, 작은 골짜기가 있는 지역에서 게이샤 품종의 커피 열매가 얻어진다는 것을 알게 되었습니다. 그 커피가 바로 신의 커피라 불리는 '에스메랄다 스페셜'인 거죠. 에스메랄다 스페셜은 소량만 생산하여 품질을 철저하게 관리합니

아시엔다 라 에스메랄다의 커피(좌)와 파나마 게이샤 원두(우)
게이샤 커피는 일반 커피와는 다르게 가늘고 긴 커피콩이 특징입니다.

다. 판매는 자체 경매를 통해서만 하고 있습니다. 때문에 에스메랄다 스페셜은 최고가의 커피로 유명합니다. 2010년에는 커피 경매 시장에서 1파운드(약 454그램)에 170.20달러(약 19만 원)를 받아 최고가를 경신했습니다. 한국과 파나마 수교 50주년을 맞이한 2012년에는 국내의 어느 호텔에서 게이샤 커피 판매를 시작했는데, 한 잔의 가격이 29,000원이었다고 합니다. 2014년 우리나라에서 수입한 일반적인 커피 생두의 가격이 1킬로그램에 5,000원도 되지 않고, 보통 마시는 아메리카노 한 잔이 3~4천원인 것에 비하면, 에스메랄다 스페셜 게이샤 커피의 가격이 얼마나 비싼지 아시겠죠?

그렇다면 우리나라에서 이렇게 비싼 커피가 잘 팔릴 수 있을까요? 과거에는 커피가루 2티스푼, 설탕 2티스푼, '프리마'라고 부르던 커피 크리머 2티스푼을 넣은 일명 '다방 커피'를 즐기던 사람들이 많았습니다. 이후 점차 원두커피를 마시기 시작했고, 지금은 아메리카노를 판매하는 프랜차이즈 커피 전문점이 거리 곳곳에 있습니다. 몇 년 전부터는 로스팅부터 핸드 드립까지 직접 하는 로스터리(Roastery) 카페가 늘어나고 있죠. 커피 시장은 커피의 대중화뿐 아니라 점점 더 특별한 커피를 원하는 고객의 수요에 힘입어 성장하고 있습니다.

최근에는 더욱 거대하고 치열해진 커피 시장에서 살아남기 위해 고급화와 차별화 전략을 펼치는 커피 전문점이 생겼습니다. 바로 뛰어난 품질의 '스페셜티 커피'를 판매하는 곳이죠. 스페셜티 커피(Specialty coffee)란 미국 스페셜티 커피 협회(SCAA)에서 만든 평가 기준에서 80점 이상의 점수를 얻은 커피를 말합니다. 생두의 품질이나 고유의 향미, 질감뿐만 아니라 생산에서부터 유통, 로스팅, 추출하는 모든 과정까지를 중요한 기준으로 평가하죠. 생산된 나라와 지역, 농장 이름을 명기하므로 지역의 특수성을 파악할 수 있으며, 전 세계 커피 생산량 중 7% 정도를 차지한다고 합니다. '스페셜티 커피'라는 말은 미국 크누첸 커피 회사의 에르나 크누첸(Erna Knutsen)이 「티 앤드 커피 트레이드 저널*Tea & Coffee Trade Journal*」(1974)을 통해 처음 사용했다고 합니다. 이후 1978년 프랑스 몽트뢰유(Montreuil)에서 열린 국제커피회의에서 스페셜티 커피를 언급하여 많은 사람들에게 알려지게 되었죠. 크누첸 여사는 '특별한 지리 조건과 기상 조건이 독특한 향기를 가진 원두를 산출한다'라고 하며 극히 좁은 범위의 미기후가 만들어내는 두드러진 향미의 커피를 칭하기 위해 스페셜티 커피라는 말을 사용했다고 합니다.

같은 품종의 게이샤 커피라 하더라도 에티오피아 게이샤 커피와 파나마 게이샤 커피는 다른 맛이 난다고 합니다. 커피나무가 자라는 지역의 해발고도, 토양, 일교차, 강수량, 일조량, 바람 등 지형과 기후의 미세한 차이가 커피의 맛에 상당한 영향을 끼치기 때문이죠. 파나마의 게이샤 커피는 화산 토양이 덮인 해발 1,500~1,800미터의 고지대에서 반복되는 우기와 건기가 만들어준 자연의 선물입니다. 게이샤라는 커피종자와 파나마 지역의 특수한 자연환경이 만나서 복숭아, 딸기, 열대 과일의 풍부한 맛과 꽃향기로 가득한 신비로운 커피가 된 것이죠.

이렇게 지역의 특수성이 듬뿍 담긴 스페셜티 커피를 판매하는 곳이 우리나라에도 점점 늘어나고 있습니다. 스타벅스, 할리스 커피, 탐앤탐스, 엔제리너스 커피 등 국내 대형 커피 전문점들이 경쟁적으로 프리미엄 커피 매장을 열고 있죠. 스타벅스에서는 전 세계의 매장 중 한정된 곳에만 '스타벅스 리저브

(Starbucks Reserve)'라는 이름으로 스페셜티 커피를 판매하고 있습니다. 이곳에서는 단일 원산지에서 최고급 원두를 극소량 재배하여 한정된 기간에만 커피를 제공합니다. 우리나라에도 스타벅스 리저브 매장이 36개(2015년 1월 현재)가 있는데요, 인기가 많아 처음 5개에서 매장 수가 늘어난 것이라 합니다. 최고급 커피인 만큼 가격도 비싼 편에 속합니다. 자메이카 블루마운틴은 한 잔에 12,000원인데, 아메리카노 톨 사이즈(355ml) 한 잔이 4,100원이니까 세 배나 비싼 거죠. 하지만 따로 제공된 자리에서 원두의 향기를 맡아보고 설명을 들으며 커피가 추출되는 것을 볼 수 있도록 했기 때문에, 계산만 하면 끝나는 일반적인 커피 구매와는 다른 경험을 할 수도 있습니다.

일반적인 커피보다 가격이 비싼데도 불구하고 스페셜티 커피의 매출은 늘어나는 추세라고 합니다. 물론 불황이다 보니 고가의 명품보다는 립스틱처럼 상대적으로 가격이 싼 사치품을 구매해서 만족감을 느끼려는 '립스틱 효과'에 따라 스페셜티 커피가 잘 팔리는 것일지도 모릅니다. 자신을 위해 작은 사치라도 누리고 싶은 사람들의 욕구에 커피의 고급화와 차별화 전략이 제대로 꽂힌 것 같습니다. 사람들의 입맛이 점점 고급화되어 특별한 커피를 찾는 사람들이 늘어난다면 최고급 커피의 판매 시장은 지금보다 더 넓어지겠죠? 앞으로 또 얼마나 많은 커피숍에서 스페셜티 커피를 판매하게 될지 궁금합니다.

게이샤부터 시작해서 최고급 커피에 대한 이야기를 쭉 해봤는데요, 이 글을 읽고 '최고급 원두로 내린 커피니까 분명히 맛있을 거야. 아니, 맛있어야만 해! 돈이 얼만데!'라는 생각으로 스페셜티 커피를 마시는 분이 생기지 않기를 바랍니다. 값이 비싸거나 유명 브랜드의 커피이기 때문에 맛이 좋은 것은 아닙니다.

커피는 지극히 감정적인 음료이기에 어떤 마음으로 마시느냐에 따라 같은 원두라고 해도 맛이 확 달라진답니다. 저는 커피를 마시면 안 되는 어린 나이에 엄마에게 떼써서 얻어낸 믹스 커피 한 모금의 맛을 아직도 기억하고 있습니다. 요즘에는 집에 돌아와 서툰 솜씨로 직접 내린 커피 한 잔을 마시면, 비록 최고급 커피가 아니더라도 고단한 하루를 온전히 보상받는 느낌이랍니다. 이제 여러분도 세상에서 '가장 특별한 커피'를 마셔보시겠습니까?

루왁의 눈물로 채워진 커피 한 잔

2003년에 나온 〈올드보이〉라는 영화를 보셨나요? 주인공 오대수(최민식 분)는 갑자기 누군가에게 납치당해 감금된 채로 15년 동안 군만두만 먹으며 살게 됩니다. 왜 갇히게 되었는지 이유도 모른 채 같은 음식만 먹어야 한다면 얼마나 분할까요? 만약 어떤 사람이 당신을 가두고 몇 년 동안 커피 열매만 먹으라고 한다면 어떨까요? 그렇게 가두고 먹이는 이유가 단지 '맛있는 커피 한 잔을 마시고 싶어서'라면?

코피 루왁 원두를 구입하면 100% 진짜 야생 사향고양이의 배설물에서 채취했다는 보증서가 함께 들어 있습니다.

'코피 루왁(Kopi Luwak)'이라는 커피에 대해 들어본 적이 있나요? 흔히 '루왁 커피'로 알려져 있는 커피입니다. 우리나라의 어느 호텔에서도 한 잔당 49,000원(2014년 6월 기준)에 판매하고 있다는 비싸고 귀한 커피입니다. 루왁(Luwak, Paradoxurus hermaphroditus)은 인도네시아 자바와 수마트라 태생의 귀여운 사향고양이를 뜻하는데요, 루왁 커피를 마시기 위해서는 이 사향고양이가 반드시 필요하답니다.

사실 루왁 커피는 가난하고 힘없는 식민지의 농민들이 마시던 커피였습니다. 18세기 초 네덜란드의 식민지였던 인도네시아에서는 자바와 수마트라 섬에서 커피를 재배했는데, 안타깝게도 식민지 정책 때문에 현지 농부들은 커피를 맛볼 수 없었습니다. 그러던 중 야생 사향고양이의 배설물에 소화되지 않은 커피콩이 들어 있다는 사실을 알게 된 농부들은 이거라도 먹어보고 싶다는 마음에, 사향고양이의 배설물을 수집하여 잘 씻은 뒤 겨우 얻게 된 커피콩을 볶고 갈아서 마셔보았습니다. 그런데 이 커피가 생각보다 맛이 매우 좋았고, 점차 농장주들도 루왁 커피의 매력에 빠지게 되었죠. 사향고양이는 잘 익은 커피 열매만 골라서 먹었고, 위에서 분비되는 효소와 산에 의한 천연 발효 과정을 거치기 때문에 특이한 맛과 향을 지닌 커피가 된 것입니다. 결국 루왁 커피는 식민지 시대에도 가장 귀하고 비싼 커피로 판매되었다고 합니다. 하지만 적은 생산량 때문에 대중화되지는 못했죠. 2000년대부터 고급 커피에 대한 수요가 급증하고, 〈버킷 리스트〉라는 영화에 소개되면서 루왁 커피를 찾는 사람들이 늘어나게 됐습니다.

문제는 루왁 커피의 수요가 늘어나면서 발생합니다. 2013년 10월 30일, 아시아 지역의 동물 보호 단체인 '페타아시아(PETA Asia)'는 사향고양이의 사육 실태가 담긴 비디오 영상을 공개하며 루왁 커피의 소비를 거부하는 성명을 발표했습니다. 인도네시아 수마트라 섬의 한 농장에서 찍힌 이 영상에는 야생에서

사향고양이(좌)와 커피 콩이 들어 있는 배설물(우)

잡힌 사향고양이들이 너무 비좁고 지저분한 우리에서 커피 열매만을 먹으며 생활하는 모습이 담겨 있었습니다. 극심한 스트레스를 받게 된 사향고양이들은 우리 안을 빠르게 뱅글뱅글 도는 이상 행동을 보이거나 자신의 팔다리를 물어 뜯기도 합니다. 게다가 평균 수명도 줄어들어 야생에서는 10~15년 정도 살 수 있는데 우리에 갇히면 2~3년밖에 살지 못한다고 합니다. 농장에서는 사향고양이를 잡아서 3년 정도 가두고 키웁니다. 그 기간이 지나면 스트레스와 영양 부족으로 더 이상 루왁 커피를 생산하지 못합니다. 그래서 야생에 방사하는데 대부분 적응하지 못하고 죽는다고 합니다.

그렇다면 순수하게 야생에서 채취한 진짜만을 마시는 것은 동물 학대가 아니니까 괜찮다고 생각할 수 있겠죠? 인도네시아 현지에서 루왁 커피를 판매하는 곳에 가보면 다들 100% 진짜 야생이라고 주장합니다. 다른 회사는 가짜이지만 우리는 진짜라고 보증서를 내밀죠. 동물 학대 없이 자연스러운 방법으로 수집한 '진품' 루왁 커피를 맛보라는 말에 속지 않을 커피 마니아가 있을까요?

저 역시 처음에는 그렇게 생각했습니다. 보증서가 있는 커피는 믿을 만하다고 생각했죠. 그런데 페타아시아에서 "야생에서 채취된 커피임을 인증하는 라벨이 조작되었다"는 의혹을 제기합니다. 야생에서 채취되었다는 문구가 있는 제품들도 상당수 좁은 우리에 갇힌 사향고양이에게서 얻은 것이고, 현재 판매되는 수준의 양을 야생에서 얻는 것은 절대 불가능하다는 것이죠. 결국 보증서가 있는 루왁 커피를 마신다 해도 사향고양이 학대에 동참하는 것이나 마찬가지라는 겁니다.

국내의 동물 보호 단체들도 루왁 커피의 생산 실태를 알리기 위해 불매 운동을 전개하고 있습니다. 루왁 커피의 수요가 증가하게 되면 결국에는 공장처럼 사육하는 것이 불가피하기 때문이죠. 사향고양이들은 존중받아야 할 생명체가 아닌 돈벌이를 위한 수단이 되어버렸습니다. 다른 나라에서는 판매 중단에 참여하는 업체들이 점차 늘어나고 있지만, 안타깝게도 우리나라에서는 잘 모르는 사람들이 많아 동참하는 기업이 거의 없는 실정입니다.

커피나무에 매달린 커피를 마시지 못해 배설물 속의 커피로 위안했던 식민지 농민들의 마음, 살아 있는 사향고양이를 커피 제조 기계로 만들어버린 인간의 탐욕. 루왁 커피의 시작부터 끝까지 들여다보면 슬프지 않은 부분이 없습니다. 이제 루왁의 눈물이 담긴 커피에 대해 알게 된 여러분은 과연 알면서도 그 커피를 마실 수 있을까요? 커피 한 잔을 마시더라도 인간뿐만 아니라 다른 생명체에게도 공정한 방법이 적용되었는지 살펴보는 안목을 키워봅시다. 그러지 않으면 머지않아 루왁의 복수가 시작될지도 모릅니다.

참고 자료

『Coffee & Caffe』, 가브리엘라 바이구에라 지음, J&P(2010)

『커피견문록』, 스튜어트 리 앨런 지음, 이마고(2005)

「한 잔에 4만9천 원짜리 '슬픈' 커피의 탄생」, 2014년 6월 20일자 〈한겨레〉, 윤형중 기자

「고양이가 커피 만드는 기계? 사향고양이 학대 논란」, 2015년 1월 12일 MBC 〈뉴스데스크〉,

허무호 특파원

에비앙 생수와 국내산 생수

우리가 즐겨 마시는 생수는 먹는 물 관리법에 의해 '먹는 샘물'로 등록되어 있습니다. 먹는 물의 종류에는 수돗물과 먹는 샘물, 먹는 염지하수, 먹는 해양 심층수가 있습니다. 이 중에서 수돗물을 뺀 나머지 먹는 물은 모두 병에 담아 판매할 수 있습니다. 우리나라에서 판매되는 먹는 물은 먹는 샘물과 먹는 해양 심층수이며, 먹는 염지하수는 아직까지 판매되는 제품이 없습니다. 그렇다면 먹는 샘물(이하 생수)은 언제부터 판매되었으며 어떤 특징이 있는지 한번 살펴볼까요?

생수가 판매되기 시작한 것은 그리 오래전 일이 아닙니다. 1988년 올림픽 당시 한국을 방문한 외국인들을 위해 일시적으로 생수를 판매하다가 1995년에 본격적으로 판매가 허용되었습니다. 당시 생수는 '암반대수층 안의 지하수 또는 용천수 등 수질의 안정성을 계속 유지할 수 있는 자연 상태의 깨끗한 물을 먹는 용도로 사용할 원수를 말한다'라고 정의되었습니다.

암반대수층은 무슨 뜻일까요? 암반이라고 하면 바윗덩어리와 같은 느낌이 듭니다. 대수층은 큰 물층이라는 뜻일까요? 한자를 찾아보니 '띠 대(帶)' 자를 쓰네요. 영어로 해석하자면 belt가 되겠죠. 그럼 암반대수층은 암반이 쌓여 있는 물층이라고 해석할 수 있겠습니다. 특히 우리나라는 화강암 지층이 널려 있으니 이러한 암반대수층 형성에 유리한 조건이라고 볼 수 있겠네요.

현재 생수 시장의 규모를 보면 1995년 '먹는물관리법' 시행 당시 14개소이던 생수 제조업체는 2010년 12월 현재 69개소로 증가했고, 생수 판매량은 국내 시판이 허용된 1995년 471,514톤에서 2010년에는 3,361,959톤으로 약 7배, 금액은 약 3,347억 원으로 증가했습니다. 봉이 김선달도 놀랄 만큼 어마어마한 성장입니다.

광범위하게 성장하는 생수 시장에도 변화의 바람이 일고 있습니다. 바로 '웰빙' 바람입니다. 새로운 소비 트렌드가 부상하면서 이젠 갈증을 식히는 생수가 아니라 건강과 기능성을 고려한 고가의 프리미엄 생수가 등장하게 된 것이죠. 수입 생수가 그 예입니다. '에비앙', '휘슬러' 등 일반 생수와의 브랜드 차별화를 위해 수입된 생수는 물 자체의 품질로 소비자를 유혹하기도 하지만, 독특한 디자인과 강력한 기능성으로 무장하고 고급화를 지향하고 있는 추세입니다. 특히 20~30대 여성들에게는 생수병이 패션 소품으로도 활용될 정도로 물병 디자인이 세련된 생수의 인기가 높다고 합니다. 실제로 노르웨이의 탄산수 '보스'는 캘빈클라인 향수 디자이너가 물병을 디자인해 화제가 됐고, 네덜란드에서 취수해 산소를 주입한 '오고'는 루이비통의 디자이너가 용기 디자인을 맡기도 했답니다.

캘빈클라인 향수 디자이너가 디자인한 '보스' 물병(좌)과 루이비통 디자이너가 디자인한 '오고'(우)

프리미엄 생수 시장의 선두주자 에비앙 생수에 대해 좀 더 이야기해보겠습니다. 에비앙은 프랑스의 휴양 도시 이름입니다. 원래 지명이 '에비앙레뱅(Évian-les-Bains)'인 이 도시는 지도상으로 레만 호수를 사이에 두고 스위스 로잔과 마주보고 있습니다. 알프스 산맥에서 흘러나온 론 강이 레만 호수로 이어지고, 다시 프랑스 남동부 지역을 거쳐 지중해로 흘러들기 때문에 레만 호가 자연스럽게 프랑스와 스위스의 국경을 이루게 되었지요.

이 도시가 지금처럼 유명해진 것은 광천수 분야에서 세계 최고의 브랜드로 자리 잡은 에비앙 덕분입니다. 생수로 인해 도시의 이름이 널리 알려진 것입니다. 자식 잘 둔 덕에 부모님이 유명세를 떨치는 것과 비슷하다고 할까요? 이 지역에서 각국에 수출되는 생수의 규모가 매달 3000만 병에 이를 정도니 그야말로 효자 노릇을 톡톡히 하고 있습니다. 이 지역에서는 1826년부터 생수를 팔기 시작했다고 합니다. 200년에 가까운 역사와 전통이 있으니 오늘날 프리미엄의 위세를 누리는 것은 당연한 결과인지도 모르겠습니다.

사실 에비앙 생수가 초기에 유명세를 떨칠 수 있었던 것은 프랑스의 어느 귀족이 이곳에서 샘물을 마시며 요양한 끝에 지병이 나았다는 입소문이 퍼진 덕분이었습니다. 에비앙 생수는 알프스의 1500년 된 만년설이 녹아 지하로 침투되어 4빙하기에 생성된 수십 미터의 빙하퇴적층을 거치면서 여과되어 나오는 물인데, 이 물을 별도의 정수 과정 없이 그대로 병에 담습니다. 알프스에 내린 눈과 비가 파이프를 통해 최초의 지점(수원지)까지 내려오는 데 걸리는 시간은 15년, 서서히 내려오면서 자연스럽게 정수가 되고 몸에 좋은 칼슘과 마그네슘 등이 함유된다고 하니, 마치 정수기에서 물을 뽑아 마시려고 버튼 누르고 15년을 기다린 것과 같은 상황입니다.

우리나라에서 생산되는 생수와는 과연 얼마나 차이가 날까요? 우리나라도 생수의 수원지를 보면, 동고서저의 지형 특성으로 인해 하천이 대부분 서쪽으로 흘러가기 때문에 동부 고지대에는 지하수 함량이 아주 많고, 서부 저지대에서는 배출이 우세하다고 합니다. 또한 경기, 충청, 호남 지역에는 화강암이 다량 분포하는데, 중생대 쥐라기에 형성된 화강암층에서 지하수 산출이 매우 풍

알프스의 눈이 녹은 물을 그대로 담아내는 에비앙 생수를 잘 표현하고 있는 광고

부하고 수질도 좋다고 합니다. 특히 국내 시판 중인 유명 브랜드 생수는 제주도의 지형적 특성을 반영하고 있습니다. 바로 다공질 현무암층에서 뽑아낸 생수로, 수입 생수와 비교했을 때 품질 면에서는 전혀 뒤처지지 않는다고 합니다. 고가의 수입 생수가 품질과 디자인, 그리고 다양한 마케팅 전략으로 승부를 내려 하고 있으나 전문가들의 의견은 다소 회의적으로 보입니다. 일단 외국 수입 생수들은 수원지에서 국내 판매까지 시간과 거리의 간극이 있어 위생 문제가 발생할 수도 있고, pH 농도나 탄산 함유량 등에 의해 사람 몸에 큰 변화가 일어나는 것은 아니라고 하니, 내가 마실 물은 잘 선택해서 마셔야겠죠?

『80일간의 세계일주』를 쓴 쥘 베른, 세기의 발명왕인 토머스 에디슨, 영국을 해가 지지 않는 나라로 만든 빅토리아 여왕, 미국 팝계의 전설적인 디바 중 한 명인 휘트니 휴스턴. 이 네 사람에게는 어떤 공통점이 있을까요? 네 사람이 모두 마약에 얽혀 있다면 믿으시겠습니까?

쥘 베른은 작품 구상이 잘 안 될 때면 코카인을 마시고 명상을 했다고 하고, 토머스 에디슨은 휴가철에 자주 코카인을 찾았다고 합니다. 빅토리아 여왕은 두통 치료약으로 코카인을 썼고, 휘트니 휴스턴은 코카인 흡입 후 익사했습니다.

코카 잎의 모습

아시아에서 생산되는 마약의 대표가 아편이라면, 아메리카 대륙에서 생산되는 마약의 대표는 코카인입니다. 코카인은 코카나무 잎에서 추출하는 마약으로 중독성이 강하고 오남용 시 수면장애, 인성장애 등의 정신적 장애와 폭력, 반사회적인 행동 등을 유발하게 되어 지구상의 모든 국가에서 법으로 생산 및 사용과 유통을 전면 금지하고 있습니다.

안데스 산지에는 우리나라의 대관령 주변 지역처럼 해발고도가 높지만 상대적으로 평탄한 알티플라노 고원이 있습니다. 이곳은 1년 내내 봄과 같은 날이 계속되는 기후 환경을 바탕으로 과거에 잉카 문명이 찬란하게 꽃피웠던 곳입니다. 알티플라노의 원주민들은 오래전부터 해발고도가 높은 곳에서 나타날 수 있는 고산병을 막기 위해 코카나무 이파리를 씹어 먹었습니다. 그렇다고 이곳 사람들이 전부 마약 중독자가 되지는 않았습니다. 정제하지 않은 코카나무 이파리에는 마약 성분이 없기 때문입니다.

코카나무 잎을 정제하면 마약 성분이 나온다는 것은 이곳을 정복한 유럽인들에 의해 알려지게 되었습니다. 코카인의 정제법이 밝혀진 19세기 이후, 코카인은 마약이 아닌 우울증과 같은 정신병을 치료하는 약으로 활용되었습니다. 유명한 정신분석학자인 프로이트가 연구 활동에 도움이 된다는 이유로 코카인을 흡입하고, 유명한 추리 소설인 '셜록 홈스 시리즈'에 코카인을 사용하는 표현이 여러 번 나오는 걸로 보아, 그 당시 코카인에 대한 나쁜 인식은 거의 없었던 것 같습니다.

우리가 즐겨 마시는 코카콜라도 초창기에는 코카나무 잎을 삶은 후 코카나무 열매 추출물과 각종 향료를 섞어 만들었습니다. '코카'콜라의 이름은 바로 '코카'나무에서 따온 말입니다. 코카콜라를 줄여서 '코크(coke)'라고도 하는데 이는 코카인의 속어이기도 하죠. 물론 코카인의 마약 성분의 유해성과 위험성이 알려진 이후에는 콜라에 코카인 대신에 카페인을 첨가하고 있습니다. 따라서 지금 우리가 마시는 코카콜라는 엄밀히 말하면 '코카'가 없는 콜라인 셈입니다.

코카인의 원료가 되는 코카나무 잎은 주로 콜롬비아, 볼리비아, 페루 등 안데스 산맥과 그 주변 지역에서 생산되는데, 특히 콜롬비아의 내륙 지역에서 전 세계 생산량의 절반 이상이 생산됩니다. 콜롬비아의 코카인 생산은 50년간 지루하게 이어져온 콜롬비아 내전과도 깊은 관련이 있습니다. 콜롬비아는 1819년 독립 이후 외세와의 충돌과 내부적인 갈등으로 인해 끊임없는 내전이 이어지고 있습니다. 1960년대부터는 정부군과 좌익 반군, 우익 준군사조직이 60년 가까이 무장 투쟁을 벌이고 있습니다. 코카인은 각 세력의 군자금을 조달하는 데 아주 중요한 역할을 합니다. 특히 코카인으로 벌어들이는 돈이 좌익 반군에 지속적으로 유입되면서 정부군에 맞설 수 있는 군대를 유지하는 데 큰 힘이 되고 있습니다. 내전이 수십 년간 지속될 수 있었던 가장 큰 이유가 된 것이죠. 이 때문에 콜롬비아 정부와 이를 지지하는 미국 정부의 연합군이 1990년대 이후 코카인 재배 지역에 대한 대규모 토벌 작전을 감행하기도 했습니다. 이로 인해 1990년대에 들어 콜롬비아의 거대 코카인 마약 조직이 무너지고 쪼개지면서 세력이 약해졌습니다. 하지만 큰 마약 조직이 잘게 쪼개지고 무너진 것일 뿐, 코카인 재배지가 사라진 것은 아니어서 코카인 생산량은 크게 줄어들지 않았습니다.

코카콜라의 '코카'가 코카나무에서 따온 말이래

콜롬비아 마약 조직의 붕괴는 코카인 생산과 유통을 다른 지역으로 전파하고 확대하는 결과를 초래했습니다. 1990년대까지 콜롬비아, 볼리비아 등 남아메리카 지역에서 생산된 코카인을 미국으로 밀반출하는 역할을 담당했던 멕시코의 마약 조직이 커진 것입니다. 멕시코는 콜롬비아의 오랜 내전과 콜롬비아 마약 조직의 붕괴로 인해 코카인이 원활하게 공급되지 않는 틈을 타 본격적으로 코카인 생산과 유통을 겸하기 시작했습니다. 세계 최대의 마약 소비 시장인 미국과 인접하고 있다는 지리적 이점과, 콜롬비아와 비슷하게 반군이 자리 잡아 정부의 통제가 미치지 않는 지역(주로 멕시코 남부 농촌 지역)이 있다는 점은 코카인 생산에 유리하게 작용했습니다.

멕시코의 마약 생산 증가는 결국 내전을 일으키는 원인이 됐습니다. 2006년, 늘어나는 코카인 생산지와 세계적인 규모로 커진 마약 조직을 없애기 위해 멕시코 정부군의 대대적인 토벌이 감행되면서 일명 '멕시코 마약 전쟁'이 시작되었습니다. 이 내전을 통해 미국으로 들어가는 코카인의 90%를 맡고 있는 멕시코 마약 조직의 중심인물들이 대거 잡히거나 사살되었지만, 막대한 이윤이 걸린 마약 시장을 차지하기 위한 경쟁이 더 심해지면서 마약 조직 간의 폭력 사태와 암투가 일어나는 등 사회 혼란이 끊이지 않고 있습니다. 2012년에 발표된 공식 자료에 따르면 이 내전으로 인한 사망자 수는 최소한 6만여 명으로 추산되고 있다고 하니, 그 상처가 얼마나 깊을지 상상하기도 어렵습니다.

제가 아주 좋아하는 배우인 최민식 씨가 90년대 말에 주연을 맡아 흥행한 〈넘버3〉라는 영화가 있습니다. 그 영화에서 조직폭력배들을 소탕하는 마동팔 검사 역으로 나온 최민식 씨가 내뱉은 대사가 있습니다.

"죄는 미워하되 사람은 미워하지 말라고? 솔직히 죄가 무슨 죄가 있냐? 저지르는 사람이 ×같은 놈이지."

어떤 범죄자가 '칼'을 들고 사람을 해쳤다고 해서 칼을 '나쁜' 물건이라고 할 수 있을까요? 위험한 물건이긴 하지만 필요한 곳에 조심해서 잘 쓰면 얼마든지 우리에게 이로움을 가져다 줄 수 있는 것들은 비단 칼뿐만이 아닐 겁니다. 코카나무 잎을 순수한 목적으로 이용했던 안데스 산지 원주민들의 지혜를 본받는다면 우리의 삶이 훨씬 더 윤택해지지 않을까요?

무더운 여름날 땀을 흠뻑 흘리고 난 후 들이켜는 시원한 맥주 한 잔, 고단한 하루를 마무리하면서 냉장고에서 꺼낸 맥주 한 캔, 신나는 축구 경기를 시청하면서 먹는 치맥! 물론 알코올 분해 효소가 모자라 술과 인연이 없으신 분들도 있겠지만, 어떠세요? 지금도 바로 한 잔 생각나는 분들도 있지 않은가요?

사람들은 저마다 선호하는 맥주가 다릅니다. "나는 카스(Cass)가 좋아", "아니지 맥스(Max)가 최고지", "요즘 대세 맥주 클라우드(Kloud) 몰라?" 등등. 그런데 언젠가부터 우리에게도 수입 맥주들이 가까이 다가와 있습니다. 불과 10여 년 전만 하더라도 수입 맥주를 지금처럼 흔하게 접하지는 못했던 것 같습니다. 소수의 수입 맥주들이 있었지만 가격이 만만치 않았고 그나마 접할 수 있는 기회도 많지 않았지요. 그런데 최근에는 우후죽순처럼 수입 맥주 전문점들이 생겨나고, 대형마트에서도 수많은 수입 맥주를 구비하고 다양한 판촉 행사를 통해 비교적 저렴한 가격으로 소비자들을 유혹하고 있습니다. 그래서 많은 사람들이 다양한 수입 맥주를 접할 수 있게 되어 맥주의 맛에 대한 관심이 크게 증가하고 있습니다. 그러다 보니 수많은 맥주 관련 정보들이 다양한 서적과 인터넷 블로그 등을 통해 제공되어 소비자가 맥주를 선택하는 데 큰 도움이 되고 있기는 합니다만, 여전히 선택은 쉽지 않은 일인 것 같습니다. 그래서 이번에는 우리가 맥주를 선택하는 데 도움이 될 수 있을 만한 맥주의 정보에 대해 알아보도록 하겠습니다.

맥주, 즉 Beer의 어원은 '마시다'라는 의미의 라틴어 '비베레(Bibere)'입니다. 맥주의 역사는 인류의 농경 시작과 함께하고 있습니다. 기원전 메소포타미아 지역의 수메르 인들이 발효시킨 맥아빵의 맥아를 당화시켜 맥주를 만들어 먹었다는 기록으로 맥주의 오랜 기원을 추정할 수 있습니다.

에일(Ale) 상면 발효

라거(Lager) 하면 발효

기본적으로 맥주의 주원료는 맥아, 홉, 효모입니다. 맥아를 당화시킨 맥즙을 효모를 통해 발효시킨 후 일정 기간 숙성하여 만들게 되죠. 맥주는 발효 방식에 따라 상면 발효 맥주와 하면 발효 맥주로 나뉘는데, 상면(上面) 발효 맥주는 발효 시 효모가 위로 떠오르는 상면 발효 효모로 만들고, 하면(下面) 발효 맥주는 효모가 가라앉는 하면 발효 효모로 만듭니다. 상면 발효 맥주는 주로 에일(Ale) 계열에 해당하며, 하면 발효 맥주는 라거(Lager) 계열에 해당합니다. 종류를 더욱 세분화할 수 있지만, 쉽게 이해하기 위해서는 맥주의 종류를 크게 상면 발효 에일 맥주, 하면 발효 라거 맥주로 나눈다고 생각하면 큰 어려움이 없을 것입니다.

에일은 라거에 비해 오랜 전통을 가지고 있으며, 대체로 진하고 깊은 맛과 과일이나 꽃향기 같은 풍미가 그 특징인 맥주입니다. 영국, 아일랜드, 벨기에 등지에서 많이 만들어져왔으며, 특히 영국이 에일의 본고장이라 할 수 있습니다. 에일 맥주 계열에는 포터(Porter), 스타우트(Stout), 페일 에일(Pale ale), 브라운 에일(Brown ale), 바이젠(Weisen) 등이 있습니다.

라거는 독일어로 '저장'이라는 말에서 유래되었다고 하는데, 이는 낮은 온도에서 장시간 '저장'시켜 만들기 때문입니다. 라거는 15세기에 독일에서 발명되었으며, 특히 냉장 기술이 발달한 19세기 이후 라거의 생산이 크게 증가해 현재는 전 세계 맥주의 90%가량을 차지하고 있습니다. 라거는 에일에 비해 알코올 도수가 비교적 낮고 밝은 황금색을 띠며, 에일에 비해 탄산기가 많아 시원한 청량감을 느낄 수 있지요. 우리가 생각하는 차갑고 시원한 맥주가 바로 라거의 이미지입니다. 라거 맥주 계열에는 필스너(Pilsner), 둥켈(Dunkel), 엑스포트(Export) 등이 있습니다.

한편 보리 맥아에 쌀이나 밀 맥아를 섞어 만드는 맥주도 있습니다. 밀 맥아가 사용되는 밀 맥주는 꽃향기처럼 향긋하고 고소하고 상큼한 맛이 특징이어서 밀 맥주를 특별히 선호하는 사람들도 많습니다. 밀 맥주는 상면 발효 맥주,

즉 에일 계열에 해당합니다. 특히 독일 남부 지역에서 생산되는 밀 맥주를 바이젠이라고 부르며, 다른 갈색 맥주에 비해 색깔이 연하다고 해서 '하얀 맥주(white beer)'를 뜻하는 바이스비어(Weissbier)라고도 부릅니다. 여과 방식에 따라 효모를 여과하지 않은 탁한 밀 맥주인 헤페바이젠(Hefeweizen)과 효모를 여과시킨 깨끗한 밀 맥주인 크리스탈 바이젠(Kristallweizen)으로 나누기도 합니다. 쌀이 첨가되는 맥주들은 베트남, 중국 등 아시아 계절풍 지역에서 만들어지는 편입니다. 베트남의 사이공(Saigon), 하노이(Hanoi) 맥주가 쌀이 첨가된 맥주로 유명하지요.

자, 이제 대형마트의 맥주 코너에 들렀다고 가정해봅시다. 수많은 수입 맥주가 저마다의 자태를 뽐내며 우리를 유혹할 것입니다. 맥주 진열대에는 원산지 국가의 국기가 붙어 있기도 합니다. 그래서 국기를 보며 부데요비츠키 부드바(Budějovický Budvar) 맥주가 체코 맥주임을 알 수 있지요. 맥주 애호가라면 다양한 국가의 맥주를 접해보고 싶은 욕구와 유혹에 자신도 모르게 카트에 하나둘씩 담다가 결국 계산대에서 놀랄 만한 영수증을 받게 되기도 합니다.

그런데 우리는 그 맥주가 에일 계열인지 라거 계열인지 알기가 쉽지 않습니다. 물론 진열대에 놓인 대다수가 라거이고, 현재 우리나라에 진출해 있는 에일 계열 맥주의 종류는 상대적으로 많지 않은 편입니다. 또한 가격도 라거에 비해 비싼 편이지요. 그럼 지금부터 마트나 맥주 전문점에서 쉽게 볼 수 있는 에일과 라거의 대표적인 브랜드를 한번 알아볼까요?

우선 에일 계열입니다. 페일 에일 종류로 영국의 런던 프라이드(London

**Whole Food Market의 맥주 진열대의 모습. 이제는 우리나라의 대형마트,
편의점 등에서도 다양한 수입 맥주들이 진열되어 있는 모습을 쉽게 볼 수 있습니다.**

Pride), 벨기에의 레페 블론드(Leffe Blonde)가 있고, 브라운 에일 종류로는 영국의 뉴캐슬 브라운(Newcastle Brown), 밀 맥주인 헤페바이젠 종류로는 오스트리아의 에델바이스(Edelweiss), 벨기에의 호가든(Hoegaarden) 등이 있습니다. 흑맥주인 스타우트 종류로는 아일랜드의 기네스(Guiness) 등이 유명하지요. 라거 계열의 맥주에는 어떤 것들이 있을까요? 체코의 필젠 지역에서 유래된 필스너 종류로 체코의 대표 맥주 필스너 우르켈(Pilsner Urquell), 독일 스타일 필스너인 필스(Pils) 종류로 크롬바커(Krombacher), 벡스(Becks), 비트부르거(Bitburger), 헬레스 라거 종류로 뢰벤브로이(Löwenbrau), 엑스포트 종류로 답(Dab) 등을 들 수 있겠습니다.

(좌측부터) 벨기에 레페 블론드, 벨기에 호가든, 아일랜드 기네스, 체코 필스너 우르켈

참고로 흑맥주는 맥아를 볶아 만든 다크 몰트로 만들어 어두운 색을 띠는 맥주로, 하면 발효 방식의 다크 라거와 상면 발효 방식의 스타우트(Stout)가 있습니다. 바이엔슈테판, 에딩거 둥켈, 파울라너 둥켈 등 둥켈(Dunkel)이라고 이름 붙인 것들은 다크 라거에 해당하며, 스타우트로는 기네스가 유명하지요. 우리나라 흑맥주 브랜드인 스타우트는 사실 스타우트가 아니랍니다. 분류하자면 다크 라거에 해당하지요. 우리나라의 맥주들은 대부분 라거 계열에 해당하는 하면 발효 맥주입니다. 하지만 최근에는 고급 에일 맥주에 대한 관심이 증가하면서 국산 에일 맥주도 등장하고 있습니다. 하이트진로의 '퀸즈에일(Queen's Ale)', 오비맥주의 '에일스톤(Aleston)' 등이 많은 인기를 끌고 있습니다.

이렇게 맥주를 이해하고 마시기 위한 대략적인 정보들을 알아보았습니다. 맥주는 국가별로 또 지역별로 그 종류가 정말 많으며, 저마다 그 지역의 특성을 담고 있습니다. 또한 자신들만의 독특한 맛과 프라이드를 지니고 있죠. 이런 다양한 맥주를 예전보다 훨씬 쉽게 접할 수 있게 된 배경에는 국가 간 경계가 점점 무너지고 가까워지는 세계화의 거대한 물결이 자리하고 있을 것입니다. 가까운 수입 맥주 할인점, 펍, 또는 마트에서 쉽게 이 맥주들을 접할 수 있을 뿐만 아니라, 유명한 맥주의 본고장에서 다양한 맥주 축제에 참여하는 기회도 어렵지 않게 가질 수 있을 것입니다. 우리나라에서도 대구나 인천 송도에서 맥주 관련 축제들이 개최되는 등, 이제는 맥주의 맛에 대한 관심이 새로운 음식 문화의 중요한 패러다임 중 하나가 되고 있습니다.

지친 일상에서 갈증과 피로를 해결해주는 맥주! 조금 더 관심을 가지고 접근한다면 세계의 다양한 문화를 이해하는 또 하나의 중요한 인식의 틀이 될 뿐만 아니라, 나 자신의 삶의 질을 높이기 위한 중요한 '선택의 지혜'를 얻는 일이 될 것입니다. 물론 일상생활에 지장을 주고 몸을 해치는 지나친 음주는 지양해야 겠지만요!

울릉도 호박엿? 후박엿!

울릉도 하면 무엇이 떠오르시나요? 오징어? 독도? 성인봉? 여러 가지가 생각날 수 있지만, 울릉도의 특산품인 호박엿을 빼놓을 수 없을 것입니다. 입에 짝짝 붙으면서 사르르 녹는 달콤한 맛이 일품이죠. 그런데 원래 울릉도에는 호박엿이 없었다는 사실을 알고 계신가요? 지금부터 울릉도 호박엿의 출생에 숨겨진 비밀을 파헤쳐봅시다.

울릉도의 주요 관광지 중 하나는 천연기념물 237호인 울릉 사동 흑비둘기 서식지입니다. 이곳에는 큰 후박나무가 자리 잡고 있습니다. 후박나무는 한국, 일본, 타이완 등 온난

울릉 사동 흑비둘기 서식지

한 지역에 주로 분포해 자라는 나무입니다. 우리나라에서는 남부 해안가 및 울릉도, 제주도에서 자생하고 있습니다. 내륙에서는 추운 날씨 때문에 생육이 어려운 관계로, 대부분의 사람들에게 '후박나무'라는 이름은 다소 생소할 것입니다. 우리가 알고 있는 울릉도 특산품은 원래 '호박엿'이 아니라 '후박엿'이었습니다.

2007년 여름, 저는 친구들과 답사 겸 여행으로 울릉도를 방문했습니다. 그러던 중 비가 내려서 비를 피할 곳을 찾다가 우연히 호박엿 공장이 있어서 비도 피해갈 겸 양해를 구하고 구경을 하게 되었습니다. 심성이 고우신 사장님 덕분에 공장 견학도 하고 엿도 많이 얻어먹게 되었는데, 사장님이 호박엿의 충격적인 출생의 비밀을 알려주셨습니다. 원래는 후박나무 껍질이나 열매를 가지고 엿을 만들었다는 것입니다. 옛날에는 먹을 것이 귀해서 주린 배를 달래기 위해 만들어 먹었다고 합니다.

사실 울릉도 후박엿은 사장님이 말씀해주신 것보다 역사가 더욱 오래되었습니다. 후박나무 껍질은 위장병이나 천식을 치료하는 한약재로 애용되고 있는데, 초기 울릉도 이주민들이 후박엿을 만들어 먹은 것도 이 때문이라고 합니다. 바다 한가운데서 척박한 땅을 일구느라 생긴 위장병과 천식 등을 치료하기 위해 엿을 만들면서 후박의 진액이나 열매를 넣었던 것이지요. 이렇듯 울릉도에서는 흔하디흔한 후박나무와 후박엿이지만, 육지에서는 후박나무가 없으니 발음이 비슷한 '호박'으로 혼동하게 되었던 것입니다. 울릉도에 항구가 정비되고 외지인의 출입이 많아지면서 호박엿의 인기가 높아지자 호박엿을 만들어 팔게 된 것으로 추정할 수 있습니다. 근본 없는 녀석이 갑자기 집안을 빛내는 꼴이 되어버린 거죠.

이런 웃지 못할 일이 벌어지게 된 이유는 울릉도의 기후 때문입니다. 울릉도의 위치는 북위 37도 29분, 동경 130도 54분으로 비슷한 위도에 위치한 도시가 강원도 동해시입니다. 우리나라에서는 위도가 높은 편인데, 주변 바다의 영향으로 육지보다 따뜻하고 연교차도 작은 해양성 기후가 나타납니다. 1월 평균기온이 동해는 영상 0.8도이나 울릉도는 영상 1.4도로 훨씬 높죠. 그렇기 때문에 온난한 곳에서 자라는 후박나무가 울릉도 해안 지역에 널리 분포하게 된 것입니다.

후박엿 이외에 특이한 사연을 가진 울릉도 특산물이 또 하나 있습니다. 울릉도에서는 '명이'라고 부르는 산마늘입니다. 생으로 먹기보다는 절이거나 데쳐서 먹는데 그 맛이 마늘과 비슷합니다. 저도 그 맛에 반해 한때 고기를 먹을 때면 반드시 명이를 찾곤 했습니다. 이 특산품은 울릉도민들의 애환이 담겨 있는 이름으로 유명합니다. 명(命), 즉 생명을 이어준다는 말을 줄여서 이름이 지어졌습니다. 개척 당시에는 식량이 모자라 긴 겨울을 지나고 나면 굶주림에 시달리곤 했는데, 눈이 녹기 시작하면 모두가 산에 올라 눈을 헤치고 명이를 캐다 삶아 먹으며 끼니를 이었다고 합니다.

이와 같이 울릉도는 육지와 떨어진 외딴섬이기 때문에 해양성

명이나물로 많이 알려진 산마늘은
주로 절임으로 만들어서 먹습니다.

기후가 나타나고 이로 인해 식생이 달라 특이한 식문화가 발달하게 되었습니다. 거기다 화산섬이기에 벼농사가 불가능했던 것도 영향을 주었을 것입니다. 이렇듯 독특한 울릉도의 식생도 지속적인 개발과 상품화로 인해서 오히려 자생지가 줄어들고 있다고 합니다. 다른 식물들처럼 후박나무와 명이도 언젠가는 사라질 수 있습니다. 우리가 잘 가꾸고 보존하여 식생과 식문화 모두 대대손손 이어지기를 기원합니다.

Part 4.

문화

무슬림 인디언이 몰려온다!

　제목만 본다면 미국 영토에 오래전부터 살고 있었던 인디언들이 종교를 개종한 것으로 착각할 수 있을 듯합니다. 하지만 여기서 '인디언'은 원래 인도 사람, 또는 인도 반도에 거주하는 사람들을 의미합니다. 인도는 현재 인도와 파키스탄, 방글라데시, 그리고 스리랑카 등으로 분리되어 있지만, 1947년 이전까지는 하나의 나라였으므로 이 네 나라 사람들을 인도 사람이라고 불러도 무방할 듯합니다.

　오늘날 이슬람교를 믿는 사람들의 수는 전 세계적으로 약 14억 명이 넘습니다. 전 세계 인구 4명 중 1명이 무슬림인 셈입니다. 그렇다면 세계에서 이슬람교를 가장 많이 신봉하는 지역은 어디일까요? 간단한 퀴즈를 하나 풀어봅시다.

다음 중에서 무슬림 인구가 가장 적은 국가는 어디일까요?

① 사우디아라비아 ② 인도네시아 ③ 인도 ④ 방글라데시 ⑤ 파키스탄

아마 인도가 정답일 거라 생각한 분들이 있을 것 같습니다. 그러나 정답은 사우디아라비아입니다. 의외죠? 물론 아라비아 반도는 이슬람의 성지가 있는 곳이며, 사우디아라비아, 예멘, 오만 국민들은 태어나면서부터 이슬람교를 믿는 무슬림입니다.

하지만 실제로 무슬림이 가장 많이 사는 지역은 이슬람 발상지인 사막의 땅 아라비아 반도가 아니라, 힌두교의 땅으로 알려진 인도 반도입니다. 인도 반도에는 1억 8,000만 명의 무슬림이 살고 있는 인도 외에도 파키스탄에 약 1억 7,000만 명, 방글라데시에 약 1억 3,800만 명 등 엄청난 수의 무슬림이 살고 있습니다. 그런데 정작 서남아시아와 북부 아프리카의 무슬림 수는 모두 합해도 3억 명이 되지 않습니다.

한편 무슬림 수가 가장 많은 나라는 약 2억 2,000만 명(2009년 추정)이 있는 인도네시아입니다. 인도네시아는 전체 인구 약 2억 5,400만 명 중 88%가 이슬람교를 믿습니다. 단일 국가의 이슬람교 신자 수로는 세계 최대입니다. 정리하면 세계에서 이슬람교를 가장 많이 신봉하는 국가는 인도네시아이고, 이슬람교를 가장 많이 신봉하는 지역은 인도와 파키스탄, 방글라데시가 위치한 인도 반도이며, 인도 반도의 세 나라에만 전 세계 무슬림 인구의 3분의 1이 거주하고 있습니다.

그런데 제가 하고 싶은 이야기는 여기서 끝나지 않습니다. 우리가 보통 해외 뉴스를 통해 접하는, 미국이나 영국 등에서 일부 과격 이슬람 원리주의자들이 자행하는 테러는 서남아시아에서 거주하는 이슬람교도들이 멀리 원정을 가서 일으키는 테러가 아니라는 것입니다.

하나의 사례를 들어봅시다. 2005년 7월 7일 영국 런던에서는 지하철, 버스 동시다발 자살 폭탄 테러가 일어나 56명이 사망하고 700명이 넘는 부상자가 발생했습니다. 7월 7일에 발생했다고 해서 '런던 7·7테러' 또는 '영국판 9·11테러'로 불리는 이 사건의 범인 4명은 모두 파키스탄계 영국인이었습니다. 이 테러는 영국 역사상 처음으로 발생한 내국인에 의한 자살 폭탄 공격이었습니다. 런던은 제2차 세계대전 당시 독일군의 공습으로 피폐화된 바 있고 1970~90년대는 북아일랜드공화군(IRA)의 잇단 테러로 몸살을 앓은 적이 있지만, 자국민에 의해 안보를 위협당한 건 이 사건이 처음이었다고 하네요.

이 사건의 범인들은 영국 북부 리즈의 가난한 동네에 살던 20대 초반의 젊은이들이었는데, 리즈 시는 인구의 15%가 이슬람계로, 상가 2층을 임차해 운영하는 이슬람 기도회나 임시 모스크가 있는 도시입니다. 이슬람 출신 이민자들을 적극 포용해온 영국은 당시 이민자나 이민 2세들이 테러의 주범으로 떠오르자 상당한 충격을 받았습니다. 사실 테러를 주도한 이들은 영국의 보통 젊은이들과 특별히 다른 점이 없었습니다. 영국에서 태어나 고등교육을 받았고 음악과 축구에 열광하는, 거리에서 흔히 보는 영국의 보통 젊은이들이었기 때문입니다.

이제 제가 제목에 쓴 '무슬림 인디언이 몰려온다'라는 문장의 의미가 파악되나요? 오늘날 인구의 국제 이동에서 가장 많이 언급되는 사례는 두 가지입니다. 라틴아메리카에서 미국으로 이주하는 사람들인 '히스패닉'과, '유럽의 이슬람화'라고 불리는 북부 아프리카의 알제리, 튀니지, 모로코 등에서 프랑스로 이주하는 사람들의 경우입니다.

그런데 실제로 세계에서 미국이나 유럽 등 소위 말하는 선진국으로 인구를 가장 많이 배출하는 지역은 남부아시아입니다. 특히 영국의 경우는 총인구의 약 12% 이상이 외국인 이주민인데, 이 가운데 4분의 1 이상이 인도와 파키스탄에서 이주한 사람들이며 그 수는 약 200만 명에 달합니다. 물론 인도 사람들의 경우에는 힌두교도가 더 많겠지만, 워낙 많은 사람이 선진국으로 이동하고 있기 때문에 그중에는 이슬람교도도 상당수 포함되어 있겠죠.

결론적으로 미국과 영국 등에서 이슬람 인구는 급속도로 증가하고 있는 추세인데, 그 원인은 이슬람의 발상지인 서남아시아 국가 출신의 이주자보다 남부아시아 출신, 즉 '인디언'의 이주가 많아서라는 뜻입니다. 이 추세대로라면 언젠가

LA 다저스 신임 단장 파르한 자이디(Farhan Zaidi)는 파키스탄계 이슬람교도입니다.

는 남부아시아 출신의 무슬림 미국 대통령이나 무슬림 영국 총리를 보게 될 날도 있지 않을까요? 류현진 선수가 활약하고 있는 미국 프로야구 LA 다저스 팀은 2014년 말 파키스탄계 이슬람교도인 '파르한 자이디'를 단장으로 선정했다고 하네요.

흔히 '뽀통령'이라고 불리는 뽀로로와 친구들은 한류의 주인공이며 세계화의 중요한 사례로 꼽히곤 합니다. 그런데 이 애니메이션 속에는 우리가 모르는 불편한 진실에 담겨 있습니다. 〈뽀로로〉를 자세히 들여다보면 세계의 기후 구분 및 변화와 판의 이동, 해류에 의한 동물의 이동, 그리고 그들 간의 먹이사슬 관계가 숨겨져 있음을 알 수 있습니다.

〈뽀로로〉의 배경은 '눈 덮인 숲 속 마을'입니다. 작품 속에서는 다설 지역에서 주로 짓는 경사가 급한 지붕이나 단순 침엽수림인 타이가의 모습을 찾아볼 수 있는데, 이는 전형적인 냉대 기후 지역의 특징입니다. 대략 러시아 동부, 혹은 캐나다 지역의 타이가 지대를 배경으로 하고 있음을 유추할 수 있습니다. 향후 〈뽀로로〉 영상 수출을 고려할 때 선진국을 타깃으로 삼는다면 미국 5대호 근처나 캐나다가 좋은 선택이 될 듯합니다.

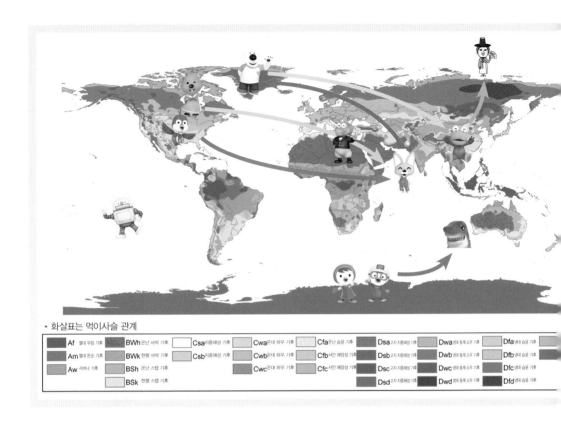

* 화살표는 먹이사슬 관계

Af 열대 우림 기후	**BWh** 온난 사막 기후	**Csa** 지중해성 기후
Am 열대 몬순 기후	**BWk** 한랭 사막 기후	**Csb** 지중해성 기후
Aw 사바나 기후	**BSh** 온난 스텝 기후	
	BSk 한랭 스텝 기후	

Cwa 온대 하우 기후 **Cfa** 온난 습윤 기후 **Dsa** 고지 지중해성 기후 **Dwa** 냉대 동계 소우 기후 **Dfa** 냉대 습윤 기후

Cwb 온대 하우 기후 **Cfb** 서안 해양성 기후 **Dsb** 지중해성 기후 **Dwb** 냉대 동계 소우 기후 **Dfb** 냉대 습윤 기후

Cwc 온대 하우 기후 **Cfc** 서안 해양성 기후 **Dsc** 고지 지중해성 기후 **Dwc** 냉대 동계 소우 기후 **Dfc** 냉대 습윤 기후

Dsd 고지 지중해성 기후 **Dwd** 냉대 동계 소우 기후 **Dfd** 냉대 습윤 기후

그런데 등장 동물들의 실제 고향을 살펴보면 놀라운 특성을 찾을 수 있습니다. 먼저 주인공인 뽀로로는 남극 펭귄(한대 동물)입니다. 왕성한 호기심의 소유자 뽀로로가 남반구와 북반구의 해류를 따라 바다를 헤엄쳐 북반구의 타이가 지대로 이동해온 것이 아닐까 짐작됩니다.

활달하고 사교성 좋은 펭귄인 '패티'는 뽀로로가 이곳에 정착하여 자신의 종을 이어나가기 위해 포섭한 미래의 반려자이자 '뽀로로 왕국'이라는 신세계 형성을 위한 여왕 펭귄입니다.

그다음, 북극곰인 '포비'입니다. 친구들의 부탁이면 무엇이든 들어주는 착한 백곰이지요. 지구온난화의 영향으로 북극의 얼음이 녹아 타이가 지대까지 이동한 기후 변화의 피해자입니다.

섬세하고 부끄러움이 많은 소녀 비버(온대, 냉대 동물) '루피'도 등장합니다. 아메리카 비버는 멕시코 북부에서 북극까지 널리 분포하는 동물로, 루피는 어찌 보면 뽀로로 마을의 실질적인 토종인데 뽀로로에게 주인공을 빼앗긴 비운의 등장 동물이 아닐까 싶네요.

'크롱'은 뽀로로가 눈 속에서 발견한 알에서 태어난 아기 공룡(중생대 쥐라기 공룡)입니다. 녹색의 피부색으로 보아 울창한 온대(우리나라의 경상 분지에 살던 '점박이')나 열대 우림 속에 살지 않았을까 생각됩니다. 크롱 또한 중생대 빙하기의 아기 공룡 둘리처럼 알 속에 든 채로 빙하에 갇혀 있다가 지구온난화의 영향으로 빙하가 녹아 발견된 시대를 초월한 등장 동물이라 유추할 수 있습니다. 지구가 판게아 시절 하나로 붙어 있다가 대륙의 이동으로 이곳까지 오게 된, 대륙이동설을 뒷받침해줄 비밀의 열쇠인 크롱! 새로 등장한 뽀뽀와 삐삐라는 우주인들은 머지않아 크롱이 둘리와 같은 능력을 가지게 되지 않을까라는 복선을 느끼게 해줍니다.

마법사 '통통이(드래곤)'는 실제 둘리와 비슷한 능력을 가진 공룡입니다. 그런데 크롱과 달리 피부색이 살구색(갈색)으로, 건조 지역 부근에 서식하던 공룡임을 짐작할 수 있습니다.

노래를 좋아하는 유쾌한 작은 벌새인 '해리'는 적갈색 벌새(온대의 동물)에 가까운 외모인데, 북멕시코에서 콜로라도의 로키 산맥과 와이오밍까지 2,400~3,200킬로미터의 거리를 여행한다고 합니다.

박학다식 영리한 꼬마 사막여우(건조 기후 중 사막 기후의 동물) '에디'는 북부 아프리카와 중동에서 살다가 기후 변화의 영향으로 빙하기에 몽골 인종의 아메리카 이주와 함께 이동해 이곳에 정착하지 않았나 생각됩니다.

그리고 엑스트라로 등장하는 상어는 난류성 어족으로 수온이 높은 열대나 아열대 지역의 해양이 고향입니다. 상어가 냉대 해역에서 발견된다는 것은 지구온난화와 해류의 흐름 영향을 알면 충분히 이해할 수 있습니다. 해류는 북반구에서 시계 방향, 남반구에서는 반시계 방향으로 이동합니다. 그렇다면 〈뽀로로〉에 등장하는 상어는 남반구 호주 근처에 살다가 해류를 타고 미국 서부까지 이동한 것이라고 볼 수 있습니다.

마지막으로 로봇 로디가 등장합니다. 인간의 감성을 지닌 로봇은 인간성이 상실되어가는 우리의 현실을 우회적으로 비판하는 사물이라고 할 수 있습니다.

결론적으로, 〈뽀로로〉의 배경인 냉대 타이가 지역에는 지구온난화, 판의 영향에 의한 대륙 이동, 해류의 영향으로 모이게 된 남극 한대 기후(EF) 출신의 뽀로로와 패티, 한대 기후(ET 및 EF) 출신의 포비, 냉대 기후(Df) 출신의 비버 루피, 온대 기후(Cfa) 출신의 해리, 건조 기후(BW) 출신의 에디와 통통이(드래곤), 열대 기후(Af)와 아열대(Cw) 기후 출신의 상어, 크롱, 그리고 외계인 등의 등장 동물들이 함께 평화로이 살아가고 있습니다. 그러나 이러한 평온 상태는 이들의 먹이사슬 관계를 살펴보면 그리 오래가지 못할 것임을 알 수 있습니다. 뽀로로와 패티는 상어에게, 루피와 해리는 에디에게, 에디는 포비에게, 포비는 크롱에게, 크롱은 머지않아 인간에게 잡아먹히는 안타까운 먹이사슬의 관계가 형성되어 있기 때문입니다. 언젠가 이들의 가지고 있는 동물적 본능이 살아나는 날, 아슬아슬한 평온 상태를 유지하고 있는 뽀로로 마을은 사라져버릴지도 모를 일입니다.

애니메이션,
세상을 재해석하는 마법의 거울

　'애니메이션(animation)'은 움직임이 없는 대상에 인위적인 조작을 가해 생명력이 존재하는 것처럼 만드는 행위입니다. 영혼을 뜻하는 라틴어 단어인 'anima'에서 그 기원을 찾을 수 있죠. 즉 그림에 영혼을 불어넣은 것이 애니메이션이라 할 수 있겠습니다. 따라서 한 편의 애니메이션을 이해하기 위해서는 그 작품이 어떠한 자연적, 문화적 환경에서 만들어지게 되었는지 꼭 생각해봐야 합니다. 애니메이션 속에서 활약하는 여러 캐릭터들은 비록 사람이 창조해 낸 것이긴 해도, 그들의 속성은 우리의 일상 어디에서인가 찾아볼 수 있는 살아 있는 것들이죠. 그렇다면 애니메이션이 담아내고 있는 세 가지 측면을 중심으로 애니메이션의 스토리를 살펴보겠습니다.

　우선 인간과 자연의 관계입니다. 〈이웃집 토토로〉, 〈센과 치히로의 행방불명〉 등의 애니에 담겨진 생각인데, 인간과 자연의 긍정적 상호작용이 중요하다는 것이 이 작품들의 공통적인 가치입니다. 〈이웃집 토토로〉에서 '토토로'는 숲에서

〈이웃집 토토로〉 포스터(좌)와 토토로 나무(우). 〈이웃집 토토로〉의 배경이 된 숲은 지역 주민들의 노력으로 개발을 피해 '토토로의 숲'으로 보존되고 있습니다.

살고 있으며 아이들의 눈에만 보이는 태고의 생물로 설정되어 있습니다. 이러한 설정은 토토로와 함께 놀고 싶다는 아이들의 마음을 강하게 자극했을 것입니다. 그래서 이 애니메이션의 배경이 되었던 숲이 개발되려 했을 때, 아이들의 꿈을 지켜주려는 지역 주민들과 환경단체 '내셔널트러스트'는 이 숲을 '토토로의 숲'이라는 지역 유산으로 규정하여 보존하는 데 성공합니다.

또한 〈센과 치히로의 행방불명〉에서는 다양한 신들과 귀신들의 행동을 통해 인간과 자연의 관계를 묘사하고 있습니다. 주인공인 치히로는 마녀 오바바가 운영하는 귀신 전용 목욕탕에서 일하던 중 쓰레기에 오염된 강의 신의 목욕을 도와주게 됩니다. 심한 오물 냄새와 함께 질척한 오염 물질에 뒤덮인 채 나타난 강의 신은 치히로의 도움을 받아 탕 속에 몸을 담그게 되죠. 이때 치히로는 강의 신의 몸에 꼬챙이 같은 것이 박혀 있는 것을 보고 그것을 잡아당겨 뽑아

냅니다. 그러자 강의 신은 지금까지 몸속에 쌓여 있던 온갖 종류의 쓰레기들을 한꺼번에 토해내면서 본래의 날렵하고 깨끗한 모습으로 변신하게 됩니다. 치히로 덕분에 깨끗이 몸을 씻어낸 강의 신은 답례로 목욕탕에 많은 양의 금을 뿌리고 갑니다. 이는 인간과 자연의 긍정적 상호작용이 중요하다는 생태학적 입장을 강조한 것으로 볼 수 있겠죠.

다음으로 실재하는 지역의 정보들을 잘 활용하여 스토리를 엮은 애니메이션에는 어떤 것들이 있을까요? 〈Let It Go〉라는 주제가를 앞세

〈겨울왕국〉의 배경이 된 베르겐은 노르웨이 서남부 해안의 깊숙이 들어간 피오르에 위치하며, 수도 오슬로 다음으로 큰 도시로 인구는 약 25만 명입니다.

워 전 세계적으로 크게 흥행한 〈겨울왕국〉이 모범 사례라고 할 수 있겠습니다. 〈겨울왕국〉은 노르웨이의 관광 도시 '베르겐'을 배경으로 제작되었습니다. 빙하가 흔히 관찰되고 순록을 기르는 타이가 삼림 지역의 문화와 환경을 적절하게 배치해, 눈 덮인 곳에서만 겪을 수 있는 상황이나 어려움 등을 잘 표현해냈습니다. 물론 엘사와 안나, 한스 등 주인공들의 활약상이 가장 중요하지만, 썰매, 얼음 마법, 얼음성, 눈보라 등의 요소들이 없다면 〈겨울왕국〉은 탄생할 수 없는 이야기가 되었을 것입니다.

〈라이언 킹〉의 티몬과 품바는 사바나 초원에 사는 동물들인 미어캣과 흑돼지를 캐릭터화한 것으로, 작품에 사실감을 높여주는 역할을 했습니다.

디즈니의 애니메이션 〈라이언 킹〉은 열대 사바나의 초원을 배경으로 정글의 이미지를 느낄 수 있게 해줍니다. 특히 동물의 대이동이나 특수한 생태계 등을 적절히 시각화한 부분을 보면 해당 지역에 가보고 싶은 마음까지 들죠. 이 애니메이션에서 조연을 담당했던 미어캣 티몬과 흑돼지 품바는 주인공인 심바보다 더 주목을 받은 캐릭터이기도 합니다. 또한 티몬과 품바가 불렀던 노래 〈하쿠나 마타타*Hakuna matata*〉는 스와힐리어로 '걱정거리가 없다'는 뜻입니다. 이 문구는 어려운 상황이 왔을 때 직장인들, 학생들이 간간이 되뇌며 자기 최면을 거는 데 사용되기도 했습니다.

〈알라딘〉은 건조 지역의 문화적인 요소들을 세밀히 연구하고 적용해 성공을 거둔 애니메이션입니다. 특히 이슬람 문화권에 등장하는 지도자인 '술탄'을 잘 묘사하고, 건조 기후 지역의 금기들을 보여주기도 했습니다. 예를 들어 여주인공 재스민 공주는 난생처음 궁 밖을 나와 평민으로 위장한 다음 시장을 둘러보게 됩니다. 이때 사과가 먹고 싶은데 돈이 없던 아이에게 아무 생각 없이 노점의 사과 하나를 집어 먹으라고 줍니다. 그러자 노점 주인은 "도둑질을 했으니 벌을 받아야 한다"며 재스민 공주의 손목을 자르려고 칼을 꺼내 들죠. 물론 이때 주인공인 알라딘이 공주를 구해주게 됩니다. 사실 건조 지역의 경우 생활환경이 매우 가혹하기 때문에 절도는 매우 엄격하게 다뤄지는 범죄입니다. '눈에는 눈, 이에는 이'라는 함무라비 법전식의 처벌을 아주 완곡하게 묘사함으로써 이 애니메이션은 극적인 느낌을 강화할 수 있었습니다. 이처럼 지역마다 다른 여러 가지 볼거리를 가공하고 그에 관련된 세밀한 설정들을 통해 관객에게 리얼리티에 기반을 둔 '사실적인 판타지'를 보여줄 수 있답니다.

또한 과학적인 요소, 혹은 신화를 과학과 접목시켜 만들어낸 SF 애니메이션이나 영웅 애니메이션들도 있습니다. 우선 일본 작가 다나카 요시키의 『은하영웅전설』이라는 소설을 기반으로 만든 동명의 애니메이션이 있습니다. 서로 대립하는 두 세력의 주인공인 연합군의 양 웬리와, 제국군의 라인하르트는 우주 전함들로 구성된 부대를 지휘하면서 다양한 행성들, 블랙홀, 유성우 등을 활용해 전투를 벌입니다. 특히 전함들에 신화 속 존재의 이름을 붙임으로써 전투에서 승리하기를 기원하는 고대 신앙적 요소를 첨가했습니다. 예를 들어 양 웬리의 기함인 '히페리온'은 태양신을 의미하고, 라인하르트의 기함이자 '순백의 귀부인'이란 뜻의 '브륜힐데'는 북유럽 신화의 여전사인 용맹한 발키리 전사로부터 따온 것입니다. 이 밖에도 거대한 광선포를 쏠 수 있는 행성 요새인 '이젤론'은 실제 독일의 도시인 '이젤론(Iserlohn)'에서 따온 것이며, 광선포의 명칭 또한 '토르 해머(뇌신의 망치)'입니다. 그리스 신화의 율리시스는 굴하지 않는 인물로도 알려져 있는데, 애니메이션에 등장하는 '율리시스'라는 전함 또한 수십 차례의 전투에서도 살아남도록 설정하고 있습니다. 이처럼 신화적인 요소들을 사용함으로써 우주 전쟁을 신들의 전쟁처럼 큰 스케일로 느껴지게 만들어내고 있습니다.

〈베오울프〉와 같은 애니메이션은 오래된 서사시를 가공하여 제작한 것입니다. 주인공 베오울프는 스웨덴 출신의 영웅인데, 스웨덴을 포함한 북유럽 지역 사람들은 추운 날씨와 그리 좋지 않은 환경을 극복하기 위해 침략과 사냥 등을 할 수밖에 없었습니다. 그래서인지 이 지역의 신화나 전설에는 전투를 통해 자아를 성취하는 내용이 많죠. 애니메이션 〈베오울프〉는 이러한 스토리에 기반을 두고 다양한 액션 신을 만듦으로써 인기

일본 애니메이션 〈3X3 아이즈〉는 힌두교 3대 신인 시바신에서 모티프를 따왔습니다.

를 끌었던 작품입니다.

　인도 신화의 여러 개념과 캐릭터들을 다룬 애니메이션인 〈3×3 아이즈〉는 시바 신의 부인 파르바티가 자신의 생명을 후지 야크모라는 평범한 일본인에게 나누어주면서 시작됩니다. 인간이면서 신과의 싸움을 견뎌내야 하는 주인공 야크모는 다양한 정령들을 길들이면서 자신과 생명을 나눈 파르바티를 지켜내게 되죠. 참고로 인도는 다신교의 나라이며 힌두교와 관련된 신화의 특성상 남녀의 구분이 모호한 경우가 많습니다. 여성인 파르바티와 남성인 야크모의 생명 공유는 이러한 힌두교의 특성을 따온 것인데, 인구가 많고 종교 자체의 교리에 해석의 유동성이 많다 보니 애니메이션에는 뭔가 복잡한 상관관계가 연속됩니다. 결정적으로 주인공인 파르파티는 제3의 눈이 열렸을 때 괴력을 보여줍니다. 이는 힌두교의 3대 신인 시바의 이마에 있는 제3의 눈에서 따온 모티프이며, 제3의 눈은 인간을 초월한 인지력의 발현을 의미합니다.

　이와 대조적으로 일본의 무사들을 메카닉으로 변환시켜 만들어낸 〈기동전사 건담〉 시리즈는 잔가지가 많은 복잡한 역사를 단순화시키기 위해 사무라이들의 대결 구도를 도입합니다. 건담이라는 로봇의 머리 부분을 보면 얼핏 임진왜란 당시 고니시 유키나가(小西行長)나 가토 기요마사(加藤淸正)와 같은 일본 장수들의 투구가 생각납니다. 그리고 시리즈가 거듭될수록 다양한 무기들과 일본식 갑주를 갖춘 로봇들이 등장하죠. 또한 '무사 건담' 같은 문화적 색채가 짙은 로봇의 이름도 등장합니다. 그럼에도 불구하고 일본 문화와 전통적인 갑주 등을 현대에 맞게 변형시켜 만들어낸 이 애니메이션은, 복잡한 일본의 문화와 역사를 매력적으로 변형시켰다고 평가받습니다. 그래서 국내에도 건담 마니아층이 형성되어 있죠.

오늘날의 애니메이션은 점점 더 실사와 가까워지고 있습니다. 실제보다 더 실제 같은 인체 묘사는 물론이고, 주인공들이 활동하는 지역과 장소 또한 매우 정밀하게 표현됩니다. 결국 현실 세계의 장소와 신화 속 상상의 장소, 그리고 각국의 자연환경과 문화 요소들을 얼마나 합리적으로 접목시키느냐의 여부가 더 중요해졌습니다. 아울러 현실 속에 존재하는 그림 같은 장소들을 탐구하는 일의 필요성도 커졌습니다.

〈꽃보다 남자〉라는 드라마의 한 장면은 그 이유를 설명해주고 있습니다. 〈꽃보다 남자〉는 원래 인기리에 발간되었던 만화를 원작으로 만든 애니메이션이었습니다. 이 작품은 연애와 사랑 등의 감정 흐름을 주로 다루긴 하지만, 주인공들의 데이트 장소를 발굴하고 설정하는 것도 중요한 과정입니다. 이를 위해서는 지역에 대한 연구가 꼭 필요하죠. 한국에서 리메이크된 드라마 〈꽃보다 남자〉에 등장했던 누벨칼레도니 섬의 '보의 하트'는 F4인 구준표가 금잔디에게 사랑 고백을 했던 장소였고, 방영 이후 한동안 온라인에서 가장 많이 검색된 사진 중 하나가 되었습니다. 이처럼 지역을 활용한 사건의 전개는 애니메이션에서 더 자유롭습니다. 따라서 앞으로 제작될 다양한 애니메이션들은 실제 세계의 정확한 분석을 통해 더욱 생동감 있게 다가올 수 있을 것입니다.

애니메이션의 세계는 무궁무진한 가능성으로 가득 차 있습니다. 컴퓨터그래픽의 도움을 받아 제작되는 정확한 비율의 인체와 사물들, 그리고 사건이 발생하는 장소들의 현장감은 '저런 세계가 정말 존재할 수도 있겠다'는 상상을 불러일으킵니다. 다양한 지역의 정확한 정보들을 적절히 조합하여 상상과 현실의 괴리감을 줄여나가는 과정이 바로 진일보한 애니메이션의 영역이 되어야 하지 않을까요?

'LOL'이 대체 무슨 게임이기에

게임을 즐기지 않는 사람도 '리그 오브 레전드(League of Legends, 이하 LOL)' 라는 이름은 들어보신 적이 있을 겁니다. 이 게임이 유명해진 원인에는 마케팅 효과나 세계대회 개최, 각종 이벤트 등이 있지만, 무엇보다 일반 대중에게 관심 을 끈 것은 바로 '롤 하는 남자친구'라는 키워드가 이슈가 되면서부터였습니다. 인터넷 검색 사이트에 '롤 하는 남자친구'라고만 검색해도 각종 고민 글들이 보 이는데, "LOL 하는 남자친구 어떻게 해야 하나요?", "남자친구가 LOL만 하면 연락이 안 돼요" 등 연인과의 관계 유지에 많은 장애를 일으키는 게임이 바로 LOL인가 봅니다.

그렇다면 대체 LOL이 어떤 게임이기에 속세와 단절(?)하면서까지(심지어 여자 친구도 외면하고!) 몰입하게 되는 것일까요? LOL에 몰입하게 되는 이유는 이 게 임이 지니고 있는 세계관의 설정 때문입니다. 플레이어들은 '소환사'라는 명칭을 부여받아, 합법적으로 자신들의 챔피언을 조종해 각종 주문을 시전하거나 전략을 짜고 결국 승리하여 게임 속 세상의 주인공이자 지배자가 될 수 있습니다.

LOL의 배경이 되는 곳은 바로 '발로란'이라는 대륙입니다. 역사 속에 있었던 수많은 전쟁이 대륙을 차차 멸망으로 이끈다는 공통된 생각을 바탕 삼아, 발로란의 정치적 분쟁을 평화적으로(?) 해소하기 위한 단체, 즉 '리그 오브 레전드' 를 만들게 됩니다. 소환사들은 챔피언을 소환하고 주문을 사용하여 상대팀의 넥서스를 파괴하여 룬테라의 정치적 갈등을 해결함과 동시에 모든 힘과 명예, 영광을 누리게 되죠. 게임에서 말하는 '소환사'가 바로 게임을 즐기는 플레이어 들입니다.

지리적으로 생각해보면 발로란 대륙 곳곳에 자연 지리적, 인문 지리적 특성

LOL 세계관의 기본이 되는 LOL 지도

들이 나타나 있습니다. 다양한 지역에 그 지역의 특성을 잘 반영하고 있는 챔피언과 챔피언들이 사용하는 스킬(기술)들이 녹아 있다는 말입니다.

대륙 내에서 가장 북쪽에 있는 프렐요드를 살펴보겠습니다. 애니비아, 세주아니, 애쉬, 누누, 볼리베어, 트린다미어 등은 프렐요드라는 곳에 고향을 두고 있는 챔피언들입니다. 그럼 챔피언의 이미지를 보고 프렐요드는 어떤 곳일지 한번 맞혀볼까요? 챔피언들은 발로란 대륙에서도 북쪽 추운 곳, 우리 세계로 치면 냉한대 기후와 관련되어 있습니다. 실제로 이곳의 챔피언들은 얼음 화살, 얼음 덩어리, 냉기 폭발 등 대부분 차가운 얼음과 눈에 기반을 둔 스킬을 보유하고 있습니다.

프렐요드의 동남쪽에는 필트오버와 자운이라는 지역이 있습니다. 이곳은 상

프렐요드가 고향인 세주아니의 의상과 배경에서
프렐요드가 북쪽에 위치한 추운 지역임을 알 수 있습니다.

대적으로 중위도에 해당하며 도시화와 문명이 가장 발달한 곳입니다. 필트오버는 평화, 질서, 진보를 상징하는 치안이 훌륭한 도시로서, 이곳의 치안을 담당하는 케이틀린과 바이, 그리고 천재 과학자 제이스의 고향이지요. 특히 제이스는 과학기술의 정수인 '머큐리 헤머'라는 무기를 바탕으로 게임 안에서 종횡무진 활약하고 있습니다. 반면 자운은 각종 마법 실험, 생체 실험, 화학 실험 등이 행해지는 과학과 화학의 도시입니다. 문도 박사, 신지드, 빅토르, 블리츠크랭크의 고향이지요. 자신의 신체를 실험 대상으로 삼아 온갖 약물과 기계 등을 접목시킨 기술들을 활용합니다. 문도 박사의 가학증, 신지드의 광기의 물약, 빅토르의 죽음의 광선, 블리츠크랭크의 로켓 손 등이 대표적입니다. 현실 세계에서도 기후가 온화한 중위도 지역에는 도시화와 문명화가 가장 많이 진전된 선진국들이 대거 분포하고 있습니다.

슈리마 사막이라는 지역을 찾아볼까요? 이곳은 말 그대로 건조 기후 중 사막과 관련된 곳입니다. 이곳의 람머스, 나서스, 아무무, 레넥톤, 아지르, 렉사이는 사막 기후에 기반을 둔 특성과 스킬들을 보유하고 있습니다. 특히 나서스나 아지르, 아무무, 레넥톤 등은 고대 이집트 신화에 모티프를 두고 만들어졌다고 하니 사막의 특성이 더욱 강하다고 할 수 있지요.

아이오니아라는 섬은 평화와 균형을 중시하는 곳입니다. 이곳의 3대 닌자 쉔, 아칼리, 케넨이 아이오니아를 대표하는 챔피언이지요. 이외에도 리신, 이렐리아, 소라카, 카르마 등 비폭력을 사랑하는 콘셉트를 지닌 챔피언들의 고향이기도 합니다.

LOL의 한국형 챔피언인 한복 아리(좌)와 신바람 탈 샤코(우)는 한국의 게이머들을 위해 한국 문화를 반영한 캐릭터들입니다. LOL은 지형, 기후적 요소뿐만 아니라 문화적 요소까지 고려하여 게임을 구성하고 있습니다.

게임을 즐기는 방법에는 여러 가지가 있지만, 이처럼 게임 속 스토리를 살펴보며 각 챔피언들이 가지고 있는 특성을 지리적인 환경에 근거해서 살펴보는 일은 또 다른 재미가 될 것입니다.

한 가지 더! LOL은 실재하는 여러 가지 요소들을 반영하여 각종 이벤트를 개최합니다. 특히 우리나라는 e스포츠가 발달한 곳으로, 2014년에는 'LOL 월드 챔피언십(일명 롤드컵)'이라는 게임대회를 개최한 바 있습니다. 2011년 LOL 한국 서버 오픈을 기념하며 나온 '아리'가 대표적인 챔피언인데, 캐릭터가 굉장히 익숙한 느낌입니다. 아리는 바로 드라마 〈전설의 고향〉에서 많이 봐왔던 구미호입니다. 재미있는 점은 이 LOL의 개발회사인 '라이엇 게임즈'의 한국지사가 2012년 아리 챔피언의 판매 금액인 5억 원과 한국 서버 1주년 기념 스킨 '신바람 탈 샤코'와 '한복 아리'의 판매 금액인 6억 원을 한국의 문화유산 보존 기금으로 기부했다는 것입니다. 사회적 기업과 같은 활동을 하는 라이엇 게임즈 코리아의 대활약이 앞으로도 기대됩니다.

이외에 2011년 폴란드 서버 오픈 기념의 '윙드후사르 신짜오(폴란드의 기마 군단)', 2012년 그리스 서버 오픈 기념의 '여신 카시오페아(그리스 신전이 배경)', 2012년 터키 서버 오픈 기념의 '트린다미어', '술탄 갱플랭크', 2012년 태국 서버 오픈 기념의 '무에타이 리신', 2013년 이탈리아 서버 오픈 기념의 '검투사 드레이븐', 2013년 러시아 서버 오픈 기념의 '곰기병 세주아니' 등 다양한 형태로 각 국의 문화와 전통을 반영한 게임을 만들어나간다는 점에서, 리그 오브 레전드는 더욱 흥미를 유발하고 있습니다.

새로운 오락 문화를 선도하는 컴퓨터 게임, 특히 점차 세계인의 게임이 되어가는 LOL에서 지리적, 역사적인 내용들을 찾아내 공부해본다면 더욱 교양 있게 게임을 즐기는 게이머가 될 수 있지 않을까 생각해봅니다.

놀이(게임)는 인간의 본능으로 취급되기도 합니다. '호모 루덴스(유희적 인간)'라는 말도 있듯이 사람들은 특별한 목적 없이 신체나 도구를 가지고 장난을 치면서 시간을 때우기도 하죠. 인간 DNA의 한 부분을 구성해왔던 놀이는 기술 발달에 발맞추어 매우 다양하게 만들어지고 있습니다. 특히 요즈음은 사실적인 설정과 자료들을 바탕으로 더욱 몰입도 높고 오감을 자극하는 화려함과 재미를 겸비한 컴퓨터 게임들이 놀이의 큰 부분을 차지하고 있습니다. 놀이의 패러다임이 바뀌고 있는 것이죠.

게임의 장르는 크게 시뮬레이션, 롤플레잉, 슈팅과 액션으로 나뉩니다. 우선 슈팅과 액션 게임은 매우 단순합니다. 화면상에 등장하는 적들을 다양한 방법으로 없애면 게임의 목적을 달성할 수 있습니다. 롤플레잉 게임은 자신이 주인공이 되어 다양한 형태의 모험을 치르는 것이기 때문에 슈팅이나 액션 게임보다 훨씬 복잡하죠.

우선 롤플레잉 게임은 '특정한 세계'를 설정한 다음 그 세계의 구석구석에 마련되어 있는 이벤트와 목표를 달성해나가야 합니다. 예를 들면 '인질을 구하기 위해서는 감옥 열쇠를 만들 수 있는 재료가 필요하니, 이를 위해 바닷가에서 종종 발견되는 식인 상어의 이빨을 구하라'와 같은 임무가 바로 그것입니다. 이 때 제작자와 플레이어 모두가 고려해야 할 것은 여러 가지 자료들의 적절한 적용입니다. 우선 현실 세계에 존재하는 정보, 고대 지리서인 『산해경』에 등장하는 여러 가지 상상의 존재들, 세계의 다양한 신화와 상징 속에서 발견할 수 있는 특이한 소재들을 적절히 조합하여 캐릭터를 만들어야 합니다. 다음으로 칼과 방패에서부터 총과 광선검에 이르기까지 시대와 지역의 특성을 반영한 다양한 도구들을 구상해야 하지요. 그리고 주인공이 모험의 목적을 달성하기 위해 무찔러야 할 개성 있는 적 캐릭터들을 설정하는 것이 필요합니다. 이때 게임 진행 과정에서 거치게 되는 여러 지역의 특성에 맞는 사건들을 결정하고, 이에 필

〈파이널판타지〉 시리즈는 실제와 비슷한 배경을 황홀하게 표현하여 게임의 재미를 더하고 있습니다.

요한 캐릭터들의 균형을 조절하는 것은 매우 중요합니다. 가령 게임 속에서 늪지대를 지나고 있는데 갑자기 사막에서만 볼 수 있는 적들이 몰려올 경우, 늪지대의 속성에 맞춰 장비를 준비한 플레이어들은 큰 피해를 보게 될 테고, 그러면 게임을 접고 싶어지죠.

그래서인지 꾸준히 인기를 끌고 있는 게임의 공통점은 게임이 진행되는 공간의 구조와 속성을 다각적으로 분석하여 만들었다는 데 있습니다. 각기 다른 환경을 가진 행성의 지형을 최대한 활용하여 적을 제압하는 '스타크래프트', 가상 대륙의 지형을 3D로 처리하여 실제 전장의 느낌을 자아냄과 동시에 대규모 전투가 가능하도록 한 'WOW(월드 오드 워크래프트)', 테러 집단의 본거지와 실제 사용되는 총기들을 세밀하게 묘사함으로써 플레이어에게 긴장감과 몰입감을 선사하는 '서든 어택', 시선을 떼어놓을 수 없을 만큼 황홀하게 만들어진 세계 속에서 아름다운 스토리로 무한 감동을 주는 '파이널 판타지' 시리즈가 대표적인 걸작 게임들입니다. 이 밖에도 일본 고에이 사의 시뮬레이션 게임인 '대항해시대' 시리즈의 경우 무역을 통해 세력을 강하게 만드는 시스템을 도입했습니다. 특히 어떤 상품의 가치를 지역과 국가마다 다르게 설정해두었기 때문에 플레이어는 여러 지역의 특산품을 철저히 조사하여 최대한의 이익을 낼 수 있는 루트를 개척해야 합니다. 이 게임 덕분에 세계 지리의 중요성과 인기가 치솟았던 적이 있었죠. 실제로 대항해시대에 몰입했던 플레이어들 가운데 적지 않은 수가 세계지도상의 주요 항구와 국가별 특산물을 달달 외웠다고 합니다. 이를 통해 볼 때 게임 제작 시 지역별 자연환경 및 인문환경에 대한 연구가 얼마나 중요한지 알 수 있습니다.

최근에는 네트워크를 통해 진행되는 온라인 게임이 강세를 보이고 있습니다. 이러한 게임에서는 특히 게임 균형 조절이 매우 중요합니다. 주로 컴퓨터의 인공지능을 상대로 진행되는 형태의 시뮬레이션 게임과는 다르게 네트워크 게임은 플레이어들의 수준에 따라 승패가 갈리게 됩니다. 이때 플레이어들이 실력으로 승부할 수 있는 이상적인 환경이 조성되지 않으면 온갖 불만이 터져나오죠. 한 예로 전략 시뮬레이션 게임인 스타크래프트의 경우 등장하는 종족 간의 상성을 맞추기 위해 수십 차례의 업데이트를 진행했습니다. 이 과정에서 종족별 유닛들의 이동 속도, 인공지능, 무기의 위력과 특수효과 등의 균형이 최적화되었습니다. 그리고 플레이어들은 게임 속 유닛들의 운영 능력에 따라 승패가 결정되는 공정한 승부를 만끽할 수 있게 되었습니다. 이러한 균형 조절의 노력은 이 게임의 인기가 무려 10년 이상 지속될 수 있게 한 일등공신이었죠.

또 다른 사례로 '블레이드 오브 소울'이라는 온라인 롤플레잉 게임이 있습니다. 이 게임은 플레이어가 직접 자신의 아바타를 디자인할 수 있습니다. 음양오행설을 적용하여 자신이 원하는 속성과 종족을 선택하고, 기본적으로 생성된 캐릭터의 외관을 플레이어의 취향에 따라 변형시킨 다음 게임을 시작하게 됩니다. 이를 '커스터마이징(customizing)'이라고 합니다. 플레이어들은 생성된 캐릭터에 자신의 성격을 이입시키면서 게임에 몰입하게 되죠. 세상을 구성하는 다양한 요소들을 더 많이 알수록 보다 독창적이고 개성 있는 나만의 아바타를 만들 수 있습니다.

온라인 게임에 접속하는 것은 국적을 초월하는 시도에 해당됩니다. 다른 나라 사람들과 함께 네트워크에 접속하여 게임을 하다 보면, 국적별로 게임을 하는 스타일이 차이가 납니다. 매뉴얼에 준하여 게임을 하는 일본인, 마니악한 유럽인과 미국인, 이길 수 있는 전술을 잘 구사하는 한국인들 사이에서 자신과 성격이 비슷한 집단을 골라볼 수도 있습니다. 또한 국가별 시차에 따라 플레이할 시간을 고려해야 한다는 점도 중요합니다.

이제 게임은 현대인들의 가장 대중적인 놀이로 자리매김하고 있는 동시에, 계속해서 실제 삶 속으로 영역을 넓혀가고 있습니다. 게임 속 등장인물을 재현하는 코스튬 플레이(코스프레)는 이제 하나의 문화적 아이콘으로 인정받고 있으며, 많은 이들이 실패를 예견했던 e스포츠는 프로게이머라는 새로운 직업을 정착시키면서 수많은 아이돌 게이머들을 배출해내고 있습니다. 그리고 미래에는 꿈을 꾸는 형태로 게임 속에 로그인할 수 있는 MMO RPG의 세계에서 모험을 즐기는 날이 올 수도 있을 것입니다. 앞으로 보다 즐겁게 게임을 즐기기 위해서 지금 세상의 이모저모를 한눈에 볼 수 있는 세계지도를 눈앞에 펼쳐보는 것은 어떨까요? 게임의 세계에 등장하는 모든 요소들은 우리가 살아가는 실제 세계의 요소들을 기반으로 하며, 적절한 혼합 과정을 거쳐 재탄생한 것들인 경우가 많기 때문입니다.

'김여사'가 없는 나라, 사우디아라비아

언제부터인가 우리 귀에 익숙해져버린 단어가 하나 있습니다. 이름 하여 '김여사'인데요. '김여사'는 처음에는 '운전이 미숙한 여성'을 가리키는 말이었으나, 차차 여성 운전자 전체를 비하하는 부정적인 단어로 바뀌어버렸습니다. "여성은 남성보다 공간 지각력이 현저히 떨어져서 운전을 잘하지 못한다"는 것이 '김여사'라는 용어가 등장한 가장 그럴싸한 이유 중 하나입니다.

과거에는 여성 운전자가 지극히 드물었습니다. 상대적으로 차를 탈 기회가 많았던 남성들은 운전 방법이나 규칙, 법규 등의 정보를 여성보다 쉽게 나누고 접할 수 있었습니다. 그렇기에 운전에 대해 여성보다 더 많이 알게 되었고, 운전이 남성 전유물의 상징이 되었던 것 같습니다. 운전 실력은 남녀의 성별 차이가 아니라 운전 경력이 얼마나 오래되었느냐에 따라 달라진다는 점을 간과한 것이죠. 그렇기에 요즈음 사회적인 양심은 여성 운전자의 동영상뿐 아니라 남성 운전자들의 미숙한 동영상까지 같이 꼬집어 말하기도 합니다.

　그런데 운전이 여전히 '남성들만의 전유물'로 여겨지는 곳이 있습니다. 바로 사우디아라비아입니다. 사우디아라비아 하면 석유의 나라, 부자의 나라, 무지막지하게 더운 나라라고만 알고 계시는 분들이 많습니다. 그런데 사우디아라비아에 정말 사막이 끝없이 펼쳐지고 그 위에 낙타가 줄줄이 지나가며 오아시스 주변에 마을이 옹기종기 모여 있을까요? 물론 아주 틀린 말은 아닙니다만, 고속도로가 뻗어 있고 주변에 나무가 심어져 있으며 분수가 나오고 높은 빌딩들이 으리으리하게 솟아올라 있는 경관도 흔히 볼 수 있습니다. 이 모든 게 바로 모래 밑의 선물인 석유 덕분이겠죠. 기반 시설도 제대로 갖추어져 있고, 어느 정도 잘 먹고 잘살게 되면서 과거 부의 상징이었던 낙타는 이제 필요 없어졌습니다. 대신 자동차로 이동수단이 바뀌게 되었죠. 자동차의 종류와 소유 대수가 그곳 사람들의 부의 정도를 가늠하는 기준이 되었습니다.

　사우디아라비아에서의 운전은 목숨을 내놓고 해야 하는 위험한 일일 수도 있습니다. 법규도 제대로 지켜지지 않고 매우 난폭하게 운전할뿐더러 또 달리는 건 어찌나 빨리 달리는지요. 도로 위에 속도 제한 표지판도 있고 과속(시속 120킬로미터)을 하면 경보음이 울리는데 이 또한 지긋이 무시하고 달립니다. 누가요? 운전을 하는 사우디 남·성·들·이 말이죠.

그럼 사우디아라비아에서 여성은 운전을 안 한다는 뜻일까요? 아니면 그 나라 여성들은 운전을 정말로 침착하고 조신하게 잘한다는 뜻일까요? 사우디아라비아에서는 여성들이 운전하는 것을 법적으로 금하고 있습니다. 사우디아라비아는 이슬람 국가 중에서도 극도로 보수적인 국가 중 하나입니다. 이 나라에서는 영화, 무용, 음악 등 일체의 문화 활동도 금지되어 있습니다. 여성들은 외출 시 몸과 얼굴을 노출하면 안 되고, 여행과 투표 활동 등의 기본적인 권리조차 주어지지 않을 정도로 이슬람 율법을 아주 엄격하게 적용합니다. 심지어 여성들의 병원 방문도 반드시 남성이 동행해야만 가능하다고 합니다. 그렇기 때문에 운전 또한 남성들만의 특권이 되었습니다. 성직자들은 여성이 운전을 하면 결혼생활 파탄, 출산율 저하, 간통 증가로 이어진다고 주장합니다.

최근에는 여성들도 운전을 하게 해달라는 목소리가 조금씩이나마 커지고 있는 상황입니다. 자문기관에서는 이에 따라 여성의 운전과 관련한 권고사항을 내놓기도 했습니다. 첫 번째로 운전 시간은 일요일부터 목요일 오전 7시에서 저녁 8시까지, 금요일과 토요일은 정오에서 오후 8시까지입니다. 두 번째, 운전할 때는 히잡을 착용해야 하며 화장도 해서는 안 된다고 합니다. 한국에서는 가끔 운전을 하면서 화장을 고치는 여성 운전자도 있는데, 사우디아라비아에서라면 그냥 잡혀가겠네요(물론 잡혀가지 않는다고 해도 운전 중 화장은 정말 위험한 일입니다). 세 번째는 시내에서는 여성 혼자 운전을 할 수 있으나, 시내를 벗어나면 남성이 조수석에 동반해야 한다고 명시되어 있습니다. 또한 여성 운전자는 반드시 30세 이상이어야 하며, 아버지나 남자 형제의 허락을 받아야만 운전을 할 수 있다고 합니다. 물론 권고사항일 뿐 시행되고 있지는 않지만, 사우디아라비아에서 여자가 운전을 하는 것은 여간 번거로운 일이 아닙니다.

얼마 전 유튜브에 사우디아라비아의 한 여성이 히잡을 두른 채 당당히 운전하는 자신의 모습을 올렸다가 태형 10대의 처벌을 받기도 했습니다. 이 사건이 발생한 뒤 사우디아라비아 여성 40여 명이 운전을 하며 동조 시위를 벌이기도 했습니다. 그 이후로 외국에서 면허증을 딴 사우디아라비아 여성들과 인권단체들이 간헐적인 시위를 지속하고 있습니다.

사우디아라비아 여성의 운전을 지지하는 페이스북 캠페인

이슬람 사회 안에서 개인의 자유와 여성의 권리는 조금씩 향상될 것입니다. 언젠가 이슬람 국가의 여성들이 면허증을 발급받고 자유롭게 운전하는 모습을 볼 수 있는 날이 오겠죠? 물론 난폭하게 차를 모는 것으로 유명한 이 지역에서 여성들이 편안하게 운전할 수 있을지는 미지수이지만 말입니다.

이탈리아 피자를 표방하는 피자 박스에 헝가리 국기가 그려져 있습니다.

몇 년 전 국내 어느 마트에서 '1만 원대 저렴한 가격의 이탈리아 즉석 피자'를 판다고 했다가 곤욕을 치른 적이 있었습니다. 일반 피자 사이즈 33센티미터보다 훨씬 큰 45센티미터의 대형 피자를 단돈 11,500원에 판매한다고 하니 불티나게 팔렸지요. 콤비네이션, 불고기, 디럭스(치즈) 등 세 종류의 맛을 고를 수 있어 소비자 입장에서 선택의 폭도 넓었던 이 피자가 왜 곤욕을 치렀을까요? 그 비밀은 바로 왼쪽 피자 박스 사진에 있습니다. 사진에 표시된 국기는 어느 나라의 국기일까요? 얼핏 보면 이탈리아 국기 같지만, 실은 헝가리의 국기입니다. 이탈리아 국기는 녹색, 흰색, 빨간색이 세로로 배열되는데, 헝가리 국기는 같은 색깔이 가로로 배열돼 있는 것이 특징이죠. 해당 마트에서 이탈리아와 헝가리의 국기를 구분하지 못해 벌어진 해프닝이거나 인쇄 과정에서 발생한 오류겠지만, 여기에

이탈리아 국기(좌)와 헝가리 국기(우)

는 비슷한 삼색기가 불러온 혼동도 한몫했을 겁니다. 일부 소비자들은 헝가리 피자를 이탈리아 피자로 속여서 팔았다고 흥분을 하며 해당 마트에 보상을 요구하기까지 했다는군요.

유럽은 물론이고 전 세계에는 삼색기를 국기로 삼는 나라가 꽤 많습니다. 세계에서 가장 많은 유형의 국기인 셈이죠. 그렇다면 왜 많은 국가들이 삼색기를 채택하게 된 것일까요? 1789년 "공화국을 위해 흩어지지 말고 단결하라. 자유와 평등, 박애가 아니면 죽음을 달라"라는 메시지 아래 절대왕정을 무너뜨리고 주권국가를 탄생시킨 프랑스 대혁명 이후, 근대 국민국가를 수립한 나라들은 프랑스의 삼색기를 본떠 국기를 만든 경우가 많았다고 합니다. 러시아 혁명 이후 등장한 사회주의 국가들이 모두 붉은색을 기본으로 국기를 만든 것도 이와

좌측부터 구소련 국기, 러시아 국기, 슬로바키아 국기, 슬로베니아 국기

같은 이치죠. 러시아 혁명 이후 만들어진 구소련의 국기에는 빨간색 바탕에 망치(노동자)와 낫(농민), 별(공산당)이 노란색으로 그려져 있는데, 소련 해체 이후 러시아 연방이 수립되자 소련으로 인해 망했던 러시아 제국 시절의 국기를 다시 사용했고, 2000년 12월 25일 국기법에 따라 지금과 같은 모습의 국기를 제정하게 되었습니다. 위로부터 흰색, 파란색, 빨간색이 가로로 배치되어 있는 삼색기는 구 유고슬라비아를 비롯한 여러 슬라브 국가들이 범슬라브색으로 이용하게 되었고, 현재는 슬로바키아와 슬로베니아 등 슬라브 민족 구성이 높은 나라의 국기에 그대로 차용되어 쓰이고 있습니다.

삼색기는 유럽뿐만 아니라 아프리카에도 영향을 끼쳐 가나, 기니, 말리, 세네갈, 시에라리온, 카메룬 등 아프리카의 많은 국가들이 삼색기를 쓰고 있습니다. 그중 아프리카 사하라 사막에 접해 있는 차드의 국기는 동부 유럽에 위치한 루마니아의 국기와 색의 명도 차이만 있을 뿐 똑같아서 국기를 구분하기가 어려울 정도입니다. 이렇게 똑같다면 어느 나라 국기가 먼저 만들어졌는지 논란이 될 수도 있겠죠. 루마니아는 1872년, 차드는 1959년에 처음으로 국기를 사용했다고 하니 루마니아의 손을 들어줘야겠네요. 하지만 차드에서는 파란색은 하늘과 농업을, 노란색은 태양과 사막, 광물 자원을, 빨간색은 국토 통일과 번영을 나타내는 반면, 루마니아에서는 파란색은 자유를, 빨간색은 나라를 위해 희생한 국민의 피를, 노란색은 풍

루마니아 국기(좌)와 차드 국기(우)

요를 나타낸다고 하니, 색깔과 모습은 같지만 의미하는 내용이 달라 같은 국기라고 할 수는 없겠죠.

이처럼 삼색기는 전 세계 국기 중 상당수를 차지하고 있는데, 삼색기만큼은 아니지만 초승달과 별이 들어간 국기도 전 세계에서 많이 볼 수 있습니다. 이렇게 국기에 초승달과 별이 들어간 국가들은 대부분 이슬람 국가들입니다. 이슬람에서는 초승달과 별을 중시하는데, 그 이유는 이슬람교의 창시자인 무함마드가 알라로부터 계시를 받을 때 하늘에 초승달과 별이 떠 있었기 때문이라고 합니다. 이를 모르는 사람들은 이슬람교에서 초승달과 별을 신봉하기 때문이라고 착각하는 경우도 있다고 하네요. 초승달과 별을 국기에 처음 사용한 것은 오스만 제국 시절이고, 오스만 제국의 뒤를 이은 터키도 1936년부터 지금까지 이 국기를 사용하고 있습니다. 과거 오스만 제국의 영향을 받았던 북부 아프리카의 알제리, 튀니지 등과 중앙아시아의 투르크메니스탄, 아제르바이잔, 이외에도 동남아시아의 말레이시아, 싱가포르 등에서도 초승달과 별을 국기에 사용하고 있죠. 그렇다면 이슬람교를 믿는 모든 국가에서 이 문양을 사용할 거라고 생각할 수 있겠지만 그렇지는 않습니다. 오히려 오스만 제국 시절에 억압과 탄압에 시달렸던 몇몇 국가에서는 초승달과 별을 사용하지 않는답니다. 이란, 이라크 등이 대표적인 나라죠.

네팔 국기(좌)와 사우디아라비아 국기(우)

　대부분의 국기는 세로보다 가로가 긴 직사각형 모양을 하고 있습니다. 스위스처럼 정사각형의 국기를 사용하고 있는 나라도 있지만 기본적으로 대부분 직사각형 모양이지요. 그런데 그 국가만의 독특한 개성과 모양을 나타내는 국기도 있습니다. 대표적으로 네팔, 사우디아라비아, 파라과이 등을 들 수 있습니다. 전 세계에서 유일하게 사각형이 아닌 삼각형 2개를 포개놓은 듯한 모양을 하고 있는 국기, 마치 누군가 국기를 잘라놓은 것처럼 생긴 이 국기는 히말라야 산기슭에 자리 잡고 있는 네팔의 국기입니다. 네팔 국기는 그리는 방법이 네팔 헌법 5조 부칙 1에 명시되어 있다고 합니다. 그 방법이 얼마나 수학적인지 네팔의 국기를 처음 제작한 사람이 혹시 수학자가 아니었을까 하는 의심까지 받는다고 하네요.

　또한 사우디아라비아 국기도 독특하기로 유명합니다. 국기에 '알라 외에는 신이 없고, 무함마드는 예언자다'라는 코란의 구절이 쓰여 있죠. 글자가 쓰여 있으니 국기 뒤쪽에서 보면 글자가 거꾸로 읽힐 수도 있겠죠? 그런 상황을 방지하기 위해 사우디아라비아 국기를 제작할 때는 한 장이 아니라 같은 도안을 두

파라과이 국기 앞면(좌)과 뒷면(우)

장 프린트해서 안쪽끼리 맞댄 후 박음질한다고 합니다. 그러면 국기 뒤쪽에서
도 글자를 제대로 읽을 수 있을 테니까요.

대부분의 국기는 앞면과 뒷면이 동일합니다. 그런데 라틴아메리카에 위치한
파라과이의 국기는 앞면과 뒷면이 다르답니다. 앞면은 적·백·청의 삼색기를 바
탕으로 가운데 올리브 잎이 별을 감싼 원 모양의 국가 문장이 그려져 있습니
다. 반면 뒷면에는 적·백·청의 삼색기 바탕에 평화와 정의라는 글자와 함께 자
유의 모자와 사자가 그려져 있습니다.

자, 그럼 마지막으로 아래의 두 국기는 어느 나라의 국기일까요? 왼쪽 것을
미국 국기라고 자신 있게 이야기하는 분들이 계실지 모르겠네요. 하지만 이 국
기는 서부 아프리카에 있는 라이베리아라는 나라의 국기입니다. 미국 국기와
상당히 비슷하
죠. 이 나라를 건
국한 사람들이
미국 해방 노예
들이었기 때문에

미국의 성조기를 본떠 만들었다고 합니다. 오른쪽 국기는 코스타리카 국기입니다. 우리나라에서 걸면 큰일나는 국기와 상당히 비슷하죠? 바로 북한의 인공기와 흡사합니다. 2014년 인천 아시안게임 당시 고양시 종합체육관에 북한의 인공기가 걸리자, 홈페이지에 이를 비난하는 댓글들이 달렸습니다. 국기에서 핵미사일이라도 발사될까 두려워서였을까요?

국기는 그 나라를 상징하는 깃발입니다. 그 나라를 이해하는 첫걸음을 국기에서부터 시작해보면 어떨까요? 국기를 살펴보면 그 나라의 지리와 역사, 그리고 그들의 이상과 희망이 담긴 독자성을 파악할 수 있기 때문이죠. 이제 마음을 열고 다른 나라의 국기에 어떤 진실들이 숨겨져 있는지 함께 찾아봅시다.

중국이 아편전쟁을 또 한다고?

중국에게 아편은 어떤 존재일까요? 19세기의 중국(당시 청나라)은 무역 불균형을 해소하기 위한 영국의 아편 수출로 인해 나라가 병들어가고 있었습니다. 당시 중국 인구가 약 4억 명이었는데, 그중 아편에 중독된 사람이 2,500만 명이 넘었다는 통계가 있을 만큼 중국 전역에 아편이 퍼져 있었습니다. 청 정부는 19세기 초에 전면적인 아편 금지령을 내렸지만 아편 밀수는 줄어들지 않았습니다. 이에 청 정부는 영국 상인이 보유한 아편과 중국의 차를 강제로 교환하고 아편을 불태웠는데, 이를 빌미로 영국은 아편에 대한 보상과 아편 무역 자유화를 요구하며 전쟁을 일으켰습니다. 이것이 그 유명한 아편전쟁입니다. 이 전쟁이 영국의 일방적인 승리로 끝난 후 중국은 그들 역사상 첫 불평등 조약인 난징 조약을 맺고 홍콩을 영국에 넘겨줘야 했으며, 많은 서양 열강들의 탐욕으로 나라와 국민이 고통을 겪었습니다. 중국 교과서에는 아편전쟁에 대해 '중국 근·현대사에서 가장 치욕적인 순간'이라고 평가하고 있습니다. 아편이 무엇이기에 동아시아의 맹주였던 중국을 이렇게 한순간에 서양 열강의 반(半)식민지로 만든 걸까요? 그리고 그 많은 아편은 어디서 온 것일까요?

아편의 주원료가 되는 양귀비

아편(opium)은 양귀비에서 채취되는 마약의 일종으로, 아편을 정제한 후 가공한 것이 '다이아세틸 모르핀(diacetyl-morphine)'이며, 독일의 바이엘 사가 모든 약 중의 영웅이라는 뜻으로 붙인 상표명이 '헤로인(heroin)'입니다. 결국 양귀비라는 식물이 마약의 뿌리라고 볼 수 있습니다. 양귀비는 생장기에 많은 수분이 필요하지 않고 직사광선만 피할 수 있는 곳이라면 어디서든 재배 가능하기 때문에 지구상 어느 곳에서도 잘 자랍니다. 하지만 전 세계 대부분의 나라에서 아편의 원료가 되는 양귀비를 합법적으로 대량 재배하지 못하도록 하고 있습니다.

과거에 영국은 중국으로 수출하는 아편의 대부분을 인도의 벵골 만 지역에서 생산했습니다. 현재 전 세계에서 아편 대량 생산으로 주목받고 있는 지역은 아프가니스탄과 파키스탄, 이란 등 세 국가가 만나는 국경 주변입니다. 이곳은 '황금의 초승달' 지역이라고도 불리는데, 이는 세 국가가 모두 이슬람교를 국교로 삼고 있기 때문에 붙인 별칭입니다. 황금의 초승달 지역은 산악 지대로 지형이 험준하기 때문에 양귀비 재배를 막기 위한 군대나 경찰을 투입하기가 어렵습니다. 게다가 양귀비 재배 지역 중 하나인 아프가니스탄 지역과 정부를 장악

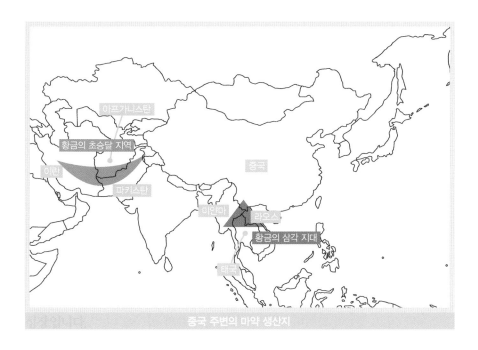

중국 주변의 마약 생산지

하고 있는 테러 단체인 탈레반은 그들의 운영 및 군사 유지를 위해 필요한 자금을 양귀비 재배로 벌어들이고 있는 판이라 마약 소탕을 할 의지도 없습니다. 결정적으로 경제 기반이 파괴되어 먹고살기가 힘들어진 이곳의 주민들에게 다른 농작물에 비해 몇 배나 높은 수익을 내주는 양귀비는 마지막 생존 수단이기도 합니다.

황금의 초승달 지역 외에 아편의 생산지로 주목받는 곳은 그보다 동쪽에 위치한 동남아시아의 태국과 미얀마, 라오스의 접경 지역으로 '황금의 삼각 지대'라고 불립니다. 이곳은 1980년대까지만 하더라도 세계 최대 아편 생산지였습니다. 황금의 초승달 지역이나 황금의 삼각 지대나 모두 '황금'이라는 타이틀을 달고 있으니 돈이 되긴 하는 모양입니다. 이곳의 무더운 열대 기후는 양귀비가 자라는 데 매우 이상적인 기후인 데다가 밀림이 우거져 있어서 황금의 초승달 지역과는 또 다른 의미에서 험준한 곳입니다. 마약 재배에는 안성맞춤이죠. 1980년대 이후 국제기구와 태국 정부가 군대를 수차례 투입하여 이곳을 무너뜨리려고 했지만, 대규모의 병력이 이동하기 어려운 자연환경으로 인해 오히려 큰 타격을 입기도 했습니다. 이곳을 지배하던 마약 조직의 우두머리 '쿤사'는 막강한 사병(私兵)을 거느리고 '마약왕'이라는 수식어를 얻기도 했는데, 십수 년간 지속된 탄압에 결국 1995년에 항복을 선언했습니다. 이후 빠르게 양귀비 재배 지역이 감소해 이 지역은 카지노 등을 통해 관광 수익을 얻는 지역으로 변화했습니다.

하지만 최근 이곳의 양귀비 재배 면적이 늘고 아편 생산이 다시 증가하고 있다고 합니다. 태국과 미얀마, 라오스, 이 세 국가가 국가 내부의 문제로 인해 치안이 약화되고 부패와 가난이 뿌리 뽑히지 않기 때문입니다. 특히 미얀마 동부의 산악 지대에는 샨 족과 카친 족 같은 많은 소수민족들이 살고 있는데, 이들은 미얀마 정부군과 내전을 벌이고 있는 중이라 미얀마 중앙정부의 통제가 미치지 않습니다. 이곳의 주민들은 제대로 된 경제활동을 할 수도 없고, 지역의 경찰, 반군, 정부군 등에 세금도 내야 하는 상황이라 양귀비 재배 외에 그들의 삶을 유지할 수 있는 방안이 없습니다. UN에서 미얀마 등 황금의 삼각 지대에서 양귀비 재배가 증가하는 추세를 막기 위해 지역 주민들이 양귀비 대신 커피, 차와 같은 작물을 키우도록 지역민들을 설득하고 있습니다. 하지만 커피를 수확하려면 커피나무를 심은 뒤 3년은 기다려야 하기 때문에, 지역민들은 양귀비 재배 중단을 주저하고 있습니다.

아편에 의해 서양 열강에 유린당했던 중국 정부가 최근 '마약과의 전쟁'을 선포하고 대대적인 마약 퇴치에 집중하고 있습니다. 아편 생산의 '황금 지역'이 중국과 지리적으로 인접해 있고, 경제 성장으로 인한 소득 증대가 뒷받침되어 최근 중국 내부에서 마약 소비가 증가하고 있기 때문입니다. 시진핑(習近平) 국가 주석이 2014년 6월에 열린 최고지도부 회의에서 '마약 엄단'을 직접 지시할 만큼 마약이 중요한 국가적 이슈로 떠올랐습니다. 과거 중국은 두 차례의 아편전쟁에서 모두 패했던 쓰라린 경험을 안고 있습니다. 그리고 또다시 마약과의 전쟁을 시작하고 있습니다. 이번에는 중국이 이길 수 있을까요?

연해주에서 중앙아시아로의 이주, 그리고 농경

여러분은 혹시 '까레이스키'라는 말을 들어보신 적이 있나요? 1990년대 중반에 우리나라에서 '까레이스키'라는 제목으로 드라마가 제작, 방영된 적이 있습니다. 물론 염불보다 잿밥이라고, 그 당시 인기가 대단했던 차인표라는 배우가 나온다는 기대감에 봤지요. 내용은 전혀 알지 못한 채로 말이죠. 나중에서야 이 단어가 '고려인'에서 나온 것으로, 러시아의 연해주에 살다가 중앙아시아로 이주한 한인 교포들을 지칭하는 말이라는 것을 알게 되었습니다.

본격적인 이야기로 들어가기에 앞서, 연해주는 어디에 위치할까요? 서쪽으로는 중국의 헤이룽장 성(黑龍江省) 및 지린 성(吉林省)의 옌볜 조선족 자치주와 접하고, 동쪽으로는 두만강을 경계로 북한의 함경북도와 접하고 있습니다. 연해주의 주도(州道)는 얼지 않는 항구로 알려져 있는 블라디보스토크입니다. 역사적으로 우리나라는 고조선을 시작으로 발해까지 이곳 토착민인 숙신족을 지배하면서 이 지역에서 살았다고 합니다. 그렇다면 우리나라 사람들이 언제부터,

왜 연해주와 중앙아시아에 살게 되었는지 살펴보도록 하겠습니다.

시간을 거슬러 올라가 구한말인 1860년대, 한반도에 기근이 들어 백성들의 생활이 큰 곤경에 빠졌습니다. 이때 한반도 동북 산간 지방인 함경도의 가난한 농민들은 먹고살기 위해서는 어디론가 떠나는 것 외에는 방법이 없었습니다. 만주로도 갈 수 있었지만, 그 당시 만주는 청나라 태조가 태어난 곳이라 하여 봉금령(중국에서 특정 토지를 대상으로 개간, 경작 또는 출입을 금지하던 일)이 내려진 지역이었기 때문에 자연스럽게 연해주로 이주했습니다. 시작은 농업 이민 위주였으나 1905년 이후로는 망명 이민이 크게 증가했습니다. 처음에 러시아는 노동력이 필요했기 때문에 한인들의 이민에 대해 상당히 우호적이었습니다.

먹고살 것이 없는 이 황량한 땅으로 온 한인들은 무엇을 했을까요? 바로 벼농사를 지었습니다. 위도도 높고 추운 이곳에서 벼농사가 가능했을까요? 이 지역에는 시호테알린 산맥의 서쪽으로 하천이 흐르는데, 길고 경사가 완만하며 물의 양이 많습니다. 또한 중국과의 국경에 위치한 한카 호 주변과 우수리 강 유역에는 벼를 심기 딱 좋은 비옥한 토양이 펼쳐져 있습니다. 우리나라와 비슷하게 겨울철에는 맑고 건조하며 차가운 날씨가 지속되고, 한여름은 매우 덥고 습한 특성을 지닙니다. 강수량은 한반도보다 적지만 한카 호와 우수리 강에서 물을 대면 충분히 벼농사를 짓고도 남을 만했지요. 한인 이주민들은 아마 연해주에 도착하자마자 이러한 조건을 본능적으로 알아챘을 것입니다. 한인들은 농토를 개간하고 영농 방법을 전파하여 한카 호와 우수리 강 일대를 쌀이 많이 나오는 평야 지대로 바꾸어버립니다. 당시 러시아인들이 "한인들은 어떤 지방에 도착하면 그 지방의 환경과 기후에 잘 적응하는 천부적인 농부의 자질을 발휘한다"라며 극찬을 했다고 하네요.

그러나 타국에 우리 문화와 풍습을 이식하면서, 대부분의 한인들은 러시아 문화를 받아들이지 않았습니다. 이것이 문제가 되었습니다. 한인 세력이 커지자 러시아는 점차 이를 두려워했지요. 또한 항일 독립 운동가들이 대거 이주하면서 러시아 입장에서는 한인과 일본의 충돌도 우려되었습니다. 아무래도 국경 근처에 한인들을 살게 하는 건 위험한 일이라고 판단해 처음에는 우호적으로 제약을 가했으나, 1922년 소비에트연방공화국(소련) 정부 때부터 한인들의 거주지를 이전시키고 그 빈자리를 유럽에 거주하는 소련인으로 채우려 했습니다.

1937년 중일전쟁 발발 이후, 스탈린의 비밀 지령에 의해 급작스럽게 한인 이주 명령이 떨어졌습니다. 소련은 한인들의 반발을 살까봐 미리 한인 지도급 인사들을 모두 숙청시켜버렸습니다. 3만 6천 가구의 한인들은 빈털터리로 야간 열차에 올라탔습니다. 이것도 일부였습니다. 대부분은 화물차나 가축 운반차에 태워져 실려 갔고, 많은 노약자들이 차 안에서 사망했습니다. 여정은 11개월 동안 계속되었고, 마침내 한인들은 6천 킬로미터 떨어진 중앙아시아의 우즈베키스탄과 카자흐스탄의 황무지로 내몰립니다.

고려인의 강제 이주 경로

그런데 왜 하필이면 이주 지역이

중앙아시아였을까요? 이는 소련이 중앙아시아의 이슬람 민족주의를 견제하기 위한 방책이었습니다. 중앙아시아의 한인들은 사막, 강가 등 여기저기 분산되어 하차했습니다. 이주 첫해, 여름에는 말라리아, 겨울에는 한파로 인하여 7천여 명이 사망했습니다. 강제 이주 후에도 교육과 취업, 여행, 거주 이전의 자유가 모두 박탈되었고, 더 나아가 스탈린은 한국어를 소수민족의 언어에서 제외시켰습니다.

힘겹게 첫 겨울을 넘긴 한인들은 너 나 할 것 없이 강으로 몰려들었습니다. 그리고 다시 벼농사를 시작했습니다. 농기구와 막대기로 수로를 파서 강물을 끌어들여 논을 만들고 가져온 볍씨를 심었습니다. 중앙아시아 지역은 건조 지역이지만, 일조량도 풍부하고 초원 지대의 토양이 비옥해 물만 잘 대주면 벼가 잘 자랄 수 있다는 걸 본능적으로 알았기 때문입니다. 한인들은 황무지와 같은 곳에 농업을 이식하여 옥토로 바꾸고 쌀과 채소를 경작하며 중앙아시아 지역을 벼농사 지역으로 변화시켰습니다. 심지어 어떤 한인이 운영하는 농장은 소련에서 가장 모범적인 농장으로 손꼽혀 정부로부터 훈장을 두 번이나 받기도 했습니다.

그런데 하나 간과한 것이 있지요. 이들은 중앙아시아 민족의 언어와 문화를 무시한 채 오히려 러시아 문화에 더 충실했습니다. 이것이 화근이 됩니다. 1991년 소련이 해체되고 중앙아시아의 여러 나라들도 독립을 하게 됩니다. 구소련 시절 중앙아시아 국가들은 소련으로부터 하급 국민 취급을 받았습니다. 따라서 과격하게 러시아 타도를 외칩니다. 러시아 문화를 기반으로 정체성을 유지해왔던 한인들은 자연스레 많은 불이익을 당하게 됩니다.

이와 같은 상황에서 한인들은 다시 연해주로의 귀환을 생각하게 되었고, 1993년 러시아의 한인 명예회복 조치로 많은 한인들이 중앙아시아에서 신변의 위협을 느끼고 중앙아시아를 떠나 연해주로 재이주하게 됩니다. 물론 예전의 그 비옥한 지역이 아닌 더 척박하고 황량한 땅으로 오게 된 것이지요. 여기서도 한인들은 또다시 농사를 짓습니다. 벼농사도 하지만 척박한 땅에서도 잘 자랄 수 있는 콩을 위주로 한다고 합니다. 러시아 사람들은 "한국인이 앉았다 간 자리는 풀 한 포기 자라지 않는다"고 하며 한인들을 지독한 사람들로 묘사하고 있습니다. 그러나 바로 그 한인들의 지독함이 원주민들조차 아무것도 하지 못했던 땅에 논을 일구어 곡식을 재배하게 함으로써 연해주와 중앙아시아 지역의 경관을 360도로 바꾸어놓은 것 아닐까요? 척박한 땅에서의 낯선 이방인이라는 낮은 사회적 위치가 원초적 생존 본능을 더 강하게 불러일으켰을 것이라 생각합니다.

참고 자료

『연해주와 한민족의 미래』, 이윤기·김익겸 지음, 오름(2008)
『러시아의 지리』(대우학술총서 535), 원학희·한종만·공우석 지음, 아카넷(2002)

평화의 음악, 레게

2010년 말 튀니지의 평범한 어느 과일장수 청년의 분신으로 시작된 '재스민 혁명'의 불길은 리비아, 이집트 등 이웃 아랍 국가들에 들불처럼 번져 민주화를 요구하는 시민들의 하나된 목소리가 터져나왔습니다. 그때 아랍의 민중들을 잠에서 깨어나 일어나게 만들었던 노래가 있습니다. 자메이카를 대표하는 레게 음악의 선두주자 밥 말리의 〈Get up, Stand up〉(1973)이 바로 그 곡이죠.

Get up, stand up, stand up for your rights!
(깨어나, 일어서, 일어서 네 권리를 위해!)
Get up, stand up, don't give up the fight!
(깨어나, 일어서, 싸움을 포기하지 마!)

  단순하면서도 명확한 메시지를 전달하고 있는 이 노래는 민주주의의 권리를 찾으려고 노력하는 아랍 민중들에 의해 다시 불리게 되었습니다.

  4/4박자에 불규칙하면서 강한 악센트가 특징인 자메이카의 레게 음악은 밥 말리에 의해 세계적으로 알려졌고, 우리에게도 익숙한 음악이 되었습니다. 특히 밥 말리의 레게 음악은 사랑이나 이별 등을 주제로 하기보다 자유와 평등, 평화의 메시지를 담은 음악이 대부분이었기 때문에, 억압받고 고통받았던 자메이카인들뿐 아니라 전 세계 민중에게 사랑받을 수 있었습니다.

  특히 밥 말리는 1978년 자칫 내전에 휘말릴 수 있었던 순간에 '하나의 사랑, 하나의 평화'라는 콘서트를 개최해, 대립하고 있던 정치 지도자들을 무대로 불러 화해의 악수를 하게 만들었지요. 이 사건은 밥 말리가 자메이카의 평화를 위해 어떤 노력을 하고 있는지 자메이

밥 말리는 '하나의 사랑, 하나의 평화' 공연에서 자메이카의 총리였던 마이클 맨리(노동당)와 국민당 총수인 에드워드 시가와 함께 삼자악수를 하는 모습을 연출했습니다.

카 국민들에게 널리 알리는 계기가 되었습니다. 그래서 자메이카는 밥 말리의 평화주의적인 업적들을 기리며 그의 생일인 2월 6일을 국경일로 지정했습니다. 작고 힘없는 조국 자메이카와 흑인의 아픔을 세상에 알린 밥 말리. 그를 통해 레게 음악은 자유와 저항, 평등을 상징하는 음악으로 세계인의 가슴에 새겨지게 되었습니다.

춤추는 오케스트라

맘보춤을 추는 오케스트라가 있다고 하면 믿으시겠습니까? 볼리바르 베네수엘라 공화국(이하 베네수엘라)이 자랑하는 베네수엘라 시몬 볼리바르 청소년 오케스트라에서는 이런 일이 실제로 일어나고 있습니다. 세계적으로 유명한 지휘자인 구스타보 두다멜을 배출하고, 지금도 베네수엘라 청소년들에게 음악적 꿈과 변화의 힘을 주고 있는 이 오케스트라는 어떻게 탄생되었을까요?

베네수엘라는 '작은 베네치아'라는 뜻입니다. 유럽인들이 베네수엘라가 이탈리아의 베네치아와 닮았다고 해서 이렇게 이름 붙였다고 합니다. 40년 전 베네수엘라는 많은 원유와 천연가스를 보유하고 있음에도 제국주의 열강의 자원 수탈과 내정 간섭 등으로 대부분의 민중이 가난에 허덕였고, 어린이와 청소년들은 거리로 내몰려 마약과 총기, 그리고 포르노에 노출된 삶을 살아갈 수밖에 없었습니다.

그런 상황에서 1975년 베네수엘라의 수도 카라카스 빈민가의 허름한 차고에

전과 5범인 아이를 포함해 전과 기록으로 얼룩진 11명의 아이들이 모였고, 음
악을 통해 세상을 변화시킬 수 있다고 믿은 경제학자이자 사회운동가인 호세
안토니오 아브레우 박사(José Antonio Abreu)의 지도 아래 악기를 배우기 시작
한 것이 '엘 시스테마'의 첫걸음이었습니다. '엘 시스테마'는 호세 안토니오 아브
레우 박사가 구상한 음악 교육 프로그램입니다.

엘 시스테마의 목적은 가난과 범죄에 노출되어 있는 아이들에게 음악을 가
르쳐 그를 통해 범죄를 예방하고 재활을 도와 아이들을 보호하는 것이었습니
다. '음악이 세상을 바꿀 수 있다'는 믿음에서 시작된 이 프로그램은 삶의 희망
을 빼앗겨버린 베네수엘라 빈민가의 어린 영혼들에게 삶의 소중함을 가르쳐주
고 희망을 일깨워주었습니다. 처음에는 11명으로 미약하게 시작했지만, 현재는
200여 개의 지역별 오케스트라와 26만 명의 단원을 거느린 초대형 오케스트라
가 되었습니다.

사실 이렇게 놀라운 결과가 나타날 것이라고는 아무도 예상하지 못했습니
다. 하지만 좌우를 막론하고 오케스트라의 취지에 공감한 베네수엘라 정부와
세계 각국의 음악인, 민간 기업의 후원이 함께했기에 지금과 같은 놀라운 성과
를 이루어낼 수 있었습니다. 클래식 음악을 경제적 부를 갖춘 이들의 특권이나
문화적 상류층의 소유물인 것처럼 느끼게 만들었던 종전의 음악 교육에서 벗

어나, 엘 시스테마는 음악이 사회 변화에 얼마나 중요한 역할을 하는지 보여주었습니다. 사회적 혜택을 전혀 받지 못했던 가난한 빈민가의 아들에서 세계적 음악가로 성장한 LA 필하모닉 오케스트라의 상임 지휘자 구스타보 두다멜은 엘 시스테마를 통해 얼마나 많은 변화가 생기고 있는지 이렇게 이야기합니다.

엘 시스테마 출신의 세계적인 지휘자 두다멜과 엘 시스테마 단원들이 거리에서 공연을 하고 있는 모습. 엘 시스테마는 마약과 범죄에 무방비로 노출된 빈민 아이들을 구해준 것으로 유명하며, 이 프로그램은 다른 국가로 전파되어 큰 호응을 얻고 있습니다.

"음악이 나의 삶을 바꾸었습니다. 음악을 하지 않은 내 주변 남자아이들은 결국 범죄와 마약에 빠져들었죠. 수업을 받으러 갈 차비조차 없는 제게 엘 시스테마는 신의 은총이나 다름없었습니다. 음악을 배워 음악가로 성공하는 것이 중요한 게 아니라 음악이 인생을 변화시키고 있다는 자체를 가치 있게 생각합니다. 엘 시스테마 출신들이 성장해 전 세계 젊은이들에게 희망과 힘이 되기를 바랍니다."

총리 타도가 내 음악의 목표입니다.

우리나라에서 대통령 타도를 목표로 그룹을 결성한 대중가수가 있다면 어떻게 될까요? 민주화가 상당히 진전되었다고 하는 지금에도 우리나라에서는 바

영국 최초의 보수당 여성 당수였던 '철의 여인' 마가렛 대처는 경제 호황의 밑바탕을 마련했다는 평가와 빈부 및 지역 격차, 영국 제조업의 붕괴를 초래했다는 두 가지 상반된 평가를 받고 있습니다.

로 국가 전복 운운하며 구속하려 들 것 같네요. 그런데 1984년 영국에서 결성된 '첨바왐바'라는 그룹은 자신들이 팀을 결성한 이유를 당시 민영화와 규제 완화 등을 무기로 신자유주의 정책을 펼쳐나가며 노동자들을 탄압했던 '철의 여인' 마거릿 대처 총리를 타도하는 것이라고 명확하게 밝혔습니다. 그들의 바람대로 대처가 실각한 1990년 이후에도 첨바왐바는 자신들의 신념을 지키고자 끊임없이 노동자들과의 연대를 위해 노력했는데, 그런 신념을 드러내는 대표적인 노래가 1997년에 발표되어 빅히트를 친 〈텁섬핑Tubthumping(열변)〉입니다.

　　제목은 다소 낯설지 모르지만, 노래를 들어보면 "아, 이 노래!"라고 말할 독자들이 많을 겁니다. 이 노래는 호소력 짙은 남성과 섹시한 여성의 목소리가 섞여 어깨를 들썩이게 하는 흥겨운 댄스곡으로, 당시 유럽은 물론 세계 대부분의 대중가요 차트를 석권했습니다. 댄스곡이니까 왠지 가벼운 노래처럼 들릴 수도 있는 이 곡에는 사연이 있답니다. 영국 보수당을 이끌었던 마거릿 대처가 실각하고 노동자를 대변할 것이라 믿었던 노동당은 오히려 더 철저한 신자유주의 정책으로 일관하면서 노동자들에게 엄청난 실망을 안겨주었습니다. 많은 곳에서 민영화와 복지 축소, 해고에 맞선 저항이 거세게 일어났지요. 특히 리버풀의 항만 노동자들은 저임금과 고용 안정을 위해 3년간 파업과 투쟁을 이끌어나가

브릿 어워드에서 첨바왐바의 노바콘에게 물 벼락을 맞은 존 프레스콧 부총리

면서 노동자의 목소리를 대변하려 했지만, 그만 실패하고 말았습니다. 이때 절망에 빠진 노동자들에게 당신들은 절대로 패배한 것이 아니라 반드시 승리할 것이라고 용기를 불어넣기 위해 불렀던 노래가 바로 첨바왐바의 〈텁섬핑〉이랍니다. 한마디로 신나는 댄스 노동가요였던 셈이지요.

We'll be singing, when we're winning (우리는 노래할 거야, 우리가 승리하는 날)

We'll be singing (우리는 노래를 부를 거라고)

I get knocked down, but I get up again (나는 쓰러졌어, 하지만 다시 일어설 거야)

You're never going to keep me down (너희는 절대로 날 쓰러뜨릴 수 없어)

첨바왐바의 〈텁섬핑〉은 그해 최고의 노래 중 하나로 뽑혀, 첨바왐바는 영국의 그래미상이라 일컬어지는 브릿 어워드 시상식에 초대되었습니다. 그때 시상식장에는 영국의 부총리인 존 프레스콧이 가장 비싼 자리에 앉아 있었는데, 그는 리버풀의 항만 노동자 출신으로 정치에 입문했던 사람이며 당시 노동당의 2인자였죠. 항만 노동자들을 대변하고 그들을 위로하기 위한 노래를 부르는 첨바왐바는 그 시상식에서 항만 노동자 출신임에도 노동자들을 배신하고 탄압한 프레스콧을 가만히 두고 볼 수가 없었습니다. 시상식 도중 첨바왐바의 댄버트 노바콘은 그에게 달려가 얼음물이 든 양동이를 그의 머리에 부어버렸고 그의 멱살을 붙잡고 이렇게 외쳤습니다. "이건 배신자의 몫이다!"

2012년 밴드가 해산되기까지 첨바왐바는 당면한 현실 문제에 대해 말뿐이 아닌 실질적인 행동으로 음악이 어느 편에 서야 하는지를 유감없이 보여주었고, 음반 판매 수익을 반파시즘 운동과 환경 운동, 노동 및 평화 운동 등을 지원하는 데 아낌없이 기부했답니다. "우리의 음악이 단지 즐거움만을 주고 사회적 행동을 고무시키지 못한다면 우리의 음악은 실패한 것이다." 그들의 첫 번째 앨범 재킷에 적혀 있는 이 글을 보면서 저는 이효리 씨가 생각이 났습니다. 자본의 무자비한 해고에 맞선 쌍용자동차 노동자들이 70미터 높이 굴뚝 위에서 벌이고 있는 고공 농성을 지지하고, 그들을 포함한 해고 노동자들이 복직만 될 수 있다면 쌍용자동차에서 판매하는 신차 앞에서 비키니를 입고 춤이라도 추겠다고 발언할 수 있는 그녀가 있어 행복하고, 그녀의 바람이 이루어져 행복한 춤을 볼 수 있기를 기대합니다.

이렇게 대중가수가 사회적 문제에 관심을 갖고 발언하며 문제 해결을 위한 행동에 나서는 것은 매우 바람직한 일이라고 생각됩니다. 이스라엘 출신으로 팔레스타인과 이스라엘 간의 평화를 위해 많은 노력을 하고 있는 세계적인 피아니스트이자 지휘자 다니엘 바렌보임은 "음악이란 폭력과 추악함에 대항하는 최고의 무기"라고 이야기했습니다. 음악이 세상을 바꾸고 잘못된 세상에 목소리를 낼 수 있는 수단임을, 음악을 하는 사람뿐만 아니라 음악을 듣는 사람들도 모두 인식하면 좋겠습니다.

불교의 사원인 절에는 탑이 있습니다. 원래 탑은 부처의 사리를 봉안하기 위한 시설을 말합니다. 탑이라는 말은 무덤을 뜻하는 산스크리트어 스투파(stupa)를 한자로 탑파(塔婆)라고 기록한 데서 유래되었다고 하는데, 이를 보면 불교 이전에도 분묘(墳墓, 시체나 유골을 매장하는 시설)로서 탑이 존재했을 것입니다. 이러한 탑은 불교의 성장 과정에서 사리 봉안 시설뿐 아니라 부처의 유품을 넣은 시설로 확장되었고, 점차 사람들의 경배 대상으로 그 의미가 확대되고 변화되었습니다. 지금은 종교적 의미뿐만 아니라 탑의 역사적, 예술적 가치에 더 큰 의미를 두는 사람들도 많아졌습니다.

탑은 무엇으로 만들까요? 우리가 지금까지 보았던 탑을 한번 머릿속에 떠올려봅시다. 우선 돌로 만든 탑이 떠오를 것입니다. 한 번쯤은 봤을 법한 불국사의 다보탑과 석가탑, 부여 정림사지 5층 석탑 등이 돌로 만든 탑이죠. 우리나라 어느 절을 가도 석탑은 흔히 볼 수 있는 경관입니다. 하지만 역사적으로 불교의 영향을 받아 탑을 만들어온 나라들이 모두 같은 재료를 사용하지는 않았습니다. 가까운 중국이나 일본만 하더라도 우리나라와 같은 석탑은 많지 않습니다. 중국은 진흙 벽돌로 만든 전탑이, 일본은 목재로 만든 목탑이 주된 경관을 이룹니다. 이것은 불교가 전파된 각 국가의 환경 조건을 반영한 결과물이지요. 그래서 "한국은 석탑(石塔), 중국은 전탑(塼塔), 일본은 목탑(木塔)"이라고 이야기합니다. 사실 우리나라도 불교가 전파된 초기에는 목탑이 먼저 만들어졌다고 합니다. 하지만 목탑은 경주의 황룡사지 9층 목탑의 사례처럼 전쟁 등에 의해 소실되기 쉬우며 오래 보존되기가 어려워 지금은 거의 남아 있지 않습니다. 반면 우리나라의 곳곳에는 훌륭한 품질의 화강암이 풍부해 목재 대신 석재를 탑의 주재료로 사용하기 시작했습니다.

우선 화강암이라는 돌은 색이 밝고 단단하며 건축물로 가공하여 사용하기

[한국의 석탑]
충남 부여 정림사지 5층 석탑

[일본의 목탑]
오사카 시텐노지 5층 석탑

[중국의 전탑]
베이징 천녕사 13층 전탑

좋게 덩어리진 형태로 되어 있습니다. 화강암은 아주 오랜 옛날 중생대에 우리나라에서도 화산 활동이 활발하던 시절, 땅속 불덩어리인 마그마가 지표 가까이 뚫고 올라오는 동안 천천히 식으면서 굳어진 암석입니다. 그래서 덩어리 형태로 되어 있어 잘라서 건축물을 만들기에 아주 유용하지요. 다른 퇴적암이나 변성암의 구조는 이렇지 않습니다.

특히 우리나라의 화강암은 다른 화강암에 비해 품질 자체가 매우 훌륭하다고 합니다. 화강암은 석영, 장석, 운모의 세 가지 광물 결정들로 이루어져 있습니다. 좋은 화강암은 이 광물들의 입자가 매우 곱고 색이 균일해야 합니다. 화강암이 전체적으로 밝아 보여도 그 속의 운모라는 광물이 새까맣기 때문에 화강암을 자세히 들여다보면 운모의 검은 점들이 박혀 있는데, 중요한 것은 이 운모가 고르게 분포해 있어야 예쁘고 보기 좋다는 것입니다.

품질 좋은 우리나라의 화강암 중에서도 특히 전라북도 익산시 황등면에서 나는 화강암을 최고로 칩니다. 그래서 대구시 팔공산 동화사에 있는 통일약사여래석조대불의 경우는 주변에서 나는 화강암이 있음에도 익산 황등의 화강암을 가져다 만들었다고 합니다. 익산은 일제 강점기 때 일제의 수탈과도 악연이 있습니다. 익산을 포함한 호남평야 지역은 우리나라의 최고 곡창 지대였기 때문에 일본의 식량 수탈의 중심지였으며, 일본에는 매우 희귀한 화강암, 그것도 최고 품질의 화강암이 익산에서 산출되기 때문에, 식량과 함께 돌까지 일본의 수탈이 극에 달한 지역이었지요.

그렇다면 이제 일본과 중국의 탑에 대해 생각해봅시다. 앞서 일본은 목탑이,

중국은 전탑이 중심이라고 했습니다. 이는 우선 일본에 목재가 많았고 중국에는 진흙이 많았다는 이야기가 되기도 하겠지만, 한편으로는 석탑을 만들 훌륭한 화강암이 우리나라처럼 흔하지 않았다는 이야기이기도 합니다.

우선 일본은 섬나라라 우리나라에 비해 해양의 영향을 많이 받는 편입니다. 열대 우림 같지는 않지만 비교적 습윤하므로 삼림이 무성하게 잘 자라 목재가 풍부한 편이지요. 이에 반해 일본에서는 화강암을 보기가 매우 어렵습니다. 일본은 신생대의 화산 활동으로 형성된 화산암이 지각을 주로 구성하고 있고, 지금도 지진 및 화산 활동이 빈번한 조산대 지역에 속해 있어 중생대에 형성되는 화강암이 드물 수밖에 없겠지요. 그러므로 제대로 된 석탑을 만들고 싶어도 만들 수가 없었을 것입니다. 일본이 우리나라를 수탈하던 시절 우리나라의 화강암이 얼마나 탐이 났을지 충분히 짐작 가능하네요. 탑을 그대로 떼어가기도 했고 화강암을 훔쳐가기도 했지요. 지금도 일본에 남아 있는 석탑은 대부분 임진왜란이나 일제 강점기 때 우리나라에서 약탈해간 것들입니다.

한편 중국은 황사 발원지인 내륙 사막과 황토 고원이 넓게 발달해 황토가 아주 풍부하며, 황허(黃河), 창장(長江) 강, 시장(西江) 강 등 대하천을 중심으로 하는 넓은 충적 평야 지형이 중국의 중심 지역이라 화강암보다는 진흙과 같은 벽돌 재료가 더 풍부했을 것입니다. 그래서 중국에서는 주로 진흙으로 만든 벽돌로 탑을 만들어왔기 때문에 전탑의 형태로 경관이 형성되었습니다.

물론 한국에는 석탑만, 중국에는 전탑만, 일본에는 목탑만 있는 것은 아니겠지요. 하지만 이처럼 탑에는 각 국가나 지역의 지리적 특성과 문화가 중요하게 반영되어 있습니다. 이제 탑은 종교 경관으로서뿐만 아니라 각 지역의 역사와 문화를 보여주는 중요한 관광 자원으로도 이용되고 있습니다. 여행 등의 기회로 절을 방문하여 탑을 바라볼 기회가 있다면 이제는 그 지역의 지리적 특성과 문화를 연관지어 생각해보면 어떨까요? 더욱 의미 있고 흥미로운 경험이 될 수 있을 것입니다.

참고 자료

『우리 자연 우리의 삶-남기고 싶은 지리 이야기』, 권혁재 지음, 법문사(2007)

Part 5.
생활

겨울철이 되면 북서풍이 매섭지.
배산임수에 남향이 최고야.
집값도 비싸지고 말이야.

에듀캠핑이 뜬다

　최근 캠핑 열풍이 불면서 전국에 캠핑장이 들어서고 있습니다. 갑갑한 도시를 떠나 자연 속에서 하룻밤을 보내고, 텔레비전, 스마트폰 등 가족과 함께하는 시간을 방해하는 도구들을 잠시 멀리한 채 가족 혹은 소중한 친구들과 같이 지내는 것만으로도 힐링이 되는 경험을 위해 캠핑 떠나는 사람들을 쉽게 볼 수 있습니다. 그러나 막상 캠핑을 가기 위해서는 여러 가지 장비를 챙겨야 하고, 막히는 도로를 지나야 하며, 유명하고 시설이 좋은 캠핑장은 난민촌을 방불케 할 정도로 시끄럽고 빽빽하기만 합니다. 그러다 보니 힐링이 킬링으로 변질되고 마는 일도 많습니다. 특히 아이들을 키우는 부모들은 자녀들에게 다양한 경험을 보여주고 싶은 마음에 캠핑을 시작하는데, 막상 캠핑장에 가서 이루어지는 시나리오는 텐트 치고 밥 먹고 고기 굽고 술 마시는 일이 전부인 게 현실입니다.

　그렇다면 이러한 소모성 캠핑이 아니라 교육적으로 의미 있는 캠핑은 없을까

요? 그 해답은 '에듀캠핑'에서 찾을 수 있습니다. 에듀캠핑(Educamping)이란 교육을 의미하는 에듀(Edu)와 야외에서 숙박을 하는 캠핑(camping)의 합성어입니다. 단순히 천막, 텐트 따위를 치고 야외에서 먹고 자는 캠핑이 아니라, 다양한 교육 활동과 연결시키는 캠핑이 바로 에듀캠핑이라 할 수 있습니다.

자연은 다양한 교육 장소를 우리에게 제공해주고 있습니다. 에듀의 영역에는 지역의 특성이 담겨 있는 문학, 음식, 미술, 문화재 등 인문환경뿐만 아니라 기후와 지형, 식생을 비롯한 자연환경 등 모든 것이 포함될 수 있습니다. 문학 캠핑(캠핑을 하며 주변 문학관이나 시, 소설과 관련된 내용을 연결), 음식 캠핑(지역 특산물이나 과일, 채소 등을 중심으로 한 음식 비교), 문화 캠핑(각 지역별 축제나 대표 문화 특성을 중심으로 캠핑) 등 에듀캠핑의 확장 범위는 실로 엄청나다 할 수 있습니다.

예를 들어 강원도 정선군, 영월군, 삼척시 주변의 캠핑장에서 캠핑을 한다고 가정해봅시다. 이 지역은 과거 한반도가 침강하여 바다였을 때 퇴적된 지층이 위치한 곳입니다. 학창 시절 지리 시간에 우리는 이런 지형을 '조선 누층군'이라고 배웠습니다. 과거 얕은 바다나 호수에서 퇴적된 물질들이 땅이 솟아오르고 산이 만들어지는 과정을 통해 지금의 강원도 석회암 지형으로 변모했습니다. 높은 산지 사이를 구불구불 흐르는 하천은 감입곡류하천이라는 지형을 형성했습니다. 사람들은 하천 주변의 고도가 높고 평평한 곳을 도로와 농경에 이용했는데, 이곳을 하안단구(하천 옆 계단 모양의 언덕)라고 부르게 되었습니다. 이러한 이야기를 캠핑장으로 향하는 도로 위에서 아이들에게 해준다면 그것이 바로 에듀캠핑, 좁은 의미에서 캠핑 지리라고 부를 수 있을 것입니다.

　이에 더해서 텐트를 치면서 땅의 특징을 설명하면 자녀들이 훨씬 더 쉽게 이해할 수 있습니다. 땅 위의 흙은 미생물의 보고이자 식생이 자라는 토대이기도 합니다. 우리나라는 지역별로 다양한 흙의 특성이 나타납니다. 토양은 암석이 잘게 쪼개져서 다양한 동식물의 부산물, 물 등이 결합된 종합적인 결과물입니다. 강원도에 많이 분포하는 붉은색 토양은 기반암인 석회암이 풍화되어 형성된 토양으로, 석회암은 우리가 많이 쓰는 시멘트와 제철 공업의 원료이고, 비료의 성분이기도 합니다. 또한 석회암은 물에 잘 녹아서(용식) 다양한 석회 동굴을 만들기도 합니다. 석회암 지대의 물속에는 탄산칼슘 성분이 많이 있는데, 이 물을 지속적으로 마시면 담석이 생기기도 합니다. 석회암이 주로 많이 분포하고 있는 유럽 지역을 여행할 때 생수 가격이 매우 비싼 것도 이러한 물의 특성을 이해하면 쉽게 알 수 있습니다.

또한 석회암 산지는 암석이 물에 녹는 과정에서 남은 부분이 급경사를 이루게 되는데 이는 아름다운 주요 경치를 우리에게 제공해주고, 산지 사이의 아름다운 하천은 래프팅 장소로 이용되기도 합니다. 참고로 기반암이 석회암인 중국의 구이린, 베트남의 하롱 베이 지역도 석회암이 용식되고 남은 돌산들이 절경을 이루어 세계적인 관광지로 이용되고 있습니다. 강원도에서 조금 더 북쪽으로 올라가 인제군 용대리 일대나 속초시까지 가면 음식과 문학, 드라마, 영화 등 다양한 주제를 결합하여 에듀캠핑을 즐길 수 있습니다.

캠핑을 하면서 체험과 함께 주변의 다양한 자연, 인문환경의 특징이 얽혀 있는 이야기를 들려준다면, 생산적이며 교육적인 활동, 즉 에듀캠핑이 될 수 있을 것입니다.

유럽의 생수 가격이 비싼 이유!

지중해 주변의 남부유럽 지역은 기반을 이루고 있는 암석 성분이 석회암인 경우가 많습니다. 석회암 층을 통해 흘러나오는 물에는 칼슘이온을 비롯한 미네랄이 많이 녹아 있습니다. 칼슘이온 등 금속이온의 함유량이 높은 물은 맛이 씁쓸하기 때문에, 이온을 제거하는 데 공을 들이다 보면 자연스레 물값이 비싸질 수밖에 없습니다.

유럽뿐 아니라 우리나라의 강원도 영월군과 같은 석회암 지대의 물에는 칼슘이온이 많이 녹아 있는데, 이처럼 칼슘이온과 마그네슘이온이 일정 기준(300mg/L) 이상으로 녹아 있는 물을 센물(경수)이라고 합니다. 센물의 단점은 물맛이 좋지 않다는 것에 그치지 않습니다. 센물에서는 비누가 잘 풀리지 않기 때문에, 빨래나 목욕을 하기에도 좋지 않습니다. 비누의 음이온과 센물의 칼슘(마그네슘)이온이 반응하여 앙금을 형성하고, 앙금이 물에 쉽게 씻겨나가기 때문에 비눗기가 금방 없어져버립니다.

비누가 잘 풀리고 미끈거리는 촉감을 비교적 오래 느낄 수 있는 물인 단물(연수)에는 칼슘이나 마그네슘이온들이 적게 포함되어 있습니다. 난방용 보일러에 칼슘이온이 많이 포함된 센물을 사용하면 탄산칼슘이 형성되어 배관 내부에 쌓입니다. 그 결과 보일러의 열전도율이 떨어지고, 심할 경우 배관이 좁아져서 높은 압력을 이기지 못하고 배관이 터지는 일도 종종 발생합니다. 예전에는 동네 목욕탕에서 보일러가 터져 옷을 벗은 채로 사람들이 튀어나왔다는 신문기사가 사회면을 차지하는 일도 종종 있었습니다. 아마도 목욕탕 주인이 돈을 아끼려고 수돗물 대신에 칼슘이온이 많이 포함된 지하수를 가열하여 장기간 사용한 결과, 보일러 배관이 막혀서 사고가 난 것이 아닐까 생각됩니다.

'오래된 미래' 인도의 자동차에는 사이드미러가 없다

　'당황하면 후진함', '답답하시죠? 저는 환장해요', '3시간째 직진 중'과 같은 글귀는 무엇을 의미하는 걸까요? '초보운전'을 뜻하는 글귀임을 다들 눈치채셨을 겁니다. 지평선이 보이는 넓은 도로에서 한적하게 혼자만 운전한다면 왕초보도 쌩쌩 달릴 수 있겠죠. 하지만 꽉 막힌 도로에서 차선 변경을 하거나, 다른 차가 기다리는 좁은 골목에서 평행 주차를 하는 경우라면 식은땀이 줄줄 흐를 겁니

인도 TATA 자동차 회사의 'NANO'는 사이드미러가 옵션 사항입니다.

다. 초보일 때는 전방을 주시하는 것만으로도 벅차기 때문에 사이드미러를 보기 힘듭니다. 그래서 가끔 사이드미러를 접은 채로 운전을 해서 다른 운전자들에게 욕을 먹기도 하죠. 또 주차할 때 자칫 잘못하면 기둥이나 벽에 사이드미러를 긁기도 하고요. 하지만 운전에 익숙해지면 사이

드미러 없는 운전은 상상도 못할 만큼 사이드미러를 자주 보게 됩니다. 그런데 자동차의 사이드미러가 옵션인 나라가 있다면, 여러분은 이해가 되나요?

세계 2위의 인구(2014년 7월 현재 약 12억 3천6백만 명)를 자랑하는 인도. 사람도 많고 복잡한 인도에서 자동차 사이드미러는 필수가 아니라 '옵션'에 속한다고 합니다. 옵션(option)이란 자동차와 같은 기기를 구입할 때 사용자의 기호에 따라 선택해 부착하는 장치나 부품을 말합니다. 우리나라에서는 자동 변속기, 에어백, 후방 경보 장치, 선루프와 같은 옵션을 추가하는 경우가 흔하죠. 아무런 옵션이 없는 일명 '깡통차'에도 당연히 사이드미러는 달려 있습니다. 그런데 인도에서는 사이드미러가 달고 싶으면 달고 싫으면 마는 선택 사항이라니, 상식적으로 이해가 가지 않습니다.

인도는 세계에서 가장 운전하기 힘든 나라라고 합니다. 새롭게 생긴 도로를 제외하고는 대부분의 도로에 차선이나 신호 체계가 없는 데다 자전거, 오토바이, 오토릭샤, 택시, 트럭, 버스, 심지어 소까지 뒤엉켜 돌아다니기 때문이죠. 특히 인도에서 흔히 볼 수 있는 오토릭샤(auto-rickshaw)는 소형 엔진을

인도의 대표적인 운송수단인 '오토릭샤'

장착한 작은 삼륜 택시인데, 거의 다 사이드미러가 없고 심지어 문짝도 없습니다. 하지만 굉장히 많은 수의 오토릭샤가 별 탈 없이 쌩쌩 달리고 있죠. 오토릭샤뿐 아니라 일반 자동차의 경우에도 사이드미러가 아예 없거나, 혹은 있어도

접고 다니는 것을 쉽게 볼 수 있습니다. 그렇다면 차선 변경은 어떻게 할까요? 손거울에 긴 막대기를 붙여 만든 수제 간이 사이드미러를 사용한답니다. 인도 사람들은 왜 이렇게 귀찮고 위험한 행동을 하는 걸까요? 그냥 깔끔하게 사이드미러를 달면 해결될 일인데 말이죠.

인도 사람들이 사이드미러를 이용하지 않는 데는 다양한 이유가 있습니다. 첫 번째는 경제적 이유로, 사이드미러를 옵션으로 추가해서 부착하는 것보다 하인을 한 명 고용해서 옆을 보라고 하는 것이 오히려 더 저렴하다고 합니다. 아니면 더욱 저렴하게 위에서 말한 손거울과 막대기를 이용할 수도 있고요. 두 번째는 '곁눈질을 하면 부정 탄다'는 미신을 믿기 때문인데, 사이드미러를 보려면 아무래도 자꾸 곁눈질을 해야 하니 괜히 찜찜한 마음이 드나 봅니다. 세 번째 이유가 가장 중요합니다. 바로 '사이드미러로 인해 발생하는 사고를 예방'하기 위함입니다. 다양한 교통수단이 복잡하게 섞여서 달리기 때문에 뾰족 튀어나온 사이드미러가 오히려 접촉사고를 유발한다고 하는군요. 사이드미러를 비싼 돈 주고 달았는데 쉽게 파손된다면 너무 아깝잖아요. 그래서 접고 다니거나 아예 달지 않게 된 거죠.

그런데 사이드미러 없이는 잘 다녀도 경적이 없으면 다닐 수 없는 곳이 또한 인도입니다. 모든 운전자들이 쉬지 않고 빵빵거리죠. 아무 데서나 유턴하고 마구 끼어드는 혼돈의 도로 위에서 사이드미러 없이 운전하다 보니, 자신의 위치를 알리기 위해 경적을 울리는 것이 습관이 되었다고 합니다. 신기한 점은 앞에 차가 있든 없든 계속 빵빵거린다는 점입니다. 그냥 숨 쉬듯이 계속 울립니다. 인도의 시내에서 조용한 드라이브는 절대 불가능한 일인 것 같습니다.

폭스바겐의 'XL1'은 밖으로 돌출된 형태의 사이드미러 대신 카메라형 사이드미러를 장착하고 있습니다. 카메라형 사이드미러는 시야각이 90도 정도로 사각지대가 거의 없습니다.

이유를 알게 되었어도 여전히 사이드미러 없는 차에 대해 생소하게만 느껴지시죠? 하지만 가까운 미래에는 세계의 모든 차에서 사이드미러가 사라질지도 모릅니다. 최근 사이드미러를 없앤 자동차들이 속속 나오고 있거든요. 대신 측면에 카메라를 달아 운전석에서 화면을 볼 수 있게 한 것이죠. 사이드미러를 카메라로 대체하면 사각지대가 사라지게 되고, 공기 저항을 낮출 수 있어서 연료 소모량도 줄어드는 장점이 있다고 합니다.

폭스바겐은 사이드미러가 없는 자동차인 'XL1'을 한정적으로 판매하기 시작했고, 르노, 푸조, 시트로엥과 같은 자동차 회사에서도 사이드미러를 없앤 자동차를 선보였습니다. 국내에서는 현대자동차가 2013년 서울 모터쇼에서 사이드미러 없는 콘셉트 카 'HND-9'을 공개하기도 했죠. 하지만 우리나라 '자동차 안전 기준에 관한 규칙'에서는 카메라형 사이드미러를 불법으로 규정하고 있기 때문에 위에 나온 차들을 타고 다닐 수는 없습니다. 앞으로 카메라와 모니터의 성능을 개선하여 안정성을 높이고 운전 습관이나 문화의 인식을 점차 보완한다면, 사이드미러를 제거한 차를 합법적으로 탈 수 있는 날이 올지도 모릅니다.

무질서하게만 보이는 인도 교통 속에도 질서가 숨어있는데요, 서로 양보해서 길을 만들어주는 '여유로운 국민성'이 바로 질서입니다. 인도 사람들은 '신과 함께하는 이상 언젠가는 목적지에 도착할 것이다'라고 믿기 때문에 습관처럼 양보와 보호 운전을 합니다. 그들의 긍정적인 태도가 사이드미러를 대신했다면, 앞으로는 안전과 편의를 돕는 긍정적인 기술력이 사이드미러를 대신할 것입니다. 어쩌면 인도 사람들은 이미 '오래된 미래'를 살아가고 있는 것이 아닐까요?

참고 자료

「접었거나 없거나 사이드미러가 없는 나라, 인도」, 2008년 8월 22일, TV조선 〈아시아헌터〉 8회
「인도 자동차엔 사이드미러가 없는 까닭」, 2008년 2월 5일, 조선닷컴, 송동훈 기자
「사이드미러 없는 자동차, 국내도 나올까?」, 2014년 5월 27일, 오토타임스, 김성윤 기자
「해외선 사이드미러 없는 車 쏟아지는데… 국내선 규제개혁 논의 원점으로」, 2014년 10월 7일, 전자신문, 김용주 기자
「사이드미러 없는 차」, 2014년 11월 19일, 일요신문, 이정수

현수막과 <인터스텔라>

<인터스텔라> 영화 포스터

<인터스텔라>에서 책장은 현재의 차원과 다른 차원의 경계이자 통로로 이용되었습니다.

　2014년 우리나라를 뜨겁게 달군 영화 한 편이 있습니다. 바로 <인터스텔라>입니다. 미국보다 더 나은 흥행 성적을 국내에서 거두었고, 크리스토퍼 놀란 감독이 한국은 과학에 대한 교육과 관심도가 높아 이 영화가 성공했다는 다소 웃긴 인터뷰까지 했죠.

제가 영화 〈인터스텔라〉에서 가장 인상 깊게 본 장면은 바로 딸의 방안의 책장입니다. 책장은 현재의 차원과 다른 차원의 경계이자 통로였습니다. 딸은 자신의 방에 있는 책장에서 책과 여러 물건들이 자꾸 떨어지자 귀신의 짓이라며 겁을 먹었고, 주인공은 과학적으로 있을 수 없는 일이라며 크게 귀담아 듣지 않았습니다. 그러던 중 인류의 새로운 주거지를 찾기 위한 우주 탐사에 참여하게 됩니다. 그러나 우주 탐사는 실패하고 실낱같은 희망을 이어가기 위해 노력하다가 웜홀에 빠지게 됩니다. 미지의 세계였던 웜홀을 통해 도착하게 된 곳은 여러 차원이 겹쳐진 새로운 차원의 공간이었습니다. 그중에 자신의 과거가 보이는 공간도 있었죠. 그는 과거의 딸에게 메시지를 전달하고 싶었습니다. 그런데 과거의 차원과 현재 주인공이 있는 차원을 단절시키면서도 창문 역할을 하고 있는 것이 책장이었던 것이죠. 그래서 책장을 두드려 책과 물건을 떨어뜨린 것입니다. 다시 생각해도 정말 흥미로운 장면이었습니다.

만약 우리 주변에도 이런 책장이 있다면 어떨까요? 물론 다른 차원이 존재한다는 것을 증명해주지는 않지만, 현실 세계의 복잡함을 책장처럼 표현해주는 녀석이 있습니다. 우리가 흔히 보지만 휙 하고 지나쳐버리는 것 중 하나, 바로 현수막입니다.

의견을 표현하는 방법 가운데 말은 그 전달 대상에 한계가 존재합니다. 녹음이나 녹화를 하지 않는다면 같은 시간, 같은 장소에 있는 대상에게만 의견을 전달할 수 있죠. 그러한 한계를 이겨낼 수 있게 해준 것이 '글자'입니다. 글자로 의견을 표현하는 현수막은 어떤 사람이 다른 사람에게 자신의 생각을 쉽게 볼 수 있도록 만들어놓은 것입니다. 무수히 많은 광고 간판과 전단지 등도 모두 같은 기능을 하고 있습니다. 현수막의 가장 기본적인 목적은 자신의 의견(생각)을 타인에게 전달하는 것입니다. 그렇기 때문에 현수막에는 제작자가 왜 그런 말을 하는지, 어떤 목적이 있는지, 어떤 상황인지 등이 드러나 있다고 할 수 있습니다. 제가 살고 있는 지역 인근인 대구광역시 안심 지역의 현수막을 통해 지역민들의 환경과 안전에 대한 요구를 알아보고, 왜 그런 요구를 할 수밖에 없었는지 탐구해봅시다.

시멘트 공장을 배경으로 교차로에 현수막이 몇 개 걸려 있습니다. 주민 생명

"정부는 70년대 낡은 석탄법을 개정하라!"
"연탄공장 시멘트 가공공장으로부터 주민 여러분 함께 생명을 지켜냅시다!"
"대구시는 하루빨리 주민의 생명을 지키는 결단을 전쟁해주시길 바랍니다!"
안심단지 주변에는 이와 같은 현수막이 걸려 있습니다.

(건강)을 위협하는 연탄 공장, 시멘트 공장과 관련된 내용들입니다. 왜 이곳 지역민들은 생명의 위협을 느끼게 된 것일까요? 이 지역은 대구 안심 연료단지 주변입니다. 안심 연료단지 내에는 대구에 공급하던 연탄을 생산하는 공장 다섯 곳과 시멘트 공장 두 곳이 입지해 있습니다. 어떻게 공장과 주거지역이 붙어 있게 되었을까요? 그것은 도시의 성장에 의한 것입니다. 도시는 가만히 있는 것이 아니라 시간의 흐름에 따라 부단히 변화합니다. 인구가 늘어나고 경제가 성장하면 도시도 같이 성장하는 것이죠. 1960~70년대 안심 지역은 대구광역시(당시는 대구직할시)의 동쪽 외곽 지역이었습니다. 사람이 드물고 땅값도 아주 저렴했겠죠. 그 당시 많이 사용하던 연탄과 시멘트를 만드는 공장을 세우기에 부족함이 없었을 겁니다. 하지만 인구가 증가하면서 더 많은 주거지가 필요하게 되었고, 도시 외곽 지역에 아파트 단지와 같은 새로운 주거지가 건설되었습니다. 도시가 팽창한 것이죠. 원래 공장이 있던 외곽 지역에 주거지와 공장이 붙어 있게 되자 공장에서 발생하는 소음, 공해와 같은 환경적 안전에 민감해지면서 여러 가지 갈등이 생겨나게 되었습니다.

그렇다면 안심 연료산업단지는 왜 이곳에 생기게 되었을까요? 여러 요인이 있겠지만 관통하는 철도인 과거의 대구선이 가장 중요한 역할을 했다고 생각합니다. 대구선은 일제 강점기에 건설된 대구역과 영천역을 잇던 노선을 일컫습니다. 무거운 무연탄과 석회석을 빠르고 저렴하게 대량 수송할 수 있는 철도가 있었기에 가능했던 것이죠. 하지만 여러 주민들의 민원이 제기되자 철도 이설 논의가 시작되었고, 결국 2008년 2월에 대구선 이설 사업이 완료되면서 안심 지역 철도는 폐쇄되었습니다. 그러자 공장들은 어쩔 수 없이 대형 트럭으로 원료를 실어 나르게 되었고, 교통 혼잡과 사고 위험이라는 다른 문제점이 발생해 갈

등이 깊어지고 있습니다.

이처럼 하나의 현수막을 통해서 여러 가지 자연적, 사회적 현상을 투과해볼 수 있습니다. 물론 그 지역을 자세히 들여다보고 관심을 가진다면 말이죠. 여러분이 살고 있는 지역의 현수막이라든지 전단지와 같은 언어 경관을 가벼이 여기지 말고 곰곰이 생각해보는 시간을 가져보면 어떨까요? 새로운 '인터스텔라'가 그려질 것입니다.

건들지 마! 나 오늘 저기압이야

공기를 볼 수 있는 사람은 없지요? 하지만 눈에 보이지 않는 공기가 우리의 삶에 다양한 영향을 미치고 있음은 다들 잘 아실 겁니다. 우리는 느끼지 못하고 있지만 공기는 항상 우리를 누르고 있습니다. 이것을 공기의 압력, 즉 기압(氣壓, air pressure)이라고 합니다. 이번에는 이 기압이 우리 생활에 어떤 영향을 미치고 있는지 이야기해볼까 합니다.

우리가 살고 있는 지구의 대기에는 공기가 있습니다. 공기는 중력에 따라 지표면 근처에 많이 몰려 있고, 상층으로 올라가면서 점점 희박해집니다. 이처럼 공기가 밀집해 있는 정도를 공기 밀도라고 합니다. 그런데 공기가 밀집해 있는 정도는 지역별로도 그 환경적 조건에 따라 다릅니다. 어떤 지역은 공기가 많이 밀집해 있기도 하고 어떤 지역은 느슨하기도 하지요. 주로 공기의 온도 변화에 따라 그 밀도가 달라지는데, 공기는 차가워지면 무거워지고 뜨거워지면 가벼워진다고 생각하면 이해하기가 쉽습니다. 그렇다면 공기가 많이 밀집되어 있으면 무겁겠죠? 즉 누르는 힘이 강하다는 이야기가 됩니다. 이런 상태를 고기압이라고 합니다. 이때는 공기가 내려오려고 할 것입니다. 반대로 공기가 느슨하면 가벼울 테니 공기가 누르는 힘이 약할 것이고, 이런 상태를 저기압이라고 합니다. 이때는 공기가 올라가려고 할 것입니다. 이렇게 내려오려고, 혹은 올라가려고 하는 공기의 흐름을 하강기류, 상승기류라고 합니다.

한편 고기압에서는 날씨가 맑고, 저기압에서는 날씨가 흐리다는 것도 아실 겁니다. 주변 사람이 갑자기 짜증을 내고 열받아 있을 때, 우리는 그 사람에게 "너 오늘 저기압이구나?"라고 말하거나, 그 사람으로부터 "나 오늘 저기압이야, 건들지 마" 등의 이야기를 듣기도 하지요. 이처럼 기압의 상태는 날씨의 맑음과 흐림을 결정하기도 합니다.

맑은 날에는 아무렇지도 않은데, 비가 오려고 하는 날에는 어딘가가 결리고 쑤신다고 이야기하는 사람들이 많습니다. 이런 현상도 바로 기압 때문에 나타나는 것입니다. 기압은 우리도 모르는 사이에 우리를 꼭꼭 눌러주고 있습니다. 여러분이 부모님이나 친구의 어깨 혹은 다리를 주무를 때면 꾹꾹 힘을 가하며 누르죠? 그러면 굉장히 시원합니다. 보통의 맑은 날에는 공기가 우리를 적당하게 눌러주고 있어서, 우리는 그 편안한 상태를 정상이라고 생각하게 되죠. 그런데 비가 오는 경우는 기압이 낮은 저기압 상태입니다. 저기압이 되면 공기가 누르는 힘이 약해지고 평소에 꾹꾹 눌러줬던 공기가 눌러주지 않으니 여기저기가 쑤시게 되는 겁니다.

산에 올라가면 어떠할까요? 산에 올라가도 기압이 내려갑니다. 산에서 밥을

해본 적이 있나요? 산에서 밥을 하면 대개 설익습니다. 그럴 때면 주변에 있는 돌을 가져다가 냄비 뚜껑 위에 올려놓습니다. 인위적으로 압력을 가해서 기압을 올려주는 것이죠.

이러한 기압의 상태는 항상 고정되어 있는 것이 아니라 환경에 따라 계속 달라지므로 공기는 끊임없이 이동하고 순환하게 됩니다. 공기는 많이 밀집해 있어 눌려 내려오는 고기압 지역에서 공기가 상승하여 비어 있는 저기압으로 이동합니다. 이러한 공기의 이동이 바로 바람입니다.

일반적으로 돌과 같은 고체는 빨리 데워졌다가 빨리 식으며, 물과 같은 액체는 천천히 데워지고 잘 안 식습니다. 우리는 이미 몸으로 이것을 경험했던 적이 있습니다. 지금이 8월의 오후 2시 해수욕장이라고 가정해보겠습니다. 여러분이 모래에 발을 디디면 자신도 모르게 깡충깡충 뛰게 될 정도로 모래는 굉장히 뜨거워져 있을 겁니다. 그렇게 뛰어 들어간 바닷물은 상대적으로 시원합니다. 이것은 우리나라가 왜 여름에는 뜨겁고 습한 바다의 영향을 받고 겨울에는 차갑고 건조한 대륙의 영향을 받는지 이해할 수 있는 중요한 원리가 됩니다. 이를 우리는 계절풍이라고 합니다.

우리나라는 중위도에서도 유라시아 대륙 동쪽 끝에 있습니다. 그래서 유라시아 대륙의 영향과 바다의 영향을 동시에 받고 있습니다. 우리나라는 여름철이 되면 육지와 바다 중에 육지가 더 많이 데워집니다. 그러면 대륙 쪽은 공기가 가벼워져 저기압이 되겠죠. 상대적으로 바다는 고기압이 됩니다. 더욱이 우리나라 남쪽 열대 북태평양 바다에는 연중 거대한 덩치의 고기압 덩어리가 자리 잡고 있는데, 이로부터 뜨겁고 습기 많은 바람이 데워진 대륙 쪽으로 이동해오게 되지요. 이 바람, 즉 여름 계절풍이 만드는 무더위가 우리나라 사람들이 열대작물인 벼를 재배하여 쌀을 주식으로 삼고 살아갈 수 있게 만든 중요한 요인이 된 것입니다.

반대로 겨울철이 되면 대륙은 매우 차가워져 고기압 상태가 되며, 바다는 상대적으로 따뜻한 상태가 되어 저기압이 만들어집니다. 우리나라 북서쪽의 시베리아 지역에서 강력하게 냉각되어 불어오는 북서풍이 매섭고 건조하며 차갑기 때문에, 우리 조상들은 등 뒤에 산이 있고 앞에는 물이 흐르는 소위 배산임수(背山臨水) 지역에 마을을 짓고 살아갑니다. 오늘날 우리가 남향집을 선호하는 것도 그러한 이유라고 할 수 있습니다. 남향집은 여름에는 시원하고 겨울에는 따뜻해 다른 방향의 집보다 집값이 비쌉니다.

참! 우리나라는 북반구라서 남향집을 선호하지만, 오스트레일리아나 뉴질랜드와 같은 남반구 국가에 가서 남향집을 달라고 하면 이상한 눈으로 쳐다볼 것입니다. 남반구에서는 같은 원리로 북향집을 선호합니다. 순식간에 모지리(지리를 모르는 사람)가 되기 쉽습니다. 이처럼 지리를 공부하면 자연현상을 우리 인간의 생활에 비춰 설명할 수 있습니다. 지리로 보는 세상, 흥미롭지 않나요?

비열(kcal/kg·℃)

어떤 물질 1킬로그램(kg)을 1도(℃) 올릴 때 필요한 열량(kcal/kg·℃)을 비열이라고 합니다. 하지만 우리는 비열의 구체적인 수치보다는, 물과 모래 중 어떤 것이 더 빨리 데워지고 빨리 식는지만 알면 됩니다. 같은 에너지를 받았는데 모래가 물보다 더 빨리 데워졌다면 모래가 비열이 더 작다는 뜻입니다. 실제로 물의 비열은 1kcal/kg·℃, 모래의 비열은 0.2kcal/kg·℃입니다

물질별 비열

물질		비열(kcal/kg, ℃)
금속	납, 금	0.03
	금속구리	0.09
	금속철	0.11
	금속알루미늄	0.22
기체	공기	0.24
고체	유리	0.20
	고체화강암, 모래	0.20
	고체나무	0.41
액체	알코올	0.58
	물	1.00

새벽에 하는 운동은
정말 건강에 나쁜가요?

새벽에 하는 운동이 건강에 나쁘다는 이야기, 혹시 들어보셨나요? 과연 그럴까요? 학교 수업에서나 건강 상식으로 제공되는 여러 기사에서 상쾌한 새벽 공기를 마시면서 즐기는 운동이 건강에 오히려 해로울 수 있다는 이야기를 들어보았다면 처음에는 다소 의아했을 것입니다. 하루를 시작하는 새벽의 공기는 밤새 깨끗해졌을 것 같고 신선하다는 느낌도 있을 텐데 말이죠. 학교에서는 선

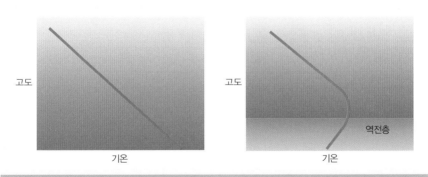

정상 기온 분포와 기온 역전 현상 시 기온 분포

생님이 이런 점을 들어 학생들의 주의와 관심을 끌면서 '기온 역전 현상'이라고 하는 원리를 이해하기 쉽게 가르치기도 합니다. 그 원리는 다음과 같습니다.

지표에서 하늘로 올라갈수록 공기의 온도는 일정한 비율로 점차 낮아집니다. 지표면에서는 중력 때문에 공기가 많이 잡혀 있지만, 하늘로 올라갈수록 중력이 약해져 기압이 낮아지니 열을 잡아둘 수 있는 공기와 수증기의 양이 줄어들어 기온이 점차 낮아지지요. 물론 우리가 살고 있는 지표 근처 상공인 대류권의 이야기입니다. 한편 낮에는 태양이 햇볕을 쬐어주어 지표가 따뜻하게 데워지는데, 밤에는 햇볕이 들어오지 않는 데다 지구는 밤새도록 에너지를 지구 바깥으로 내보냅니다. 에너지를 복사하듯 내보내지요. 그러면 밤 동안 지표는 식어갈 것이고, 새벽녘 해가 뜰 무렵의 지표면은 매우 차가운 상태가 됩니다. 새벽에 풀잎에 맺힌 이슬도 공기가 차가워져 액체로 변한 것임을 잘 알고 있을 겁니다. 그러므로 밤새 지표가 강제로 차가워진(어려운 말로 복사 냉각이라고 합니다) 탓에 지표 근처 기온의 분포가 거꾸로 되어버리는데, 이것을 '역전'되었다고 합니다. 우리가 일본에게 축구를 0:1로 지고 있다가 후반에 2골을 넣으면 '역전했다'고 표현하죠. 지표에서부터 하늘로 올라갈수록 어느 지점까지 기온이 상승하는 뒤바뀐 분포가 발생하는 이 상황을 '기온 역전'이라 하고, 기온 상승이 이루어지는 기층을 '기온 역전층'이라고 합니다.

그런데 공기는 차가워지면 무거워지고 뜨거워지면 가벼워집니다. 만일 새벽에 이처럼 기온 분포가 역전되어 있다면 역전된 지표 근처에는 무겁고 찬 공기가 깔려 있겠죠? 그럼 공기가 움직일 수 있을까요? 공기가 딱 갇힌 상태로 안정적으로 머물러 있을 겁니다. 그 안에서 오염 물질들도 움직이지 못하겠지요.

이 차가운 공기 속에서 운동을 하겠다고 뛰어다니면 고스란히 오염 물질을 다 마시게 되는 겁니다. 해가 뜨고 햇볕이 내리쬐면 지표가 다시 데워지고, 그러면 공기가 뒤섞이면서 기온 분포가 정상적인 상태가 되고 오염 물질도 잘 섞이게 될 것입니다. 그래서 새벽보다 공기가 잘 섞여 있는 오후에 운동하는 것이 오히려 더욱 좋다고 이야기합니다. 이런 이야기는 기온 역전 현상이라는 원리를 공부하면서 실제 생활에도 유용하게 적용할 수 있기 때문에 아주 좋은 학습 주제로 다루어져왔습니다.

그렇다면 지금부터 실제로 그러한지 한번 생각해보도록 합시다. 이 책의 독자 여러분 가운데는 도시에 살고 있는 분들도 계실 테고, 한적한 교외 지역에 살고 있는 분들도 계실 겁니다. 앞서 설명한 원리는 물론 어디에나 적용되겠지만, 도시 지역에서는 이야기가 달라지지 않을까요? 도시 지역에서도 기온 역전 현상은 잘 일어납니다. 하지만 새벽을 지나 아침이 되면서 점차 출근 차량이 증가하고, 또한 퇴근 시간인 오후와 저녁 역시 차량이 많습니다. 이 출근과 퇴근 시간대가 오염 물질이 가장 많이 배출되는 때입니다. 그래서 실제로는 대기가 안정되어 있는 새벽녘보다 출근 및 퇴근 시간대의 오염 물질 농도가 하루 중 가장 높은 수치를 기록하게 되지요. 물론 이 오염 물질들은 자동차와 같은 오염원으로부터 바로 배출되는 1차 오염 물질, 즉 황산화 물질(SO_x), 질산화 물질(NO_x), 미세먼지(TSP, PM10, PM2.5) 등이 중심이 됩니다. 자동차 배기가스가 햇볕과 반응하여 만들어지는 2차 오염 물질인 오존(O_3) 농도는 일사량이 가장 많은 오후 2~3시경에 가장 높습니다.

그렇다면 도시 지역에서는 언제 운동을 하는 것이 가장 좋을까요? "야, 너

미세먼지(TSP)

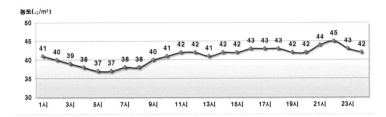

아황산가스(SO₂)

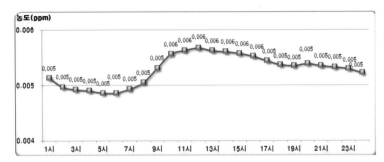

오존(O₃)

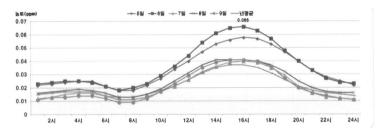

이산화질소(NO₂)

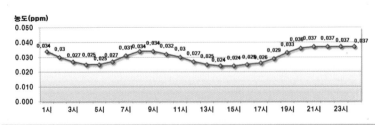

서울시 주요 대기오염 물질 농도의 일변화(2012)

무슨 달밤에 체조를 하냐?"라고들 하겠지만, 건강상으로만 보면 달밤에, 그것도 밤 12시가 넘은 새벽에 체조하는 것이 가장 좋겠지요. 물론 12시가 넘어서까지 잠을 자지 않고 운동한다면 일상생활에 상당한 지장을 초래할 테니 현실적으로는 어려워 보이기도 합니다. 그러니 결론적으로 비록 대기가 안정된 상태라 할지라도 새벽녘에 일찍 일어나서 운동을 하는 것이 도시 지역의 삶에서는 가장 현실적이고 적합한 방법이 아닐까요?

이론상의 과학 상식은 우리의 실제 생활에 적용될 수 있어 그 사례가 좋은 학습 주제가 되곤 합니다. 더욱이 기온 역전 현상과 관련된 아침 운동의 위험성에 대한 이야기는 일반적인 우리의 선입견과 상반되기에 상당히 흥미로운 학습 주제이자 이야깃거리가 되어왔습니다. 하지만 이런 이론적인 이야기들은 실제 현실에서는 또 다른 변수로 인해 다르게 적용될 수도 있음을 한 번쯤 생각해볼 필요가 있습니다. 도시화에 따른 도시 지역의 변화된 환경이 일반적인 과학 원리에 이렇게 또 다른 변수로 작용하여 우리 생활에 다르게 영향을 미치기도 한답니다. 건강을 위해서는 새벽에 일찍 일어나서 운동하는 것이 가장 좋겠습니다.

참고 자료

'2012 서울 대기질 평가 보고서', 서울특별시(2013)

가까이하기엔 너무 먼 당신!
공간의 심리학

숲을 이루는 나무들은 서로 적당히 떨어져 있어야 합니다. 너무 가까우면 뿌리가 엉켜 땅속 영양분을 제대로 흡수하지 못하기 때문이죠. 반면 너무 멀면 폭우나 산사태에 대비할 수 없게 됩니다.

지하철에서 다리를 벌리고 앉아 있는 '쩍벌남'을 만나면 불쾌감이 듭니다. 보기 흉하기도 하고 옆 사람을 불편하게 만들어서이기도 하지만, 무엇보다도 이 사람이 나의 '퍼스널 스페이스'를 침범하기 때문에 불쾌감을 느끼는 것이 아닐까 합니다. 퍼스널 스페이스(personal space)는 문화인류학자 에드워드 홀이 발표한 개념으로, 사람이 가지는 거리 혹은 공간의식을 말합니다. 모든 사람은 자신의 몸을 중심으로 반경 1~2미터 정도의 퍼스널 스페이스를 가집니다. 이는 말 그대로 '개인적인 공간'으로, 이 범위 안에 누군가 들어오면 스트레스를 받거나 불안정한 상태가 됩니다. 자신과 외부 세계를 구분하는 경계, 타인으로부터 침해받고 싶지 않은 개인적 공간을 말하는 것이죠.

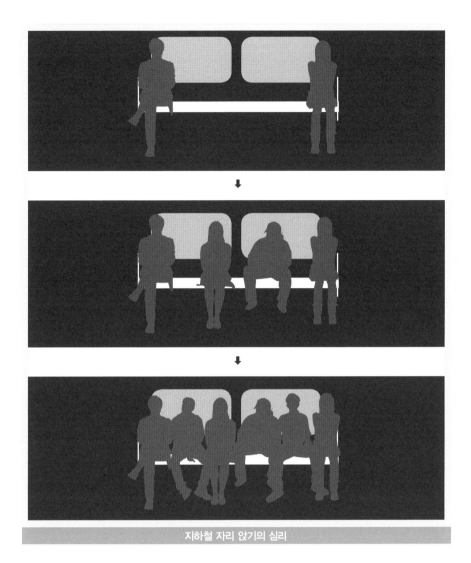

지하철 자리 앉기의 심리

사람이 가득 타고 있는 엘리베이터에서 대부분의 사람들은 엘리베이터 위쪽에 있는 층수 표시 숫자에 시선을 고정하곤 합니다. 엘리베이터라는 좁은 공간 속에서 퍼스널 스페이스를 지키지 못해 불안감이나 불쾌감을 느끼기 때문입니다. 지하철을 타면 가장자리부터 앉는 사람들의 심리 또한 참 묘합니다. 긴 의

자 전체를 보면 우선 맨 끝 가장자리에 앉고, 그다음 가운데 앉죠. 그리고 나서 그 사이를 채워가는 방식입니다. 이것은 사람들이 상대방과 거리를 두고 싶어 하는 심리에서 나오는 공간 본능에 기인한 것입니다. 거창해 보이지만, 퍼스널 스페이스는 생각보다 우리 주변에서 쉽게 느낄 수 있습니다.

퍼스널 스페이스는 물리적인 거리를 의미하지만, 사실 심리적인 요인과도 큰 관련이 있습니다. 우리가 느끼는 '마음의 거리'의 영향을 받기 때문입니다. 누군가와 익숙해지기까지 걸리는 시간, 그 시간과 심적 거리가 물리적인 거리로 나타나는 거죠. 우리가 느끼는 퍼스널 스페이스는 고정되어 있지 않습니다. 어떤 사람과의 친밀도에 따라 거리는 얼마든지 달라지거든요. 퍼스널 스페이스는 마음의 벽과 같은 관계의 장애물이 아닙니다.

프랑스의 철학자 시몬 베유(Simone Weil, 1909~1943)는 "순수하게 사랑한다 는 것은 거리를 두는 데 동의하는 일이다. 사랑할수록 자신과 사랑하는 사람 사이의 적절한 간격을 존중해야 한다"고 했습니다. 내가 지금 누군가를 사랑하 고 있다면 상대방의 형편과 마음을 읽는 능력, 퍼스널 스페이스를 존중하고 이 해하려는 노력을 갖추는 것이 필요하지 않을까 합니다.

공간은 우리 인간의 경제활동, 여가생활이 펼쳐지는 유무형의 장소입니다. 어디에 가게를 차릴까, 어디에 주택을 사고 땅을 사면 값이 오를까, 어디로 여 행을 해야 편안하게 휴식을 취하고 힐링을 할 수 있을까 등, 사람들은 하루 종 일 최적의 공간을 찾아 고민하는 삶을 살고 있습니다. 어느 지역과 장소에 산 업 시설이 생기고 거주 공간을 지으며 도시와 촌락이 발달하는 과정은 한마디로 '인류의 공간 선택과 점유를 위한 경쟁과 협력의 역사'라고 볼 수 있습니다. 그리고 공간의 선택과 점유는 곧 돈으로 직결됩니다. 비행기로 보면 이코노미 클래스와 비즈니스 클래스는 가격이 두 배 이상 차이 납니다. 또한 인류가 가진 공간 중에서 가장 사치스러운 공간인 자동차는 대중교통과 비교해볼 때 확실한 자기만의 공간이 생긴다는 것이 가장 큰 매력입니다. 자동차를 사서 운전하는 것은 비싼 값을 주고 자신이 독점할 수 있는 공간을 마련하는 것으로 설명할 수 있습니다. 이처럼 '공간이 곧 돈'이라는 인식을 한다면 지금 보이는 모든 경제관념에서 공간 없이는 설명이 안 될 것 같습니다.

에드워드 홀은 인간 사이의 거리가 네 가지로 나누어져 있다고 합니다. 친밀한 거리, 개인적 거리, 사회적 거리, 공적 거리가 그것입니다. 친밀한 거리는 연인 및 보호자와 어린이 사이의 거리에 해당하고, 개인적 거리는 친한 친구와의 거리, 사회적 거리는 직장과 비즈니스 업무 등 사무적인 인간관계에서 적용되는 거리라고 합니다. 공적인 거리는 공연, 강연 상황에서 공연자와 관중, 강연

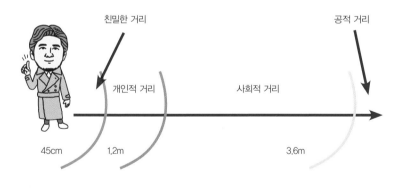

에드워드 홀은 인간 사이의 거리를 네 가지로 나누어 설명하고 있습니다.

자와 청중 사이의 거리를 말합니다.

주말에 커피 전문점에 가보면 처음 소개팅하는 사람들을 어렵지 않게 찾아볼 수 있습니다. 어느 정도 거리를 유지한 채 마주앉아 있는데, 특이한 현상은 남성은 대개 의자 앞으로 다가와 앉고, 여성은 의자에 등을 붙이고 앉아 있다는 점입니다. 이 자세를 해석해보면 남성은 여성이 마음에 들어서 다가가는 것이고, 여성은 그 거리를 유지하고 있는 것이죠. 나중에 이들이 본격적으로 연인 사이가 되면 그 거리가 줄어듭니다. 이때의 거리를 친밀한 거리라고 할 수 있습니다.

"하수는 시간을 관리하고, 고수는 공간을 지배한다"라는 말을 들어보셨는지요? 공간이란 자기 관리의 일부분으로 생각해야 하며, 자신의 공간을 잘 유지하고 활용하는 잠재적인 기술을 가진 사람이 다른 사람의 공간 역시 침해하지 않으면서 그 공간을 통해 친밀한 대인관계를 맺을 수 있을 것입니다. 비즈니스를 잘하거나 연애를 잘하려면 '개인적 거리'에 해당하는 1미터의 물리적 거리를 잘 활용해야 한다고 합니다. 비즈니스의 필수 요소인 설득과 협상은 '사회적 거리'에서 이뤄지는 행위지만, 성공 확률을 높이기 위해서는 이보다 더 가까운 '개인적 거리'까지 다가갈 수 있어야 한다는 것이죠. 상대에게 부탁을 하거나 상대를 설득할 때 소기의 목적을 달성하려면 1미터 이내까지 접근하는 것이 필수적이라는 뜻입니다. 사회적인 성공이 인간관계의 영향을 많이 받는 것을 생각한다면, 공간을 지배하는 능력이 또 다른 사회적 지능으로 중요시되는 시대가 온 것 같습니다.

손에 스마트폰을 쥐었다 하면 언제든지 SNS로 다른 사람과 소통할 수 있지만 왠지 모를 깊은 외로움을 느끼는 이 시대에, 나의 가족, 친구, 연인, 직장 동료와의 관계를 재정립하고 친근감의 허와 실을 생각해보는 시간을 가지는 것도 의미 있을 듯합니다.

사랑도 전략이다!
사랑을 이루는 장소 공략법

　사랑하는 사람이 생겼을 때의 설렘과 두근거림, 그리고 썸을 탈 때의 미묘한 감정을 느껴본 적이 있을 것입니다. 저 역시 사람인지라 이런 느낌을 가지고 살았던 옛 추억이 많이 떠오르네요. 1990년대 록 그룹 지니의 〈바른 생활〉의 가사처럼 착하게 열심히 살았지만, 21년 동안 모태 솔로로 살며 외로움에 사무친 상태로 군대에 가야 했습니다. 그리고 군대에서 우연히 보게 된 책이 (제목이 확실히 기억나지는 않지만) 『여자의 마음을 사로잡는 50가지 방법』이라는 책이었습니다. 그때는 잘 몰랐는데, 그 책을 '제 인생의 책'이라고 할 수 있지 않을까 생각해봅니다. 우선 사랑하는 마음만으로 전부가 아니라는 것을 알게 해주었다는 점에서 당시 충격적이었으며, 사랑에도 전략이 필요하다는 점이 솔직히 이해가 되지는 않았습니다. 말 그대로 '꼭 밀당을 해야 하나?' 이런 생각이었죠. 그래서 군대를 제대한 이후에도 모태 솔로의 삶은 이어졌습니다.

　선생님이 되고 나서 누가 봐도 예쁜, 나와는 다른 세계에 살고 있을 것만 같

상대의 왼쪽에 있는 것만으로도 두근거림을 줄 수 있습니다.

은 옆 반 선생님을 보았습니다. 그 순간을 잊을 수 없습니다. 학교에도 이런 사람이 있구나, 그리고 끝. 어차피 나와는 다른 세상의 사람이었으니까요. 사실 사랑에 대해 포기하고 있었다고 하는 것이 맞겠지요. 그런데 어느 날 갑자기 이런 생각이 머릿속을 스쳤습니다. '어차피 나는 잃을 것이 없다.' 그래서 옆 반 선생님에게 전화를 했습니다. "선생님, 영화 보실래요?" "지금요?" 헉, 지금이라고? '지금'은 생각해보지 않은 말이었습니다. 나중에 시간 될 때 함께 영화 보자는 말이었는데…… 그런데 그때 머릿속에 또 이런 생각이 스쳤습니다. '아, 지금이구나!' 그렇게 해서 옆 반 선생님과 저는 밤 아홉 시에 만나 함께 영화를 보았습니다. 그리고 저는 군대에서 봤던 책에서 기억나는 전략들을 하나씩 사용하기 시작했습니다.

전략1. 상대방의 왼쪽에 앉아라.

심장은 우리 몸의 왼쪽에 있을까요, 오른쪽에 있을까요? 사실 심장은 우리 몸의 중앙에 있습니다. 다만 박동이 이뤄지는 곳이 심장의 왼쪽이기 때문에 심장이 왼쪽에 있다고 착각하게 되죠. 중요한 것은 심장이 왼쪽에서 두근거린다는 것입니다. 그래서 상대방의 왼쪽에 앉는 것입니다. 그러면 상대방은 심장이 두근거리는 쪽에 내가 있음을 알게 됩니다. 심장이 두근거리는데 옆을 보니 제가 있는 거죠. 그러면 심장이 두근거리는 원인이 저에게 있는 듯한 착각을 불러일으키는 겁니다.

전략2. 놀이공원을 활용하라.

롤러코스터를 타고 높은 지점으로 올라가는 동안 심장이 두근거리는 효과가 옆 사람 때문인 것 같은 착각을 느끼게 합니다.

심장을 두근거리게 하는 전략은 동일합니다. 놀이공원에서 롤러코스터를 타고 높은 곳까지 올라갑니다. 그 순간 옆에 제가 있는 거죠. 비슷한 예로 횡단보도를 건너는데 초록불이 깜빡거립니다. 이때는 무조건 손잡고 뛰는 겁니다. 같이 뛰고 나면 심장이 두근두근, 서로 눈을 마주치며 심장이 두근두근, 아시겠지요?

전략3. 아름다운 자연을 찾아가라.

우선 자연스럽게 스킨십을 하기 좋은 장소는 산입니다. 등산을 하다 보면 자연스레 손을 잡게 되고 서로 밀어주고 당겨주게 됩니다. 그리고 산 정상에 올라 서로를 바라보는 거죠. 이때도 심장은 두근거립니다. 심장을 내 옆에서 두근거리게 하는 데는 성공했는데, 결정적인 한 방이 없었습니다. 저는 크리스마스를 이용했습니다. 솔로가 아닌 커플로 처음 보내는 크리스마스! 뭔가 특별한 것이

동굴과 같이 은밀한 장소에 둘만 있는 것이 연인 사이에 호감을 더욱 키울 수 있습니다.

필요했지요. 보통 크리스마스 때 영화관, 극장, 분위기 좋은 식당은 모두 예약되어 있기 마련입니다. 예약이 되어 있지 않더라도 사람들로 붐비지요.

저는 이때 강원도 영월로 가는 기차표를 2장 끊었습니다. 기차를 타고 가면서 자동차에서와는 다른 데이트를 즐길 수 있었죠. 영월에 가서는 '고씨동굴'로 향했습니다. 크리스마스의 동굴, 아무도 없습니다. 우리 둘만의 은밀한 공간이 만들어집니다. 이상한 생각은 접어두세요. 고씨동굴은 대표적인 석회 동굴로 석순, 석주, 종유석과 각종 기암괴석들이 많이 있는데, 사람들이 동굴의 일부를 떼어가는 행위를 막기 위해 곳곳에 CCTV가 설치되어 있답니다. 어쨌든 은밀하고 겨울임에도 따뜻한 공간이 동굴입니다. 그리고 밤에는 '별마로 천문대'로 향합니다. 하늘의 별을 보며 "이 별은 너의 별, 저 별은 나의 별"을 되뇌어보죠. 그리고 마지막 기차를 타고 서울로 돌아오는 일정이었습니다. 지금도 저의 아내는 이렇게 이야기합니다. 그때, 다른 사람과는 다른 무언가를 느꼈다고요.

가장 중요한 것은 진실한 사랑입니다. 그리고 또 중요한 것이 공간과 장소를 공략하는 것입니다. 우선 상대방의 왼쪽을 공략하십시오. 또한 아름다운 경관이 있는 데이트 장소를 알아보세요. 그리고 잘난 척이 아닌 정도로 살짝 아는 척을 합니다. 공부를 조금 하셔야겠죠. 아름다운 경관이 아니더라도 상대방의 취향에 맞는 데이트 장소를 정하는 것, 이것이 사랑의 시작입니다. 지리는 사랑입니다.

'바바리맨'에게
숨겨진 패션의 비밀

"꺄악~!! 바바리맨이다!!"

여중, 여고를 나왔다면 누구나 한 번쯤은 목격한다는 변태 '바바리맨'. 여러분은 바바리맨 하면 어떤 이미지가 떠오르나요? 무릎까지 내려오는 짙은 베이지색 트렌치코트를 입고 있다가 여고생이 나타나면 짠~ 하고 코트를 열어 보입니다. 하지만 안에 입어야 할 옷은 없고 온통 맨살뿐이죠. 여고생들은 충격에 울음을 터뜨리거나 소리를 지르고 달아납니다. 최근에는 휴대전화로 사진을 찍어 모멸감(?)을 주거나, 합심해서 잡아 경찰에게 넘기는 용감한 소녀들도 있더군요. 물론 바바리맨의 이런 행위는 엄연한 범죄입니다. 과다 노출의 경우 경범죄에 속하는데, 음란한 목적으로 불쾌감을 주었다면 공연음란죄라는 조금 더 센 범죄가 성립합니다. 그런데 어쩌다가 이런 변태를 부르는 이름이 '바바리맨'이 되었을까요?

바바리맨 패션의 완성에 빠질 수 없는 필수 아이템인 트렌치코트에서 그

버버리의 핵심 개버딘 원단은 방수성과 통기성,
보온성이 우수합니다. (출처: 버버리 홈페이지)

유래를 찾을 수 있습니다. 트렌치코트를 디자인한 브랜드는 영국의 명품 회사 '버버리(Burberry)'입니다. 영국 국왕 에드워드 7세가 자신의 레인코트를 찾을 때마다 "내 버버리를 가져오게(Bring my Burberry)"라고 말한 유명한 일화가 있을 정도로, 버버리는 트렌치코트의 대명사가 되었습니다. 이후 우리나라에서 '버버리'가 '바바리'로 변한 것이죠.

버버리 회사는 1856년 토머스 버버리(Thomas Burberry)가 영국의 햄프셔 주에 차린 작은 옷가게에서 시작합니다. 영국은 대표적인 서안해양성 기후 지역인데, 편서풍과 난류의 영향으로 비가 자주 내립니다. 당시 사람들이 주로 입던 레인코트는 고무로 만들어져 굉장히 무겁고 움직이기 불편했다고 합니다. 자주

영국 장교들을 위해 만든 버버리의 타이로켄 광고(좌)와 트렌치코트의 부위별 명칭(우)

입는 레인코트를 가볍게 만들고 싶었던 토머스는 목동이나 농부들이 일할 때 입는 '스모크 프록'이라는 소재에 관심을 갖게 됩니다. 이 소재는 다른 직물보다 가볍고 튼튼하면서 여름에는 시원하고 겨울에는 따뜻한 장점이 있었죠. 하지만 거친 느낌의 디자인 때문에 평상복으로는 입지 않고 주로 작업복으로 쓰였습니다. 토머스는 여러 번의 실패 끝에 '개버딘(gaberdine)' 원단을 개발합니다. 스페인어로 '순례자가 입는 겉옷'을 뜻하는 개버딘은 우수한 통기성과 내구성, 방수성을 가진 천으로, 겨울에는 따뜻하고 여름에는 시원한 원단이었죠. 게다가 무게는 매우 가벼워 활동성도 보장되었습니다.

버버리에서는 개버딘 원단으로 레인코트를 제작해서 큰 인기를 끌었습니다. 심지어 군대에서도 버버리를 입었는데, 보어 전쟁 때 영국 장교들이 입었던 타이로켄(Tielocken)은 버버리가 만든 코트였습니다. 단추 없이 벨트로 앞을 여민

군용 방수복 타이로켄은 트렌치코트의 모태가 됩니다. 트렌치코트의 '트렌치(trench)'는 '참호'라는 뜻인데, 땅을 파서 만든 도랑인 참호에서 총이나 포를 쏘는 참호전의 형태에 적합하도록 코트를 개조한 것이랍니다. 견장을 달아 군인의 계급을 나타낼 수 있게 했고, 더블 단추를 이용하여 바람의 방향에 따라 앞을 여밀 수 있게 했습니다. 또한 총을 멜 때 마찰이 많은 부분을 보호하기 위해 어깨에서 가슴 부위까지 건 패치(gun patch)를 달았고, 먼지와 이물질이 들어가지 못하게 손목 부위를 벨트로 조일 수 있도록 했습니다. 트렌치코트는 제2차 세계대전의 공식 군복으로 채택되었고, 수십만 명의 장교들은 버버리를 입고 전쟁터에 나갔죠. 전쟁이 끝난 후에도 장교들은 질 좋은 버버리 코트를 일상생활에서 입고 다녔고, 이후 대중적인 인기를 끌어 일반인에게도 판매를 시작했다고 합니다.

트렌치코트는 우리나라에서도 봄이나 가을이 되면 자주 보이는 옷이죠. 실용성의 기본 바탕 위에 멋스러움을 잘 녹여낸 영국인의 모습도 함께 보이나요? "영국이 낳은 것은 의회 민주주의와 스카치위스키, 그리고 버버리 코트다"라는 말이 있을 정도로 영국의 상징이 된 버버리 코트. 만약 영국이 고온다습한 적도 근처에 위치했다면 오늘날의 버버리 코트는 없었겠죠? 구름 끼고 비오는 날씨가 잦은 지역이었기 때문에 레인코트인 트렌치코트가 일상복으로 자리 잡을 수 있었던 것입니다. 혹시 여러분이 옷감을 만들거나 옷을 디자인하는 사람이라면, 우리나라의 기후에 대해 더 깊이 공부해보는 건 어떨까요? 토마스 버버리처럼 여러분의 이름을 딴 명품을 창조하게 될 수도 있으니까요.

자동차, 움직이는 10억 개의 장소

장거리를 통학 혹은 통근하는 사람들의 일상에서 교통수단을 이용하는 시간은 많은 비중을 차지합니다. 특히 직접 자동차를 운전하는 사람들은 인생의 많은 시간을 차와 함께 지낼 수밖에 없습니다. 차 안에 종교적 상징물 혹은 방향제를 넣어두거나, 짙은 선팅을 하거나, 아기자기한 인형들을 매달아놓는 등 차 내부를 자신의 취향에 따라 다양하게 꾸미는 사람들도 많습니다. 이제 자동차는 단순 이동수단이 아니라 자신의 입맛에 맞게 디자인하며 이용하는 '움직이는 장소'입니다.

현재 전 세계에는 약 10억 대의 자동차가 운행되고 있습니다. 세계 1위의 자동차 왕국인 미국은 이 가운데 약 4분의 1인 2억 5천만 대를 보유하고 있으며, 2위 일본은 7,500만 대, 독일은 4,500만 대, 러시아는 3,900만 대로 각각 4위와 5위에 랭크되어 있습니다. 우리나라는 약 1,732만 대로 미국의 7% 정도입니다. 현재 3위인 중국에는 6,100만 대가 등록되어 있지만 엄청나게 빠른 속도로

국가별 자동차 등록 대수(2010년 기준, 한국자동차공업협회)

순위	국가	자동차 수(전 차종, 대)	승용 자동차(대)	자동차 1대당 인구(명)
1	미국	248,459,662	132,424,003	1.3
2	일본	75,324,486	58,019,853	1.7
3	중국	61,175,500	25,300,500	22.0
4	독일	44,400,000	41,600,000	1.9
5	이탈리아	41,322,903	36,477,025	1.4
6	러시아	39,509,540	33,186,915	3.6
7	프랑스	37,438,000	31,050,000	1.7
8	영국	35,435,000	31,050,000	1.7
9	브라질	29,643,000	23,612,000	6.5
10	스페인	27,632,598	22,199,602	1.6
11	멕시코	25,889,300	17,226,300	4.2
12	캐나다	20,792,244	19,876,984	1.6
13	폴란드	19,386,832	16,494,650	2.0
14	한국	17,325,210	13,023,803	2.8

자동차 시장이 성장하고 있습니다. 머지않아 미국을 추월할 것 같습니다.

자동차는 디자인, 편의 장비, 안전장치의 측면에서 생산국의 자연환경과 국민성을 반영합니다. 스웨덴처럼 눈이 많이 내리는 국가에서는 대설일 때도 자동차를 운행해야 하는 경우가 많습니다. 따라서 스웨덴의 자동차 제조사인 볼보(Volvo)는 악천후에서도 도로 상황을 잘 파악하고자 헤드라이트에 와이퍼를

볼보는 눈이 많이 내리고 악천후가 잦은 스웨덴에서 안전을 보장하기 위해 헤드라이트에 와이퍼를 달았으며(좌), 최초로 3점식 안전벨트(우)를 도입했습니다.

달았습니다. 또한 빙판길 사고 시 운전자를 최대한 보호할 수 있는 3점식 안전벨트를 세계 최초로 도입했습니다. 특히 볼보의 신조는 "사고로 인해 사망하는 사람을 0%로 만들겠다"는 것입니다. 때문에 이 회사는 매우 튼튼한 차체 및 모든 사고 상황에서 탑승자를 보호할 수 있는 장치를 꾸준히 연구하고 있습니다.

독일의 경우 특유의 정밀한 기술을 토대로 세계적인 명차를 많이 제작해왔습니다. 한국에서도 흔히 볼 수 있는 아우디, BMW, 벤츠, 폭스바겐이 대표적인 독일 차입니다. 특히 폭스바겐 사는 실용적인 자동차 개발을 추구함과 동시에 자동차와 관련된 엔터테인먼트 공간의 확보를 매우 중요시합니다. 이는 움직이는 생활공간인 자동차와, 자동차와 조화될 수 있는 더 큰 공간의 필요성을 자각하고 있기 때문입니다. 이에 따라 폭스바겐 사는 본사가 위치한 볼프스부르크에 '아우토슈타트(autostadt)'라는 자동차 테마파크를 조성했습니다. 이곳의 크기는 축구장 40개 면적에 해당하며, 자동차 박물관, 자동차 전시관, 자동차 시승 및 체험장 등과 같은 시설 22곳을 갖추고 있죠. 아우토슈타트에는 하루 6천 명, 연간 200만 명이 방문하여 자동차와 관련된 이모저모를 체험한다고 합니다. 앞으로 우리나라의 자동차 산업이 한 차원 더 격상되려면 아우토슈타트 못지않은 자동차 문화 공간의 설립을 고민해봐야 할 것입니다.

영국은 세계 3대 명차 중 두 대의 종주국입니다. 파르테논 신전 모양의 그릴과 승리의 여신 니케(Nike) 엠블럼으로 최고의 기품을 갖춘 롤스로이스와, 고객 수만큼의 다른 버전을 제작할 수 있는 벤틀리는 모두 영국을 대표하는 자동차입니다. 특히 롤스로이스의 경우 비가 자주 내리는 영국의 기후 환경을 고려해서 뒷좌석 문 안쪽에 우산을 갖추어두었습니다. 이는 영국의 귀족과 신사들을 위한 배려라고 볼 수 있습니다. 이 우산의 가격만 수백만 원이 넘습니다. 무척 놀랄 수도 있겠지만 롤스로이스의 가격을 알면 이해가 될 겁니다. 최근 생산된 롤스로이스 팬텀이라는 자동차 한 대의 가격은 7억 원 정도라고 합니다.

미국 차는 실용성과 더불어 강한 마력을 중시합니다. 광활한 평원과 다양한 지형이 있는 미국에서 살려면 자동차는 필수입니다. 그러다 보니 적재 공간이 넓고 힘이 강한 차들이 많이 돌아다닙니다. 특히 픽업 트럭인 F150의 인기는 가히 상상을 초월합니다. 이 차는 세계에서 두 번째로 많이 팔린 차량입니다. 미국에서는 대형 마트에서 많은 물건을 한 번에 사야 할 필요성이 크고, 인접 도시까지의 거리가 서울에서 부산까지의 거리보다 훨씬 멀기도 합니다. 그렇기에 미국에서 자동차는 제2의 집이나 마찬가지입니다. 공간이 넓고 실용적이며 캠핑카를 끌 수 있을 정도의 강력한 픽업 트럭이 많이 판매될 수밖에 없었던 이유죠.

일본 차는 잔고장이 없기로 유명합니다. 가격도 독일 차에 비해 상대적으로 저렴한 편이고요. 그래서 일본 차는 개발도상국이 많은 동남아시아 지역에서 많이 볼 수 있습니다. 실제로 상당수의 동남아시아 국가들은 일본의 도로 체계를 그대로 도입하고 있습니다. 일례로 캄보디아에서 운행되는 차들은 대부분 핸들이 우리나라 차량의 조수석 쪽에 달려 있습니다. 영국, 일본, 호주 같은 국가들이 이런 방식을 사용하고 있습니다. 반면 필리핀, 러시아, 미국 같은 국가들은 핸들의 위치가 우리나라와 동일합니다. 그래서 외국에 나가 운전하게 된다면 핸들의 위치를 잘 보고 자동차를 구매하거나 빌려야 합니다. 아무래도 익숙한 방식으로 운전하는 것이 편할 테니까요.

자동차 핸들이 오른쪽에 있는 나라들

아시아·태평양 지역	일본, 브루나이, 홍콩, 인도, 인도네시아, 방글라데시, 말레이시아, 네팔, 파키스탄, 싱가포르, 스리랑카, 태국, 부탄, 라오스, 호주, 뉴질랜드, 파푸아뉴기니, 솔로몬군도, 피지
중남미 지역	앤티가 바부다, 바베이도스, 버뮤다 제도, 그레나다, 가이아나, 자메이카, 세인트루시아, 세인트빈센트 그레나딘, 트리니다드 토바고
유럽 지역	영국, 아일랜드
아프리카 지역	케냐, 말라위, 모리셔스, 모잠비크, 남아프리카공화국, 탄자니아, 잠비아, 짐바브웨, 우간다, 영국령 중앙아프리카

자원 개발 과정에서도 중장비 자동차는 필수입니다. 칠레의 추키카마타 구리 광산이나 러시아 미르니의 다이아몬드 광산에서는 캐터필러(Caterpillar) 797B라는 트럭을 사용해서 광석을 실어 나릅니다. 높이 7.6미터, 길이 14.5미터, 너비 9.6미터, 6,800리터의 연료통, 최대 적재량 345톤의 이 트럭은 세계 최대의 크기를 자랑합니다. 포장이사 할 때 사용되는 10톤짜리 트럭보다 34배를 더 실을 수 있는 괴물 같은 자동차입니다. 우리 주변에서 사용되는 다양한 제품들은 이러한 거대 중장비의 도움을 받아서 생산되고 있답니다.

이렇게 다양한 자동차들이 쉽게 만들어지려면 세계 각국에서 부품을 조달한 후 한곳에서 조립해 완성해야 하겠죠. 최소 2만 개 이상의 부품들이 정확히 조립되어야 하며, 서로 다른 각국의 차량 운행 기준에 맞게 같은 모델이라도 판매되는 지역에 따라 다르게 만들어져야 합니다. 특히 기후에 따라 방청(부식 방지)의 기준이 다른데, 우리나라의 경우 삼면이 바다이고 습한 기후임에도 방청 무관 지역으로 분류되어 있습니다. 그러나 우리나라 자동차가 주로 수출되는 북미 지역은 방청 필수 지역입니다. 똑같은 모델의 자동차라 해도 북미 수

광산 등에서 이용하는 Caterpillar 797B, 바퀴 앞에 서 있는 사람을 통해서 그 크기를 짐작할 수 있습니다.

출용과 내수용이 다른 이유가 여기에 있는 것입니다. 이 밖에도 배기가스, 엔진 출력 등 중요한 수치의 기준이 국가별로 모두 다르기 때문에 수출용 자동차 제작 시에는 수출되는 국가의 기준을 만족하는 일이 대단히 중요합니다. 가령 러시아의 경우는 완제품 차의 수입을 통제하는 국가입니다. 만약 러시아로 자동차를 수출하려 한다면, 우선 완성품 차를 분해하여 부품이나 반조립 형태로 만든 다음 배에 실어야 합니다. 그리고 러시아 영토에 도착한 다음 재조립해 판매해야 한답니다.

최근에는 하이브리드와 전기차가 가장 핫한 이슈입니다. 전기 모터와 엔진을 모두 가진 하이브리드 자동차는 모터의 소형화와 경량화가 매우 중요합니다. 이를 가능하게 만든 것은 희토류로 만들어진 네오디뮴이라는 자석이죠. 한 대의 자동차 안에 리튬이온 충전지, 가솔린 엔진, 전기 모터, 연료통이 모두 들어간 이후에도 효율성이 높아지기 위해서는 희토류의 사용이 필수적입니다. 전 세계 희토류 생산량에서 절대적인 비중을 차지하고 있는 중국은 세계 각국으로 희토류를 수출합니다. 이는 희토류를 수입하여 하이브리드 자동차 제작에 사용하는 국가들이 중국의 영향력을 무시하지 못한다는 의미입니다. 아울러 자동차의 각종 부품들은 세계 각국에서 제작되고 있습니다. 굳이 공장을 다른 나라에 세우는 이유는 국가별로 다른 생산비와 기반시설 때문입니다. 이러한 점에서 볼 때 결국 앞으로의 자동차 무역은 상대국의 자연환경과 자원의 영향을 더 크게 받게 될 것으로 보입니다.

마지막으로 수명을 다한 자동차들의 처리 문제가 남았습니다. 이들은 그저 폐차장에서 사라져버리고 말까요? 사실 자동차는 관리하기에 따라서 수백만 킬로미터 이상 달릴 수도 있습니다. 그러나 관리 부주의 혹은 싫증 등으로 말미암아 많은 차들이 버려집니다. 이처럼 폐기된 자동차들은 바로 분해되지 않고 동남아시아나 중남미 국가로 수출되어 계속 사용되는 경우가 많습니다. 특히 남미의 개발도상국인 베네수엘라는 유가가 매우 저렴한 반면 자동차 값은 매우 비쌉니다. 따라서 선진국에서 버려진 차들이 이곳으로 수출되어 다시 사용되고 있습니다. 사고를 당했거나 매우 노후화된 차, 여기저기 삭은 부분을 기운 누더기 차들도 베네수엘라에서는 여전히 사람들을 태우고 거리를 누비고 있습니다. 이른바 '세계의 폐차장'이라고 부를 수 있겠네요.

자동차에 몸을 싣고 달리며 생활하는 사람들은 차창을 통해 다양한 경관을 보고 여러 가지 사건들을 경험합니다. 가령 올림픽대로를 타고 매일 출퇴근하는 사람들은 도로 주변의 경관에 익숙해지거나, 도로 상황의 변화 속에서 특정한 패턴을 찾아낼 수도 있죠. 다시 말해 출발지부터 목적지까지 거쳐가는 경관들에 대한 나름의 느낌이 몸에 익는 것입니다. 이는 특정한 장소에 대해 각자가 느끼는 감정을 뜻하는 '장소감'이라는 용어로 설명될 수 있어요. 일상생활을 하면서 특정 위치에 주차하거나 정해진 길을 운전해가는 과정이 오랫동안 반복될 경우, 자신을 이동시켜주는 자동차 속의 생활은 '당연한 것'으로 자리매김하게 됩니다. 그리고 오랫동안 사용한 차를 폐차할 때 느끼게 되는 애잔함과 허전함에 이르는 모든 감정들이 자동차와 함께 만들어져온 장소감이라고 보아도 될 것입니다.

지금 여러분은 어떤 자동차 속에서 오늘 하루를 경험하고 있나요?

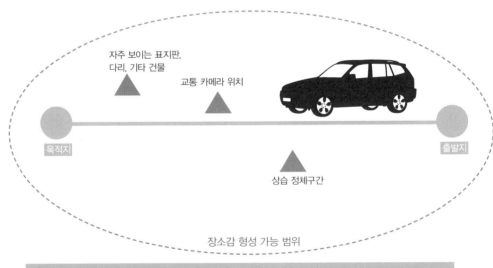

장소감은 특정한 장소에서 개개인이 갖는 감정이나 느낌을 의미합니다. 이는 경험의 차이에 따라 달라질 수 있습니다. 만약 자동차로 특정 구간을 이동하는 과정에서 특정한 경험(교통사고, 멋진 일몰 구경, 악천후로 인한 고생 등)을 하게 될 경우 그 경험이 긍정적이냐 부정적이냐에 따라 다른 장소감이 형성될 수 있습니다. 이때의 장소감은 특정 사건이 일어난 한 지점에 한정되는 것이 아니라, 사건 발생 지점을 포함한 도로 전 구간에 적용될 수도 있습니다. 예를 들어 올림픽대로 중간 지점에서 사고를 당했을 경우, 다음에 올림픽대로를 달릴 때는 진입로에서부터 사고 당시의 경험으로 인해 불안감이 발생하거나 혹은 더욱 신중히 운전하게 될 수 있다는 것입니다.

Part 6.
경제

화폐에 담긴 우리나라 이야기

한 국가의 화폐 속에는 해당 국가의 특징을 가장 잘 나타내고 대표할 수 있는 이미지(식생, 인물, 문화재, 그림 등)가 들어 있습니다. 우리나라의 역대 화폐를 잘 살펴보면 우리가 잘 알지 못하는 재미있는 사실이 숨어 있습니다.

조선시대의 화폐를 왜 엽전(葉錢)이라고 불렀을까요? 이는 나뭇가지에 이파리가 매달린 것 같은 모양의 형틀을 짜고 그곳에 쇳물을 부어 넣은 후 개개의 이파리를 떼어내 만들었기 때문이라고 합니다. 나뭇잎 모양의 돈, 이것이 바로 엽전입니다. 엽전의 모양을 보면 둥근 원 안에 네모난 구멍이 뚫려 있는데, 둥근 바깥은 하늘을 본뜨고 네모난 안쪽은 땅을 본떴다고 해서 이는 만물을 하늘이 덮고 땅이 실어 없어지지 않게 하는 이치를 담고 있다고 합니다. 이런 생김새를 한 돈은 어디든지 흘러 다니고 백성에게 두루 퍼져 날마다 써도 무뎌지지 않을 것이라는 해석이지요.

현재 통용되는 우리나라 지폐

현재 우리가 사용하는 화폐에도 다양한 문양이 들어가 있습니다. 먼저 동전을 살펴보면 무궁화(1원), 거북선(5원), 다보탑(10원), 벼(50원), 학(500원) 그림이 새겨져 있습니다. 지폐의 경우 태극 문양, 명륜당과 계화정거도(1천 원권), 우리나라 지도와 오죽헌의 대나무, 초충도(5천 원권), 일월오봉도, 용비어천가와 혼천의(1만 원권), 묵포도도와 월매도(5만 원권) 등이 그려져 있습니다.

그런데 왜 이러한 문양이 들어가게 되었을까요? 다양한 문양과 우리나라의 지리적 특징을 연결해보면 다음과 같습니다. 우선 식생에는 무궁화와 대나무, 벼, 수박, 포도 등이 해당됩니다. 이 중 대나무는 보통 따뜻한 기후에서 자라는 식물이죠. 대체로 겨울철 최저 기온 영하 3도를 기준으로 그보다 따뜻한 곳에서 자란다고 합니다. 우리가 학창 시절 배웠던 온대와 냉대 기후를 대략적으로 구분할 수 있는 식생이기도 합니다. 서울 인근에서는 대나무를 잘 볼 수 없습니다. 겨울 기온이 영하 3도 이하로 떨어지는 경우가 많기 때문입니다. 그런데 5천 원권에 나온 오죽헌이 위치한 강릉에는 대나무가 자랍니다. 이는 서울과 비슷한 위도에 위치한 동해안 강릉 지역의 겨울이 더 따뜻하다는 증거입니다. 같은 위도상에서 겨울 바다는 동해가 서해보다 따뜻합니다. 이처럼 대나무

하나만으로도 기후를 이해할 수 있습니다.

쌀(벼)은 우리나라 사람들의 주식이며 가장 중요한 식량입니다. 그런데 이 쌀을 키우기 위해서는 재배 조건이 여간 까다로운 것이 아닙니다. 우선 벼가 자라나는 시기에는 많은 강수량과 높은 기온이 필요합니다. 이후 수확의 계절에는 따뜻한 햇살에 의해 영그는 과정이 필요합니다. 즉 벼는 계절풍의 영향을 많이 받는 우리나라에 아주 적합한 작물입니다. 또한 일반 땅보다는 하천 범람으로 비옥해진 토양에서 잘 자라는 특징이 있습니다. 그리고 쌀은 서양의 주식인 밀보다 같은 면적의 수확량이 많아 인구를 부양하는 능력 또한 뛰어납니다.

배우 김수현이 왕으로 등장해 크게 인기를 끌었던 드라마 〈해를 품은 달〉의 제목 이미지 뒷배경이 1만 원권에 있는 〈일월오봉도〉라는 사실, 알고 계셨나요? 〈일월오봉도(日月五峯圖)〉는 주로 왕이 앉는 용상 뒤에 위치하고 있는데, 강력한 왕권을 의미할 뿐 아니라 국가의 태평성대를 기원하고자 만들어졌다고 합니다. 〈일월오봉도〉에 나오는 해와 달, 그리고 다섯 개의 산봉우리, 소나무와 물에는 한국의 여러 전통 사상인 산악신앙, 도교 사상, 음양오행설의 의미가

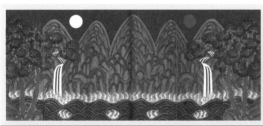
일월오봉도(좌)와 드라마 〈해를 품은 달〉의 타이틀 화면(우)

담겨 있습니다. 다섯 개의 봉우리는 백두산, 금강산, 지리산, 삼각산, 묘향산을 의미하며, 산지를 신성시하는 한국인의 신앙, 즉 국가의 번영과 안녕, 왕권의 번창을 지켜주는 신산으로서의 역할을 하고 있습니다. 뿐만 아니라 다섯 봉우리인 오악은 인간의 길흉화복을 관장하는 도교 신앙과, 해와 달의 음양조화와 오행의 상호관계를 중요시했던 음양오행설에 따른 조선왕조의 기원이 담겨 있다고도 볼 수 있습니다.

이처럼 우리나라의 화폐 안에는 선조부터 이어져온 우리나라를 대표하는 여러 상징들이 들어 있습니다. 우리의 아이들에게 돈을 그냥 주기보다는 돈 속에 숨어 있는 다양한 이야기를 들려주고 그 의미를 알려준다면 돈의 교육적 가치가 더 높아지지 않을까요? 또 한 가지 흥미로운 사실은 해방 이후 우리나라에서 발행되는 지폐에는 우리나라 지도와 태극 문양이 대부분 들어가 있지만, 이를 알고 있는 사람은 그리 많지 않습니다. 각도에 따라 보이기도 하고 안 보이기도 하기 때문이죠. 독자 여러분도 한번 찾아보세요.

오락실과 PC방의 차이를 아시나요?

우리 반 선생님은 종례를 빨리 하신다. 그런데 친한 친구가 있는 다른 반 선생님은 종례를 너무 오래 하신다. 그래서 우리 반이 먼저 마치고 나면 나는 학교 가까운 건물 1층 오락실에서 게임을 하며 친구를 기다린다. 한참 게임을 하고 있으니 친구가 왔다. 같이 게임을 몇 판 더 하다가 같은 건물의 2층에 있는 당구장에 갔다. 내가 좀 더 운이 좋았는지 오늘은 당구 시합에서 이겼다. 한 시간 동안 당구를 치고 건물 바로 위층에 있는 PC방으로 갔다. 사발면을 먹으며 친구랑 열심히 축구 게임을 했고, 오늘 총 전적은 3승 1패였다. 레벨이 한 등급 올랐다. 그리고 각자 집으로 돌아갔다. 오늘도 즐거운 하루였다.

대한민국의 중고등학교 남학생 중에서 윗글과 비슷한 경험이 없는 사람이 있을까요? 이처럼 너무나 일상적인 우리의 생활 속에는 어떤 지리적인 내용들이 숨어 있을까요? 먼저 학생이 수업을 마치고 간 건물을 살펴보겠습니다. 그 건물에는 1층에 오락실, 2층에 당구장, 3층에 PC방이 있습니다. 이상할 것 하나 없는, 우리 주위에서 흔히 볼 수 있는 상가 건물이네요. 그런데 여기서 1층의 오락실과 3층의 PC방을 바꾸어봅시다. PC방이 1층에, 오락실이 3층에 있다면 느낌이 어떤가요? 뭔가 이상하지 않나요? 왜인지는 모르겠지만 상당히 어색하다는 것을 알 수 있습니다. 마찬가지로 당구장이 1층에 오는 것도 이상하게 생각될 수도 있겠지요. 왜냐하면 우리 주위에서 PC방이나 당구장이 1층에 있는 모습은 잘 볼 수가 없으니까요.

그럼 오락실과 PC방은 어떤 차이가 있을까요? 오락실은 들어가서 원하는 게임 앞에 앉아 동전을 넣고 조이스틱과 버튼을 눌러가며 게임을 하는 곳입니다. PC방은 들어가서 빈 PC 앞에 앉아 컴퓨터를 켜고 모니터를 보며 키보드와 마우스를 이용해 게임을 하는 곳이지요. 두 곳 모두 게임을 하는 공간이므로 같은 기능을 가진 곳이라고 할 수 있습니다. 하지만 꼭 오락실은 1층에, 그리고 PC방은 높은 층에 있어야 자연스럽게 느껴지는 것은 어떤 차이 때문일까요?

오락실과 PC방은 게임을 하는 곳이지만, 오락실은 게임 한 판을 할 때마다

오락실은 1층, PC방은 2층 이상의 고층에 위치하는 경우가 대부분입니다.

동전을 넣기 때문에, 더 이상 하고 싶지 않으면 게임이 끝난 후 언제든지 자리를 박차고 나설 수 있습니다. 하지만 PC방은 들어가면 기본요금이라는 것이 존재하지요. 조금씩 차이는 있지만 대부분의 PC방은 1시간에 1천 원을 받습니다. 즉 들어가면 최소한 1시간은 한자리에서 앉아 있어야겠죠. 어디 1시간뿐이겠습니까? 많은 학생들은 방학이 되면 하루 종일 PC방에서 살기도 합니다. 그렇다면 이렇게 정리할 수 있겠습니다.

"오락실과 PC방은 모두 게임을 하는 장소이지만, 소비되는 시간이 다르다. 오락실은 빨리 나올 수 있고, PC방은 최소 1시간 이상이 소요된다. 그렇기 때문에 빨리 나올 수 있는 가게는 1층에 위치하고, 시간이 걸리는 가게는 1층이 아닌 고층에 위치한다."

자, 그럼 우리 주변에 있는 건물들을 둘러봅시다. 1층에는 어떤 가게들이 있나요? 식당, 화장품 가게, 은행, 커피숍, 편의점, 슈퍼마켓, 빵집, 안경점, 핸드폰 매장, 옷 가게, 약국 등이 보입니다. 이런 가게들의 공통점은 손님들이 1층이니까 쉽게 들어와서 둘러볼 수 있고, 가게에 있다가 나가기까지 그리 오래 걸리지 않는다는 점입니다. 그럼 2층과 3층 같은 고층을 둘러볼까요? 병원, 학원, PC방, 노래방, 당구장 등이 보입니다. 이런 가게들은 한 번 들어오면 시간이 꽤 걸리는 곳임을 알 수 있습니다.

만약에 슈퍼마켓이 3층에 있다면 어떻게 될까요? 라면 한 개, 과자 한 봉지를 사기 위해 3층까지 올라가는 수고를 기꺼이 할 사람은 많지 않을 것입니다. 한 번쯤은 다녀오더라도 다시는 그 가게에 가지 않을지도 모르지요. 그렇게 되면 3층에 위치한 그 슈퍼는 곧 망할 것입니다. 반대로 병원이나 학원은 꼭 1층에 있지 않아도 한 번 들어가면 한참의 시간을 소비하고 나오기 때문에 높은 층에 있어도 사람들이 찾아가게 됩니다. 소비되는 시간의 차이가 건물의 층마다 다른 업종이 들어오는 중요한 요인이 되는 것입니다.

그렇다면 1층과 고층의 임대료는 얼마나 차이가 날까요? 일반적으로 상업용 건물의 경우에는 1층이 임대료가 가장 비쌉니다. 그 이유는 접근성이 좋고 유동 인구가 많기 때문입니다. 손님이 찾아오기에 1층이 가장 편하고 위치를 쉽게 설명할 수도 있습니다. 게다가 계단이나 엘리베이터 등을 이용하지 않고도 들어갈 수 있기 때문에 이용이 편리하고, 사람이 지나다니는 길목이라 홍보가 쉽게 되기도 합니다. 유동 인구가 많은 지역이라면 더 많은 사람들이 들어오겠지요. 고층에 있는 가게는 사람들이 특정한 목적을 가지고 그 층수까지 올라가는 것이고, 1층은 그 가게에 목적이 없더라도 지나가며 잠시 들를 수 있기에 손님이 더 많게 되는 것입니다. 그래서 시간이 오래 걸리는 업종보다는 금방 보고 나갈 수 있는 업종이 1층에 더 적합합니다. 이런 이유로 1층에 있는 가게들이 고층 가게보다는 임대료를 더 내고 있다고 할 수 있습니다.

여기까지 상업용 건물은 저층이 더 비싸다는 사실에 대해 알아보았습니다. 이와 반대로 주거용 건물인 아파트는 왜 저층이 싸고 고층이 더 비싼지에 대해서도 생각해볼 수 있겠죠? 그 건물의 '목적'에 집중해서 생각해보면 그 차이를 이해할 수 있습니다.

따로 또 같이

두 장의 사진을 비교해봅시다. 왼쪽 사진은 서울시 강남구 도곡동의 모습입니다. 멀리 타워팰리스가 보이네요. 타워팰리스는 우리나라에서 가장 비싼 아파트 가운데 한 곳입니다. 그리고 타워팰리스와 그리 멀리 떨어지지 않은 곳에 판잣집들이 있습니다. 이곳은 구룡마을입니다. 오른쪽 사진 가운데 보이는 건물은 대구의 센트로팰래스라는 고층 아파트로, 도심에 해당하는 중구 반월당 주변에 위치해 있습니다. 역시 대구에서 비싼 아파트에 속합니다. 이곳에서 멀지 않은 곳에는 故김광석 씨를 기리는 골목이 있는데, 사진에서 보는 것과 같이 낙후된 지역입니다. 비슷해 보이지만 이 두 사진에는 다른 의미가 숨어 있습니다. 그 의미를 알아보겠습니다.

도시는 시간의 흐름에 따라 변화합니다. 경제가 성장하면서 도시가 외곽 지역으로 팽창하는 것이 지금까지의 흐름이었습니다. 도시의 여러 기능 중에 외곽 지역으로의 팽창을 보여주는 것은 주거 기능입니다. 도시의 인구가 증가하

| 서울시 강남구 도곡동 | 대구시 중구 |

면 집이 많이 필요한데, 이미 도시 내부는 포화상태라 새로운 주택을 건설하기
가 어렵습니다. 그러니 넓은 땅이 있고 환경이 쾌적한 외곽 지역에 새로운 주거
지역이 나타나게 됩니다. 그렇다면 누가 새로운 주택에 입주할까요? 바로 상류
층입니다. 경제적으로 여유롭기 때문에 새로운 주택을 쉽게 구매할 수 있고, 도
심에서 오가는 교통비도 그들에겐 아무 문제가 되지 않기 때문입니다. 이렇게
상류층이 신축 주거지로 이동하게 되면 그들이 살던 주택에는 중간 계층이, 중
간 계층이 살던 주택에는 하류 계층이 연쇄 이동을 하게 됩니다.

타워팰리스는 서울의 남쪽인 강남 끝자락에 위치해 있습니다. 도심인 명동 일대와는 거리가 꽤 멀죠. 1960, 70년대부터 강남이 본격적으로 개발되었다는 이야기는 이미 많이 알고 계실 겁니다. 한강 북쪽에 자리 잡았던 서울이 본격 적으로 성장하면서 남쪽으로 개발이 진행된 결과가 오늘날의 모습입니다. 상 류층이 거주하는 주택이 도시의 외곽으로 이동하는 현상의 대표적인 사례라고 할 수 있겠네요.

그렇다면 구룡마을은 어떻게 나타난 것일까요? 개발제한구역인 구룡산 자 락에 자리 잡아 구룡마을이라 불리는 이곳은 서울 도심의 개발, 새로운 아파 트 건설 등으로 갈 곳을 잃은 사람들이 모여들어 형성된 무허가 판자촌입니다.

구룡마을의 위치

살던 집들이 개발에 의해 없어진 사람들 이죠. 보상비를 받을 텐데 왜 이렇게 살고 있을까 궁금해하시는 분들도 있을 겁니다. 원래 가난했던 사람 들이 살던 기존의 집 은 굉장히 작은 관계 로, 면적에 따라 보상 금을 받는다고 해도 많은 돈을 받지 못해 새로운 집을 살 수가 없었을 것입니다. 물론 개인적인 다른 사정도 있겠지만요.

앞에서 도시의 팽창에 따라 인구가 외곽 지역으로 이동하는 현상을 설명했습니다. 그런데 인구가 계속 외곽으로만 이동하면 도심 주변은 텅텅 비어버리게 됩니다. 인구가 줄어들면 점점 개발이 어려워지고 폐허로 변하게 됩니다. 행정기관은 어떻게든 인구를 다시 끌어들여 세금을 거둘 방법을 찾아야 하겠죠. 이런 상황에서 행정기관이 선택할 수 있는 방법이 두 가지 있습니다.

하나는 센트로팔래스와 같이 고급 아파트를 지어 도심의 다양한 문화생활을 누리고 싶어 하는 상류층을 불러 모으는 방법입니다. 하지만 기존의 건물을 부수고 다시 아파트를 지어야 하기 때문에 주민 반대, 지역 갈등, 높은 비용 등

대구의 골목 투어 안내지도

의 문제점이 있습니다. 백화점과 같은 소비 공간을 만드는 것도 마찬가지겠죠?

이러한 문제점을 최소화하는 두 번째 방법은 기존 환경을 이용하여 관광 상품을 개발하는 것입니다. 대구시 중구청은 '김광석길'을 포함한 5개 코스로 이루어진 골목 투어를 실시하여 많은 관광객을 유치하고 있습니다. 대구시 중구의 골목 투어는 역사적, 문화적 가치가 있던 기존 건물과 도로로 구성되어 있습니다. '이야기'만 첨가한 것이죠. 비록 낙후되어 있을지라도 한 지역의 시간을 고스란히 담고 있는 흔적을 관광으로 변모시켜 관광객들을 유혹하고 있습니다.

도시의 경관은 끊임없이 변화합니다. 변화의 결과는 다양합니다만, 그 속에 숨겨진 빈부 격차는 마음 한편을 아프게 합니다. 구룡마을도 곧 철거가 진행된다고 합니다. 그들은 다시 어디로 가서 살 수 있을까요?

서울 가는 버스 맞나요?

    경상남도 양산시는 2014년 12월 기준 인구 292,376명의 중소 도시입니다. 통도사가 있는 곳으로 유명한 양산시는 부산의 북쪽에 위치한 위성도시로, 최근 부산으로의 지하철 연결과 신도시 개발로 인구가 꾸준히 증가하고 있는 지역이기도 합니다. 전국 대부분의 도시에는 우리나라 최상위 도시인 서울로 가는 교통편이 존재하는데, 양산시의 경우 큰 기차역이 없어 서울에 올라갈 때 대부분 시외버스를 타고 갑니다.

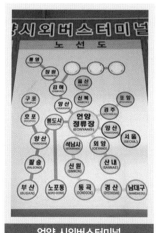

언양 시외버스터미널

    하지만 양산시에서 서울로 가는 버스가 출발하는 곳은 사실 양산시가 아닙니다. 양산시의 북쪽에 위치한 울산광역시 울주군에 있는 언양읍이 서울로 가는 시외버스의 출발점입니다. 왜 언양읍에서 서울로 향하는 버스가 남쪽인 양산까지 거쳐서 가는 것일까요? 경부고속도로의 서울 방향 길을 뻔히 곁에 두고도 반대인 부산 방향의 양산에 내려갔다가 다른 길을 이용해 서울로 가는 이 버스의 진실을 이해하기 위해서는 '최소요구치'라는 개념을 알아야 합니다.

최소요구치란 중심 기능이 존재하기 위해 필요한 최소한의 수요를 의미합니다. 버스에 적용하여 이야기하자면, 그 버스 노선이 적자를 내지 않을 만큼의 승객 수를 의미하는 것이지요. 언양읍은 인구 3만 명이 채 안 되는 작은 읍입니다. 주변에 있는 삼남면, 삼동면 등 몇 개 면의 인구를 더해도 인구가 약 5만 명인데, 이 정도의 인구 규모로는 서울로 가는 시외버스의 최소요구치가 충족되지 않는 것이지요. 게다가 언양읍이 속한 울산광역시의 시내 중심에 있는 울산 시외버스터미널에서 서울로 가는 시외버스가 언양읍 인근의 고속도로를 지나지만, 이미 울산광역시는 인구 1백만 이상의 대도시라 굳이 언양읍에 정차하지 않더라도 버스에 승객을 가득 태운 채 서울로 향할 수 있습니다. 즉 언양읍은 울산광역시에 포함되지만 울산광역시에서 서울로 가는 버스를 이용하기가 어렵다는 것이죠.

양산시는 언양읍에서 남쪽에 위치합니다.
따라서 언양읍에서 서울로 가는 버스는 남쪽으로 내려갔다가
다시 북쪽의 서울로 올라가는 노선을 이용합니다.

그러던 중 2007년 대구와 부산을 연결하는 신대구부산고속도로가 개통되면서 양산시에서 서울까지 가는 거리와 시간이 단축되었습니다. 울산 시내에서 나오는 버스가 언양읍을 경유하지 못하는 상황이라면, 인구가 적은 언양읍에서는 다른 지역을 경유하여 승객을 태워야 그 버스의 최소요구치를 만족하는 상황이 되는데, 인근 중소 도시인 양산시가 그 역할을 하게 되는 것입니다. 그래서 본래 양산시에서 출발해 언양읍을 거쳐 서울로 가던 시외버스의 노선이 새로운 고속도로의 개통 이후 언양읍에서 출발해 양산시를 거쳐 서울로 가는 노선으로 변경되었습니다. 양산시는 언양읍의 남쪽에 위치하여 서울로 가는 반대 방향이지만, 새로운 고속도로가 개통되었고 또 최소요구치 만족을 위해 양산시를 경유하는 것이 최선의 선택이 된 것입니다.

이와 같은 버스 노선은 전국 어디를 가도 존재하는데, 우리가 흔히 '직통'이나 '완행'으로 부르는 것들이 바로 그것입니다. 만일 중간에 거쳐 가는 곳 없이 바로 가는 직통버스라면 시작역과 종착역만으로 그 버스 노선의 최소요구치가 만족된다는 것을 의미합니다. 반면 여러 지역을 정차하는 완행버스는 그 정차역들의 승객이 다 모여야 버스 노선의 최소요구치를 만족할 수 있다는 뜻이 되겠죠. 서울과 부산은 둘 다 대도시라 인구가 많으므로 버스 노선의 최소요구치가 충분하여 직통버스 운행이 가능하지만, 서울에서 지방의 작은 읍으로 가는 도중에 몇 곳을 더 거쳐 간다면 이는 인구가 적어 최소요구치를 만족시키기 위해서임을 이해할 수 있습니다.

앞으로 버스터미널에 가서 버스 노선을 잘 살펴보세요. 시외버스가 직통으로 가는지 아니면 완행으로 가는지만 알아도 그 도시가 큰 도시인지 아닌지가 보입니다. 덧붙여 하루에 그 노선으로 몇 회 운행하는지의 정보까지 더해진다면 여러 도시의 규모를 순서대로 나열할 수도 있을 겁니다.

인구가 증가하면 버스 운행 횟수가 증가하고 인구가 감소하면 운행 횟수가 감소되기도 하고, 언양읍의 경우처럼 운행 노선이 변경되기도 합니다. 새로운 고속도로의 건설도 그 변경에 영향을 미치지요. 이렇듯 버스 노선도 우리 주위에서 살아 움직이는 지리의 모습입니다.

지름신이 내리는 장소는 따로 있다

    요즈음 우리의 소비문화와 관련된 우스갯소리로 '지름신'이라는 말이 있습니다. 『대중문화사전』이라는 책에 이 단어가 수록되어 있는데, 그 정의를 살펴보면 지름신이란 동사 '지르다'의 명사형 '지름'과 명사 '신(神)'의 합성어로, 어떤 물건을 보고 일어나는 강력한 구매 욕구를 의미하는 말입니다. 그렇다면 과거에는 지름신이 없었을까요? 물건(도구)에 대한 필요나 욕구는 우리 인류의 역사와 함께해왔습니다. 바꿔 말하면 지름신 또한 인류의 동반자 같은 것이지요. 과거 농경사회에서는 토지와 경작 도구에 대한 필요가 있었고, 산업사회에서는 공장을 돌리기 위한 각종 기계와 노동력에 대한 필요가 있었습니다. 오늘날의 정보화 사회에서는 넘쳐나는 지식과 정보에 바탕을 둔 다양한 소비자의 기호에 맞춘 새로운 제품들에 지름신이 존재하고 있습니다.

    이 글에서는 지름신을 보다 새로운 각도에서 바라보고자 합니다. 오늘날의 지름신이 '나의 욕구와 필요'에서 비롯되는 것이 아니라 '쉽게 접할 수 있는 장소에서 비롯된다는 것입니다. 어떤 물건을 사고자 할 때, 진정 내가 필요해서 사는 것이 아니라 물건을 '사도록 유도되는 장소'에 있음으로써 그 물건을 사게 된다는 뜻입니다.

인간은 항상 장소의 영향을 많이 받습니다. 도서관 열람실에 들어서면 자동적으로 정숙하게 되는 것이나, 클럽에서 본능적으로 흥겨움을 느끼는 것, 또한 백화점이나 쇼핑몰에 가서 물건을 잔뜩 사게 되는 현상이 그것을 증명하고 있습니다. 그렇다면 '지름신'이라는 존재가 백화점에서 어떤 형태로 우리에게 영향을 미치는지 지리적으로 살펴보겠습니다.

상식적인 수준에서 시작해봅시다. 백화점에는 '이것'이 없습니다. 무엇일까요? 바로 창문과 시계입니다. 창문과 시계가 없는 이유에 대해 생각해보신 적 있나요? 창문과 시계는 우리가 외부와 소통할 수 있는 여지를 주는 물건들입니다. 쇼핑을 하다가 창밖을 보면 '아, 벌써 어두워졌네. 이제 들어가야겠다'라든가, 시계를 보고 '벌써 시간이 이렇게 됐구나' 하고 느끼게 되지요. 그래서 쇼핑몰에서는 그런 것들을 원천적으로 차단합니다. 이런 단순한 아이디어부터 백화점 내에서 소비를 촉진하는 지리를 재현합니다.

백화점 입구에는 명품 잡화와 화장품 코너가 자리하고 있습니다. 샤넬, 루이비통, 프라다, 구찌, 크리스찬 디올, 페라가모 등 이름만 들어도 고급스러운 각종 명품들이 주로 백화점 1층을 담당하는 브랜드들입니다. 그리고 각 층별로 영캐주얼, 여성 정장, 남성 정장, 스포츠, 가전제품 등이 구성되어 있습니다. 우리는 백화점에 들어서는 순간부터 '고급스러운 사람들'로 변신합니다. 입구에서부터 계속해서 비싼 물품에 노출되다 보면, 나머지 위층에 있는 물품들의 가격대가 굉장히 인간적으로 느껴지지요. 여기서부터 백화점의 매혹이 시작됩니다. 고급스러운 향수와 화장품 향기를 느끼며 쇼핑을 시작하는 것입니다.

혹시 백화점에서 화장실을 찾는 데 불편함을 느낀 적은 없었나요? 백화점 안내도에서 보이는 것과 같이 대부분의 화장실은 모두 백화점의 구석에 위치합니다. 즉 특정 층에서 화장실을 가고자 한다면 5개 이상의 브랜드를 거쳐야 합니다. 이것은 단순히 급한 생리현상을 해결해야 하는 상황에서도 고객을 계속해서 브랜드에 노출시키는, 교묘하고도 재미있는 백화점의 전략적 공간 기획입니다. 이를 통해 우리는 딱히 필요하지 않던 물건인데도 '필요한 물건이다!' 혹은 '저렴한 물건이다!'라는 생각과 관심을 가지게 되는 것이죠.

여기서 끝이 아닙니다. 오늘날 백화점은 단순히 물건을 파는 장소만이 아닙니다. 각종 문화 행사나 문화 프로그램 등을 기획하는 공간이기도 합니다. 한 백화점에서는 갤러리, 문화센터, 웨딩센터를 운영합니다. '문화의 중심'을 지향한다는 슬로건 아래 소위 '문화생활'을 즐길 수 있는 교양 있는 공간으로서 백

모 백화점의 층별 안내도와 화장실의 위치

화점을 만든 것이지요. 또한 문화센터 내에서는 각종 스포츠 댄스, 바리스타 교육, 노래 연습, 팝아트, 임산부 요가, 스트레칭 등 많은 프로그램들을 분기별로 운영합니다. 만약 여러분이 수강생이라면 무엇인가를 배우기 위해 백화점을 방문하는 일에 익숙해질 것이고, 백화점에서 소비를 하는 것도 아주 익숙하고 '자연스러운' 일이 되겠지요.

결국 종종 우리를 유혹하는 지름신은 우리 안에만 존재하는 것이 아니라 철저하게 소비를 지향하는 공간을 기획한 백화점 곳곳에 존재하는 것입니다. 지름신을 공간적으로 재현하고, 달콤하고 사랑스러운 소비를 유도하는 것이 백화점 내의 지리라고나 할까요? 지름신의 유혹을 이겨내고 계획적 소비를 하기 위해서는 다양한 방법을 동원해야겠지만, 백화점에 들어가서 '과연 이러한 공간 기획은 어떤 목적을 가지고 만들어진 것일까?'를 생각해본다면 쉽게 지름신을 찾아낼 수 있답니다. 다음에 백화점에 가게 된다면 백화점 곳곳에 숨어 있는 지름신의 모습을 찾아보는 것도 무척 재미있는 일이 될 것입니다.

아저씨, 여기 수소 가득요!

기름을 먹지 않는 자동차가 있다면 얼마나 좋을까요? 만약 기름을 먹지 않고 매연도 나오지 않는 자동차가 있다면 누구나 당장 계약하려고 할 겁니다. 그런 차가 있다면 가정 경제, 국가 경제에 큰 도움이 될뿐더러 날이 갈수록 심각해지는 대기오염과 지구온난화 문제도 쉽게 해결할 수 있을 것입니다.

최근 기름을 먹지 않는 자동차, 매연이 나오지 않는 자동차가 한창 개발 중에 있다고 합니다. 차를 열심히 부려먹으려면 양심상 기름은 주지 않더라도 뭔가 먹이를 주긴 줘야겠죠? 그래서 새롭게 떠오르고 있는 연료가 바로 수소입니다. 학창 시절 과학시간에 물을 전기분해하는 실험을 해본 기억이 있을 겁니다. 물에 전기충격을 가하면 물이 보글보글하면서 산소와 수소로 분해됩니다. 그리고 선생님이 분해된 수소에 라이터로 불을 붙이면? 순간 펑 하는 소리와 함께 작은 폭발이 일어납니다. 이러한 수소의 폭발성을 활용해 연료로 사용한 자동차가 바로 수소전지자동차입니다. 이렇듯 수소는 물을 분해해서 쉽게 얻을 수 있고 배기가스를 전혀 배출하지 않아 신에너지 기술로 각광받고 있습니다.

그런데 문제는 수소를 물에서 분해하려면 전기가 필요하다는 겁니다. 우리나라 전기 생산의 대부분은 화석연료를 태워서 전기를 만드는 화력발전과 핵분열을 통해 전기를 만드는 원자력발전 방식을 통해 이루어지고 있습니다. 수소가 아무리 좋은 연료라 하더라도 수소를 얻는 도구인 전기를 만드는 방식이 친환경적, 경제적이지 않다면 수소 연료의 효용 가치는 떨어지게 되겠죠.

유럽의 서쪽 끝 북대서양에 위치한 작은 섬나라 아이슬란드는 이러한 고민에서 비교적 자유로워 일찌감치 수소전지에 관심을 가진 나라입니다. 아이슬란드는 북위 63~66도에 위치해 있습니다. 우리나라가 북위 33~43도(우리나라의 위도는 38도선을 기준으로 +5도, −5도라고 외우면 쉽습니다)에 걸쳐 있음을 고려한다면, 아이슬란드가 얼마나 북쪽에 위치한 나라인지 가늠이 되겠죠? 우리가 동요 속에서 그렇게 찾아 헤매던 '손이 시려워, 꽁! 발이 시려워, 꽁! 겨울바람'의 고향인 시베리아와 비슷한 위도입니다. 나라 이름에도 추운 기운이 넘칩니다. 아이슬란드(Iceland), 꽁꽁 얼어 있는 땅이라는

아이슬란드 지도

뜻이죠. 이름만 들으면 온 땅이 얼음으로 뒤덮여 있고 엘사가 겨울왕국을 만들어놓고 살 것 같지 않습니까? 그런데 신기하게도 막상 가보면 그렇지 않답니다.

1961~1990년 아이슬란드의 월평균 최저 기온 및 최고 기온(℃)

지역		1	2	3	4	5	6	7	8	9	10	11	12	연간
레이캬비크	최고	1.9	2.8	3.2	5.7	9.4	11.7	13.3	13.0	10.1	6.8	3.4	2.2	7.0
	최저	−3.0	−2.1	−2.0	0.4	3.6	6.7	8.3	7.9	5.0	2.2	−1.3	−2.8	1.9
아쿠레이리	최고	0.9	1.7	2.1	5.4	9.5	13.2	14.5	13.9	9.9	5.9	2.6	1.3	6.7
	최저	−5.5	−4.7	−4.2	−1.5	2.3	6.0	7.5	7.1	3.5	0.4	−3.5	−5.1	0.2

아이슬란드에 가면 의외로 넓게 펼쳐진 초원에 한 번 놀라고, 따뜻한 겨울 기온에 두 번 놀라고, 겨울에도 얼지 않는 고위도 섬나라의 바다에 세 번 놀라고, 마지막으로 아무 데서나 터져나오는 온천에 놀라게 됩니다. 사람으로 치자면 이름은 미남인데 현실은 오징어거나, 이름은 사랑인데 사랑 한 번 못해본 모태 솔로라거나, 이름은 김추녀인데 얼굴은 수지와 판박이인 그런 느낌이랄까요?

아이슬란드는 저 멀리 북아메리카 멕시코 바다에서 흘러오는 따뜻한 바닷물이 1년 내내 주변을 감쌉니다. 그리고 대서양이 확장되며 갈라지는 곳에 만들어진 섬이기 때문에 화산 폭발과 용암 분출이 빈번히 일어나는 곳이기도 하죠 (사람도 피부가 갈라지면 피가 나듯이 지구도 지각이 갈라지는 곳에서 용암이 솟구쳐 나오고 화산 활동이 일어납니다). 용암은 지하수를 뜨겁게 데워 온천수를 뿜어냅니다. 이러한 자연적 조건은 아이슬란드가 고위도에 위치하는데도 따뜻한 겨울 기후를 형성하는 데 큰 역할을 합니다. 자연이 만들어준 온탕과 온돌바닥에서 따뜻한 겨울을 보낸다고 생각하면 쉽게 이해가 되겠죠?

아이슬란드에서는 지열발전이 많이 이루어집니다. 땅에서 쏟아져 나오는 뜨거운 물을 가지고 발전기를 돌려 무한히 전기를 만들 수 있는 것이죠. 이렇게 친환경적으로 만들어진 전기로 수소 연료를 생산하고 활용하려는 시도들이 아이슬란드에서는 2000년대 초반부터 지속적으로 이루어지고 있다고 합니다. 친환경적인 방법으로 생산한 전기로 만든 친환경 수소 연료, 그리고 수소 연료로 달리는 매연 없는 자동차들, 정말 꿈만 같은 일이죠?

이런 일이 우리나라라고 꿈도 못 꿀 일은 아니라고 생각합니다. 우리는 단군할아버지의 탁월한 위치 선정 덕분에 일본과 다르게 화산과 지진의 위협을 거의 느끼지 못하며 살고 있습니다. 그러나 안타깝게도 아이슬란드처럼 지열을

아이슬란드 지열 발전소의 모습

이용해 전기를 만들긴 어렵죠. 하지만 우리나라에도 발전에 이용 가능한 축복받은 자연의 힘들이 많습니다. 서해의 엄청난 조수 간만의 차와 남해의 빠른 조류, 또한 삼면 바다에서 불어오는 강한 바람이 있지요. 이러한 축복받은 자연의 힘을 이용한다면 우리나라도 친환경적인 전기 생산과 더불어 친환경적인 수소 연료를 만들어낼 수 있지 않을까요? 화석연료 대부분과 원자력 연료 전량을 수입에 의존해 전기 생산을 하는 우리나라, 화력발전소 건설이나 원자로 건설은 좀 미루고, 그 돈을 자연의 힘을 이용하는 친환경적 신에너지 개발에 투자한다면 이는 곧 경제도 살리고 자연도 살리는 길이 될 것입니다.

역세권은 어디까지일까?

아파트나 상가를 분양하는 광고를 살펴보면 '역세권', '더블 역세권', '트리플 역세권' 등의 문구를 자주 보게 됩니다. 서울의 경우 지하철 노선이 늘면서 단일 역세권보다 노선 2개가 겹치는 더블 역세권이나 3개가 겹치는 트리플 역세권 아파트가 주목받고 있다고 합니다. 인근 지하철역을 지나는 노선이 많을수록 집값도 비쌉니다. 서울의 단일 역세권 아파트는 2012년 10월 현재 3.3제곱미터당 평균 매매 가격이 1,495만 원인 반면, 더블 역세권은 3.3제곱미터당 매매 가격이 평균 1,791만 원, 트리플 역세권은 평균 2,087만 원으로, 통과 노선이 많은 역세권일수록 가격이 높습니다. 서울은 특히 생활권이 지하철 중심으로 짜여 있으므로 입주자가 어떤 노선을 이용할 수 있느냐

역세권을 강조하고 있는 서울의 도시형 생활 주택 분양 광고

에 따라 같은 역세권이라도 차이가 클 것으로 짐작할 수 있습니다.

전문가들은 역세권 아파트를 고를 때 단순히 광고 문구에 현혹되면 낭패를 볼 수 있다고 지적합니다. 'ㅇㅇ역 ××분 거리 역세권'이라고 할 때 지하철역이나 철도역사와의 거리를 직선 기준으로 표시하는 경우가 많다는 것이죠. 그러니 역세권 아파트라고 해도 자신이 출퇴근하는 길에 맞춰 이동 시간과 거리를 직접 확인해봐야 합니다. 역까지 가는 길이 복잡하거나 환승 경로가 많으면 역세권의 의미가 퇴색될 수 있기 때문이죠.

부동산 시장에서 역세권의 가치는 매우 큽니다. 최근 부동산 시장 침체가 이어지고 있지만, 지하철 역세권은 불황에도 강한 모습을 보이고 있습니다. 역세권에 위치한 상가는 탄탄한 유동 인구가 뒷받침되고 아파트는 출퇴근이 편리해 직장인 실수요가 많기 때문입니다. 지하철역 주변은 아파트, 오피스텔, 상가 할 것 없이 거래가 다른 지역보다 많은 편입니다. 대중교통 이용이 편리하고 주변에 상권이 형성돼 실제 거주는 물론 투자처로도 인기가 높습니다.

부동산 업계에 따르면, 2008년 12월부터 2012년 10월까지 서울 지역 85제곱미터 이하 중소형 아파트 값은 2.1% 떨어졌지만, 지하철 2호선 역세권 아파트 가격은 0.8% 올랐습니다. 지하철역 두 곳 이상을 이용할 수 있거나 환승역이 있는 더블 역세권 부동산은 더 귀한 대접을 받습니다. 역세권도 주변 편의시설이나 환경에 따라 가치가 달라지는데, 역을 중심으로 상권이 발달돼 편의시설이나 다른 교통시설과 연계가 잘되어 있다면 가장 훌륭한 역세권 상권이 됩니다.

부동산 전문가들은 역세권이라는 표현이 같아도 도보 몇 분 거리인지, 어떤 지하철 노선이 지나가는지 여부에 따라 부동산 가격이 하늘과 땅 차이라고 말합니다. 그렇다면 정확히 역세권의 범위를 어떻게 매길 수 있을까요?

역세권은 지하철역을 중심으로 여러 상업과 업무 활동이 이뤄지는 세력권입니다. 역을 이용하는 주민 거주지, 상업지, 교육 시설의 범위를 말하죠. '역세권의 개발 및 이용에 관한 법률'을 보면 역세권은 철도역(지하철역)과 그 주변 지역으로, 보통 역을 중심으로 반경 500미터 이내를 가리킵니다. 그리고 역세권을 규정하는 요인으로는 거리, 지형과 같은 자연적 조건, 접근성, 이용 편리성, 역 주변 상권의 성숙도 등을 들 수 있습니다.

이처럼 역세권을 지하철 등 철도 교통수단으로 지칭하는 이유는 가장 대중적인 교통수단인 동시에 편리성과 시간 예측성이 가능한 교통수단이기 때문입니다. 500미터라는 공간적인 범위를 역세권으로 정하는 이유는 인간이 가장 편하고 지치지 않게 도달할 수 있는 물리적 거리에서 착안한 것이라고 합니다. 성인 남녀의 평균 걸음걸이 속도를 시속 5킬로미터로 가정한다면 평균적으로 도보 15분 이내 거리를 역세권으로 보는 것이 일반적입니다(반경 500미터의 역세권은 직경 1킬로미터의 원이므로, 15분 동안 걸으면 역세권의 지름에 해당하는 1킬로미터의 거리를 조금 넘게 됩니다). 역세권은 부동산 가격에 영향을 미치기 때문에 이것을 파악하면 부동산 가격을 파악하는 데 큰 도움이 됩니다. 다만 지상철로 인한 소음과 역세권의 질적 수준 등은 개별적인 차이가 크게 날 수도 있습니다.

외국의 경우는 어떨까요? 일본 오사카의 경우 역사(驛舍)의 등급을 구분하여 역세권을 360미터, 540미터, 720미터로 설정하기도 하고, 미국 볼티모어는 600미터, 워싱턴은 1,400미터로 보며, 로스앤젤레스의 경우 도심 지역, 비도심 지역으로 구분해 각각 530미터, 800미터로 설정하고 있습니다.

부산시 지하철을 대상으로 한 연구 결과에 따르면, 2012년 기준 부산 지하철 역 1호선 총 연장길이는 32.5킬로미터에 34개 역이 설치되어 있어 역간 평균 거리는 984미터입니다. 이러한 역간 거리의 중간 지점을 중심으로 동심원을 그렸을 때 들어가는 구역이 역세권이라 할 수 있는데, 부산은 평균 492미터이므로 대략 지하철역을 중심으로 반경 500미터 이내를 역세권이라 볼 수 있습니다.

한국의 20대 상권

매출 순위	지역	상권	연 매출(억 원)	하루 유동 인구(명)
1	서울 강남구	강남역 북부	38,750	78,381
2	서울 강남구	압구정역	37,116	59,201
3	서울 강남구	강남역 남부	34,035	75,749
4	서울 강남구	신사역~논현역	26,152	65,441
5	서울 종로구	종각역	24,386	63,603
6	서울 강남구	학동사거리	21,113	55,924
7	서울 강남구	학동역	17,473	57,948
8	부산 부산진구	서면역	16,242	58,842
9	서울 강남구	선릉역	16,037	106,872
10	서울 강남구	삼성역	15,565	76,026
11	인천 부평구	부평시장역	14,391	63,882
12	서울 서대문구	신촌역	14,247	66,539
13	대구 중구	반월당사거리	13,555	37,145
14	서울 중구	명동역	13,438	79,501
15	경기 성남시	서현역	13,103	21,688
16	서울 서초구	남부터미널	12,733	45,988
17	서울 중구	신당역~동대문운동장역	12,030	75,858
18	서울 관악구	서울대입구역	11,715	47,256
19	서울 종로구	광화문역	10,945	76,656
20	서울 중구	을지로4가역	10,695	37,625

자료 출처: 매일경제

어느 경제신문사에서 2011년 한 해 매출 기준으로 우리나라 100대 상권을 선정한 바 있습니다. 물론 결과적으로 매출이 많은 상권은 거의 지하철 역세권이었습니다. 100대 상권의 특징은 다른 지역보다 상대적으로 시간대별 유동 인구 비율이 꾸준합니다. 즉 출퇴근 시간과 나머지 시간의 유동 인구 편차가 크지 않다는 거죠. 10대 상권에 서울의 강남구 상권이 여덟 곳이나 들어 있습니다. 강남역 북부 상권이 1위, 압구정역 상권이 2위, 강남역 남부 상권이 3위, 신사·논현역 상권이 4위입니다.

서울 강남의 상권 중심에는 지하철 2호선 강남역을 기점으로 선릉역, 삼성역으로 이어지는 상권이 큰 축을 이루고 있습니다. 강남역 옆의 교대역까지 연결하면 상권 규모는 더 커집니다. 테헤란로를 중심으로 대기업과 금융기관이 몰려 있어 구매력 높은 유동 인구가 많습니다. 강남역 근처 상권에는 신사·논현역 상권과 학동역 상권도 있어 가장 큰 광역 상권으로 불릴 만합니다. 서울 강북의 상권 중 10위에 든 상권은 5위인 종각역 상권뿐입니다. 지방에서는 부산 서면역 상권이 가장 높은 순위인 8위를 차지했습니다. 몇몇 신도시 상권이 뜨는 점도 눈에 띕니다. 15위에 오른 경기 분당 서현역이나 야탑역, 경기 고양 주엽역, 경기 부천 중동사거리 상권 등은 수도권 위성도시의 초고속 성장을 보여주는 사례라고 할 수 있습니다. 지방 상권 중에는 부산, 대구 상권이 두드러집니다. 전체 8위에 오른 서면은 '부산 상권의 1번지'로 불리는 곳입니다. 서면은 지하철 1, 2호선을 끼고 있어 여러 방향에서 접근이 쉽습니다. 이렇게 큰 상권의 공통점이 역세권인 것으로 보아 소설『허생전』의 허생원과 같이 큰돈을 벌고 싶다면 일단 역세권에서 장사를 해야 하지 않을까 싶네요.

우리는 어디서 살 수 있을까?

"전세난에 밀려난 30대, 서울에서 경기도로 떠난다." 어느 일간지의 기사 제목입니다. 집을 구매할 여력이 없는 서울에 사는 젊은 층들이 전세도 구하기 힘들어 경기도로 밀려난다는 내용의 기사입니다. 부동산 문제는 대한민국에서 영원히 풀리지 않는 난제인 것 같습니다. 서울의 드높은 아파트를 볼 때마다 이런 생각이 들더군요. '저기는 도대체 어떤 사람들이 사는 것일까? 나는 저기 근처라도 갈 수 있을까?' 당장 제 월급과 저축 가능한 금액을 계산해보면 꿈같은 이야기입니다. 대한민국에 사는 우리는 주거 이동의 자유가 있으며 누구나 원하는 곳에 살 수 있지만, 현실은 그렇지 않은 것 같습니다. 우리가 아무리 노력하고 애써도 절대 들어갈 수 없는 지역이 존재하는 듯합니다. 특히 이제 갓 사회에 진출한 20, 30대들에게 부동산 문제는 너무나 가슴 아프고 치명적인 현실입니다. 사람이 살아가는 데 반드시 갖추어야 할 것으로 흔히 의식주를 꼽습니다. 그 가운데 '주'가 이토록 젊은이들을 힘들게 하니, 대한민국에서 살아가는 젊은이들은 행복하기가 어렵습니다.

- **동심원이론**

도시 내부 구조를 침입, 천이와 같은 생태적 관점으로 바라본 이론입니다. 버제스(Burgess)에 따르면 도시는 동심원상으로 점차 확대되어 나가는데, 가장 중심에는 중심업무지구가 있으며, 이어 점이지대, 노동자 주거지구, 중산층 주거지구, 통근자 지구가 나타납니다. 소득 수준과 출신에 따라 도시 내부에서 차지하는 공간이 다르다는 것을 이론으로 정립했습니다.

- **선형이론**

동심원이론은 교통로의 역할을 간과했다는 비판을 받았습니다. 이에 호이트(Hoyt)는 주요 교통로를 따라 발달하는 도시의 공간 구조를 선형이론으로 나타냈습니다. 선형이론에 따르면 도심으로부터 교통축에 따라 접근성이 달라지는데, 접근성은 땅값의 차이를 불러오기 때문에 도시의 구조는 교통로를 중심으로 발달하게 됩니다.

- **다핵심이론**

동심원이론과 선형이론은 모두 하나의 중심지를 가정하고 있습니다. 해리스(Harris)와 울만 (Ulman)에 따르면 실제 우리가 마주하는 도시에는 하나가 아닌 여러 개의 중심지가 나타납니다. 예를 들면 비슷한 기능은 한곳에 모일수록 집적 이익이 나타나기 때문에 다양한 기능에 따라 여러 개의 중심지가 형성될 수 있습니다.

지리학에서는 어느 지역에 어떤 사람들이 사는지, 어떤 기능들이 입지하는지에 대해 꾸준한 관심을 가져왔습니다. 이 글을 읽는 여러분도 학창 시절 지리 교과서나 사회 교과서에서 동심원이론, 선형이론, 다핵심이론 등을 들어본 기억이 있을 것입니다. 이 이론들은 내용이 조금씩 다르지만, 공통점이 있다면 왜 이 지역에 특정 기능, 특정 계층의 사람들이 집중하는가에 대한 관심이 이론으로 정립되었다는 것입니다.

거주 지역이 나뉘는 이유는 간단합니다. 지가(地價)를 지불할 수 있는 능력에 따라 소득 수준별로 주거 지역이 분화되었습니다. 1년에 3천만 원 정도 버는 직장인이 10억이 넘는 집을 구매하는 것은 현실적으로 불가능하니까요. 호화스러운 주택 이야기를 하지 않고 조금 더 현실적인 이야기를 하더라도 현실은 갑갑합니다. 다음의 표를 보면 국민주택 규모의 아파트 구입 비용이 5년 사이 조금 떨어지긴 했어도 3억 원이 넘습니다.

수도권 국민주택 규모 아파트 구입 비용 비교 (단위: 원)

	2009년	2014년	차이
가격	3억 973만	2억 9309만	1664만
세금	681만	322만	359만
이자	3774만	2240만	1534만
합계	3억 5428만	3억 1871만	3557만

사회 초년생들은 어느 정도의 월급을 받을까요? 모두가 선망하는 금융권 기업이나 대기업에 입사하면 5천만 원이 넘는 연봉을 받을 수 있지만, 전체 구직자 중 해당 업종에 취업하는 사람은 소수에 불과합니다. 건강보험공단의 자료를 찾아보니 30대 남자 기준 평균 3,700만 원의 연봉을 받는다고 합니다. 평균만 가지고 계산해도 수도권에서 10년 정도의 세월을 한 푼도 안 쓰고 저축해야 젊은이들이 내 집을 마련할 수 있습니다.

대한민국 평균 연봉 (단위: 만 원)

	20대	30대	40대	50대	60대
남	2,499	3,761	5,060	4,882	2,894
여	2,257	2,718	2,494	2,259	1,732

자료 출처: 건강보험공단

그런데 100% 저축이란 꿈같은 이야기죠. 사회생활 하며 필요한 기본적인 유지 비용이 있으며, 결혼 후 아이라도 낳게 되면 지출 규모는 기하급수적으로 늘어납니다. 가면 갈수록 정규직 고용이 줄어들며 임금 상승에 대한 기대감까지 사라지는 현실에서 내 집 마련은 정말로 '꿈'처럼 보입니다.

서울 532
강원 7
인천 31
경기 137
충북 16
충남 27
대전 13
경북 41
대구 19
울산 24
전북 9
경남 53
부산 55
광주 16
전남 17
제주 1

우리나라 1000대 기업 중 70%가
서울 및 수도권에 몰려 있습니다(2010년 기준).

그래서 생각해보았습니다. '왜 꼭 수도권에 살아야 하지?' 지방은 그래도 수도권에 비해 주택 비용이 저렴합니다. 단순하게 지방으로 내려가야지 하고 생각할 수도 있습니다. 하지만 이것 또한 쉬운 일이 아닙니다. 우리나라의 기업 분포를 살펴보면 수도권 집중 현상이 뚜렷하게 나타납니다. 대기업은 말할 것도 없고, 중소 규모 기업 또한 대부분 수도권에 집중해 있습니다. 진퇴양난의 상황입니다. 돈을 벌어서 먹고살기 위해서는 수도권에 살 수밖에 없는데, 그곳에서 결혼하고 가정 꾸리며 살아가려고 하니 주택 비용을 비롯해 생활 비용이 가히 살인적입니다.

억지로라도 빚을 내어 주택을 마련해 살아가는 삶을 가정해보았습니다. 자녀를 키우며 대출금을 갚으며 살아가겠죠. 한 푼도 안 쓰고 10년 걸릴 것이고, 자식 키우며 이것저것 하면 시간이 더 길어질 테니 20년 정도 걸리리라 생각했습니다. 그때쯤이면 아이들도 사회에 진출하기 시작하고 진짜 내 집이 생기겠지요. 이 아파트 한 채를 위해서 젊은 세월을 다 투자한 것입니다. 지금 추세로 가면 진짜 집이 생겨서 오는 기쁨도 잠시, 그때까지 직장에 다니고 있다면 기적 같은 일입니다.

집값을 지불할 능력이 없기에 수도권의 멋들어진 아파트는 젊은 세대들에게는 꿈같은 이야기입니다. 자기 소득 수준에 맞게 적당한 주거지를 찾으려 해도 평생 빚을 떠안고 살아야 간신히 내 집을 마련할 수 있습니다. 천정부지로 치솟은 집값 덕분에 대한민국의 20, 30대는 평생을 저소득층 주거지에서 벗어날 수 없어 보입니다. 진퇴양난의 상황에서 이제 사회에 진출하는 젊은이들은 어떤 선택을 해야 할까요? 지금의 현실에서 젊은이들에게 주거 이동의 자유는 없다고 봅니다.

영화 〈국제시장〉을 통해 본 세계 노동시장

2014년 말에 개봉해 2015년 초까지 1,400만 관객을 돌파하며 많은 사람들에게 생각할 거리를 안겨준 영화 〈국제시장〉. 이 영화는 6·25전쟁, 베트남전 파병, 이산가족 찾기 등 한국 현대사의 다양한 사건 속에서 꿋꿋이 살아간 한 가장의 이야기를 그린 작품입니다. 그래서 한국판 〈포레스트 검프〉라는 평을 받기도 합니다. 〈국제시장〉에는 독자들과 함께 이야기를 나눌 만한 흥미로운 장면들이 많은데, 이 글에서는 영화에서 노동시장과 관련된 장면을 살펴보도록 하겠습니다.

영화 속에서 주인공 덕수는 공부를 잘해 서울대에 합격한 남동생의 학비를 마련하고자 파독 광부로 지원하게 됩니다. 파독 광부란 1963년부터 1980년까지 실업 문제 해소와 외화 획득을 위해 한국 정부에서 독일(서독)에 파견한 광부들을 가리킵니다. 독일은 제2차 세계대전 이후 '라인 강의 기적'으로 불리는 놀라운 경제성장을 이룩했는데, 그로 인해 노동력 부족 사태를 겪게 되었습니다. 취업의 기회가 보장된 상황에서 독일인들은 힘든 육체노동이 요구되는 일자리를 외면하기 시작했고, 부족한 인력을 채우기 위해 독일 정부는 외국인 노동자들을 받아들이게 되었습니다. 마침 실업 문제와 외화 부족 현상에 직면해 있던 한국 정부는 광부, 간호사와 같은 노동력을 독일로 송출하게 되었습니다.

1963년, 파독 광부 500명 모집에 4만 6천여 명이 지원할 정도로 당시 한국의 실업난은 심각한 상태였습니다. 3년 계약의 파독 광부들에게는 매월 600마르크(160달러)의 높은 수입이 보장되었기에 많은 한국인들이 독일로 가기를 희망했습니다. 1963년 광부 247명이 처음 독일에 도착했고 모두 3년간 취업 계약을 맺었는데, 1977년까지 8,395명의 광부가 독일 석탄 광산에서 일했습니다. 1965년부터는 한국인 간호사의 독일 취업이 허용되어 1976년까지 모두 1만 371명의 간호사가 독일로 떠났습니다.

광부와 간호사들에게 주어진 일은 힘들기 그지없었습니다. 광부들은 지하 1,000미터의 막장에서 고된 노동에 시달렸습니다. '막장 드라마'라는 말이 있죠. 이 '막장'이란 광산, 특히 석탄 광산 등에서 가장 안쪽에 있는 광산의 끝부분을 말합니다. 갱도가 제대로 만들어지지 않은 상태에서 구멍을 파 들어가면서 갱도를 받치고 작업을 해야 하므로 가장 위험하고 언제 굴이 무너져 깔려 죽을지 모르는 곳입니다. 따라서 광부들은 막장에 들어가지 않으려 하죠. 하지만 그곳에 들어가면 엄청난 수당이 나오기 때문에 돈을 벌기 위해 목숨을 내걸고 막장에 들어가는 겁니다. 그래서 인생 막장이라 하면 돈 다 떨어지고 할 것도 없어서 먹고살기 위해 별짓을 다 하게 되는 그런 상황을 일컫습니다. 막장 드라마도 그런 의미라고 볼 수 있겠죠.

파독 간호사들이 했던 일도 고되기는 마찬가지였습니다. 처음에는 시체를 닦는 일 등 병원의 힘든 일을 도맡았습니다. 그리고 이들의 월급은 한국에 송금되어 가족의 생계비와 학비로 쓰였지요. 국가적으로는 이들의 '외화벌이'가 자본 부족에 허덕이던 한국의 경제성장에 크게 기여했습니다.

한국인 간호사에 대한 독일인들의 평가는 좋았다고 합니다. 그래서 대다수 간호사들이 계약을 연장하고 독일에서 살게 되었습니다. 광부들 가운데도 60% 가량이 독일에 남아(이들의 3분의 1은 훗날 미국으로 이민했다고 합니다) 유럽 한인 사회의 중심을 이루게 되었습니다. 여담을 해보자면, 1978년에 독일 분데스리가에 진출한 축구 선수 차범근 씨의 활약이 파독 이민자들에게 큰 힘이 되었는데, 〈국제시장〉의 감독도 차범근 선수를 에피소드의 하나로 등장하게 하고 싶었지만 시기가 맞지 않아 이루지 못했다고 합니다. 지금까지도 독일에는 많은 외국인 노동자들이 유입되고 있으며 특히 터키에서 온 이민자들이 많다고 합니다. 독일 축구팀에서도 터키계 선수들을 많이 볼 수 있는데, 유명한 독일 축구 선수 메수트 외질이 바로 터키계 이민자 3세입니다.

다시 영화 이야기로 돌아와서, 덕수는 독일에 파견되어 너무나 고된 광산 일을 하며 돈을 벌어 동생을 공부시킵니다. 몇십 년을 뛰어넘어 노인이 된 덕수는 동남아시아 출신으로 보이는 외국인들과 우리나라 학생들 간에 벌어진 싸움을 목격합니다. 과거에는 일자리를 찾아 외국으로 떠났었는데, 이제는 '코리안 드림'을 꿈꾸며 일자리를 찾아 한국으로 들어오는 외국인이 매우 많아졌습니다. 법무부 통계에 따르면, 2013년 현재 약 150만 명의 외국인이 국내에 체류하고 있습니다. 잠시 다녀가는 외국인을 빼면 이들 가운데 상당수가 취업을 위해 한국에 온 사람들입니다. 이는 1993년부터 외국인 산업 연수생 제도를 실시한 데 따른 결과로, 중국(조선족이 상당수), 태국, 필리핀, 베트남인이 연수생 자격으로 들어와 한국의 중소기업에서 일하게 된 것이지요.

이들은 '연수생 신분'이라는 이유로 같은 일을 하더라도 한국인 노동자보다 급여가 훨씬 적을 뿐만 아니라, 인권을 침해받는 등 불리한 처지에 놓여 있습니다. 불공평한 조건이지만 적지 않은 연수생이 계약 기간이 끝난 뒤에도 국내에 남습니다. 불법 체류자가 되는 셈인데, 이는 한국인 노동자의 높은 임금을 부담스러워하는 중소기업의 요구와 맞물려 있기도 합니다. 이런 외국인 노동자들의 어려움을 표현한 영화도 나왔는데, 〈완득이〉, 〈방가? 방가!〉가 대표적입니다. 이제는 우리도 외국인 노동자들의 인권을 보장해주어야 하는 그런 위치까지 성장했습니다.

오늘날의 세계는 재화뿐만 아니라 자본과 노동력 등 생산 요소의 이동도 점점 자유로워지고 있습니다. 특히 노동력의 이동은 전 세계에서 민족(문화) 간 분쟁의 요소로 작용하는 경우도 많습니다. 과거 밖으로 나가 값싼 노동력을 제공하며 외화를 벌어들였던 대한민국, 그리고 지금은 그 반대가 된 대한민국. 누구보다 외국인 노동자들의 심정과 마음을 이해하고 그들의 인권을 지켜주면서, 또한 우리나라 노동자들의 권리도 동시에 누릴 수 있는 그런 세상이 오기를 바라봅니다.

디트로이트와 에미넴, 그리고 〈드림걸즈〉

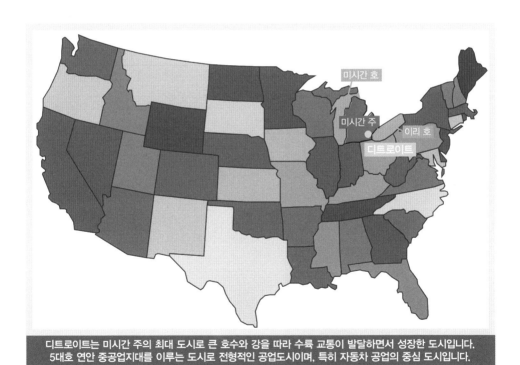

디트로이트는 미시간 주의 최대 도시로 큰 호수와 강을 따라 수륙 교통이 발달하면서 성장한 도시입니다.
5대호 연안 중공업지대를 이루는 도시로 전형적인 공업도시이며, 특히 자동차 공업의 중심 도시입니다.

디트로이트는 미국 미시간 주에서 가장 큰 도시이고, 미국 동북부 지역 디트로이트 강을 낀 주요 항구 도시입니다. 2013년 기준으로 인구는 681,090명으로, 미국에서 18번째로 인구가 많은 도시입니다. 1701년 7월 24일 프랑스인 앙투안 드 라모트 카디야크(Antoine de Lamothe Cadillac)에 의해 건립된 디트로이트는 현재 오대호의 수운과 철도의 요충지입니다. 이 도시의 별명은 '자동차 도시'와 '모타운(Motown)'입니다. 전통적인 자동차 중심지로 미국 자동차 산업의 대표이면서, 또한 이곳은 대중음악의 주요 원천지입니다. 가수 에미넴, 에이콘 등이 디트로이트 출신이죠. 지금부터 디트로이트의 별명을 잘 보여주는 영화를 소개해드리겠습니다. 영화를 통해 도시 여행을 해볼까요?

'자동차 도시' 디트로이트를 살펴보겠습니다. 소개해드릴 영화는 디트로이트 출신인 에미넴이 출연한 〈8마일〉입니다. 대부분의 래퍼는 흑인인데, 에미넴은 백인 래퍼로 유명합니다. 영화에서도 래퍼를 꿈꾸는 가난한 청년으로 등장합니다. 에미넴의 실화라는 이야기도 있지만 본인은 아니라고 인터뷰했다고 하네요. 아버지와 이혼한 어머니는 알코올중독자로 동네 불량배와 동거를 하고 있습니다. 주인공은 낮에는 자동차 공장에서 일을 하고 밤에는 힙합 공연장에서 프리스타일 랩 배틀에 참여하며 자신의 꿈을 키워나갑니다. 주인공의 생활에 디트로이트의 자동차 산업과 지역 경제 상황이 고스란히 나타납니다.

영화 〈8마일〉 포스터

자동차 공장에서 일하는 주인공(좌)과 포드 로고가 새겨진 티셔츠를 입고 있는 동네 불량배(우). 디트로이트는 자동차 공업의 흥망성쇠와 함께 도시도 흥망성쇠를 겪게 됩니다.

　두 장면을 같이 봅시다. 첫 번째 사진은 주인공이 자동차 공장에서 일하는 장면이고, 두 번째 사진은 어머니의 동거남이자 동네 불량배의 등장 장면입니다. 불량배의 가슴에는 'Ford' 로고가 새겨져 있습니다. 그는 포드 공장에서 일하다가 실직한 노동자입니다. 포드는 컨베이어 벨트 시스템을 최초로 도입하며 대량생산 체제를 구축해 자동차의 대중화를 이룩한 헨리 포드가 설립한 회사입니다. 포드 사의 시작이 바로 디트로이트였습니다. 포드와 함께 닷지(Dodge) 사도 여기에서 시작되었고, 제너럴 모터스(GM)와 크라이슬러의 주력 공장도 모두 디트로이트에 입지해 있었습니다. 디트로이트 주변은 오대호의 풍부한 수량, 편리한 교통, 주변의 풍부한 자원을 바탕으로 옛날부터 철강, 기계 공업이 발달했습니다. 이를 토대로 자동차 공업이 성장할 수 있었던 것입니다. 세계 자동차 공업의 중심지로 부상할 수 있었죠.

　하지만 일장춘몽이라고 했던가요? 디트로이트의 자동차 공업도 1960년대 이후로 점차 쇠퇴하기 시작했습니다. 내부적으로 인건비 및 지가 상승이 문제가 되었고, 외부적으로는 제2차 세계대전 이후 몰락했던 유럽 자동차 공업의 부흥과 일본과 같은 신흥 공업국의 성장이 위협이 되었던 것입니다. 석유 가격 상승도 쇠퇴에 일조했습니다. 때문에 포드, 닷지와 같은 전통적인 미국 자동차 회사들도 공장을 이전하거나, 자동화 시스템의 확장으로 생산비를 줄이기 위해 노력했습니다. 이러한 변화로 인해 디트로이트는 막대한 피해를 입게 됩니다. 대규모 실직이 발생하고, 공장의 이전과 실직자의 증가로 세금이 부족하게 되니 지방 정부의 복지 정책도 실질적 도움을 줄 수 없게 된 것입니다. 당연히 생활환경이 낙후되고 범죄율도 증가했습니다. 빈집이 많이 생겨 탈선과 범죄의 장소로 사용되기도 했습니다. 영화에서도 이런 문제가 잠깐 언급됩니다.

그럼 영화 제목이 '8마일'인 이유는 무엇일까요? 디트로이트가 성장하기 시작한 1900년대 초중반에 일자리를 찾는 노동자들이 몰려들었습니다. 대부분이 아프리카계 흑인이었죠. 백인들은 흑인 이주민들과 섞이는 것을 기피했고, 8마일 로드(8 Mile Road)를 사이로 두고 백인과 흑인 거주지가 나누어지게 되었습니다. 인종차별이 극에 달해 8마일 로드를 경계로 벽을 세우기도 했다네요. 이후 인종차별에 대한 분노가 폭발하여 1967년 7월 23일 대규모 흑인 폭동이 일어났는데 무력으로 진압되어 미국 현대사에 큰 사건으로 남게 되었습니다.

이와 같이 디트로이트에는 흑인 노동자가 다수 거주했는데, 두 번째 별명인 '모타운'도 이와 연관이 있습니다. 모타운은 원래 디트로이트에 기반을 두었던 레코드 회사였습니다. 1959년 1월 12일에 베리 고디 주니어에 의해 창립된 이 회사는 1960년 4월 14일에 모타운 레코드 법인으로 바뀝니다. '모터(motor)'와 '타운(town)'의 합성어인 회사 이름에서도 자동차 산업의 중요성을 엿볼 수 있습니다.

모타운 사는 대중음악의 인종적 결합에 있어 중요한 역할을 수행했습니다.

아프리카계 미국인이 소유한 최초의 레코드 회사로, 소속 뮤지션도 아프리카계 미국인이 주를 이루었죠. 대표적으로 슈프림스, 잭슨 5, 포 탑스 등이 소속돼 있었습니다. 잭슨 5는 팝의 황제라 불린 마이클 잭슨이 어린 시절 형제

영화 〈드림걸즈〉는 디트로이트에 기반을 둔 음반사 '모타운'과 '모타운'의 성장에 큰 힘이 된 걸그룹 '슈프림스'의 이야기로, 영화에는 당시 디트로이트와 흑인들의 문화, 그리고 차별의 모습들이 드러나 있습니다.

들과 결성한 그룹이었습니다. 모타운에 소속된 많은 뮤지션 가운데 슈프림스는 최초의 걸그룹이라 불리며 모타운이 성장하는 데 큰 힘을 실어주었습니다. 그녀들의 삶을 영화화한 작품이 바로 〈드림걸즈〉(2006)입니다. 이 작품에도 그 당시 흑인들의 문화와 차별의 시대적 분위기가 잘 나타나 있습니다.

두 영화를 통해서 디트로이트의 과거와 현재를 엿볼 수 있었습니다. 그리고 시대를 관통하는 인종적 차별이라는 아픔도 같이 볼 수 있습니다. 이처럼 영화의 배경이 되는 도시의 지리적 의미를 안다면 영화를 더욱 깊이 있게 이해할 수 있겠죠? 그리고 주인공이 느끼는 감정에도 쉽게 다가갈 수 있을 것입니다. 앞으로는 영화의 시대적 상황과 함께 공간적 배경도 살펴보시길 추천합니다.

Part 7.
스포츠

NBA 팀 이름만으로 미국이 보여요

20여 년 전 우리나라 최고 인기 스포츠는 단연 농구였습니다. 공원이며 학교 운동장이며 농구를 즐기는 청소년들이 많았고, 농구를 주제로 한 만화와 드라마는 물론, 농구대잔치가 지금의 프로농구 이상의 인기를 누렸습니다. 만화 『슬램덩크』의 강백호는 농구를 좋아하는 남학생들에게 폭발적인 인기를 얻은 캐릭터였으며, 드라마 〈마지막 승부〉에서 다슬이 역을 맡았던 배우 심은하씨는 이 드라마 한 편으로 당대 최고의 여배우로 등극했습니다. 또한 농구대잔치를 빛낸 수많은 선수들이 연예인 못지않은 인기를 얻기도 했죠. 드라마 〈응답하라 1994〉에서 고아라 씨가 열연한 주인공 나정이는 연세대 이상민 선수의 열혈팬으로 그려졌습니다.

이렇듯 우리가 열광했던 농구의 본고장은 미국이고, 그중에서도 세계 최고의 선수들이 실력을 뽐내는 무대는 바로 미국 프로농구 NBA입니다. 이 글에서는 NBA를 통해 미국의 산업에 대해 알아보도록 하겠습니다. NBA의 팀 이름만으로도 배울 수 있는 것들이 많습니다.

NBA 시카고 불스의 로고

가장 먼저 살펴볼 팀은 '시카고 불스(Chicago Bulls)'입니다. 마이클 조던이라는 세계적인 선수가 뛰었던 팀이죠. 현역에서 은퇴한 지 10년이 넘었는데도, 여전히 뛰어난 농구 선수들이 등장할 때마다 조던은 비교 대상이 되곤 합니다. 마이클 조던의 활약으로 6번의 우승을 일궈낸 팀이 시카고 불스입니다. Bulls는 소인데, 시카고에 도축장이 있었기 때문에 이런 이름을 붙였습니다. 건조한 목축업 지대에서 방목되던 소들이 옥수수 지대로 와서 비육을 당합니다. 마구 먹여서 살을 찌우는 것이지요. 소고기의 등급을 좌우하는 마블링, 즉 지방을 만들어주기 위해서였습니다. 그런 소들을 시카고에서 도축해 운하를 통해 수출했다고 합니다.

그럼 소를 방목하는 지역에는 어떤 NBA 팀들이 있는지 살펴볼까요? 미국

NBA 댈러스 매버릭스(좌)와 샌안토니오 스퍼스(우)의 로고

텍사스 주에는 '댈러스 매버릭스(Dallas Mavericks)'와 '샌안토니오 스퍼스(San Antonio Spurs)'가 있습니다. 댈러스 매버릭스는 독일 용병 노비츠키 선수, 샌안토니오 스퍼스는 팀 던컨 선수로 유명하죠. 두 선수 모두 성실한 프랜차이즈 스타입니다. 매버릭스는 어린 송아지, 스퍼스는 카우보이를 가리키는 용어입니다. 이름에서 알 수 있듯 미국 서부에는 소를 방목하는 대규모 목축업이 발달했습니다.

'디트로이트 피스톤스(Detroit Pistons)'라는 팀도 있습니다. 자동차 엔진의 작동 원리가 되는 것이 바로 피스톤입니다. 즉 디트로이트 피스톤스라는 팀 이름에서 이 도시에 자동차 산업이 발달했음을 알 수 있습니다. 디트로이트에는 세계적 자동차 회사 제너럴 모터스(GM)의 본사가 있습니다. 최근에는 미국의 자동차 산업이 쇠퇴하면서 디트로이트가 위기를 맞았는데, 여전히 세계 최고의 모터쇼 중 하나가 바로 디트로이트에서 열리고 있습니다. 디트로이트를 비롯해 스노우 벨트 지역에는 자동차 등 중공업이 발달했습니다. 농구는 아니지

NBA 디트로이트 피스톤스(좌)와 NFL 피츠버그 스틸러스(우)의 로고

만, 한국계로 잘 알려진 미식축구의 하인즈 워드가 뛰었던 '피츠버그 스틸러스 (Pittsburgh Steelers)'라는 팀 이름에는 스틸, '철'이 들어갑니다. 우리나라의 프로축구 구단 포항 스틸러스를 생각하면 되겠네요. 디트로이트와 피츠버그가 위치한 미국의 북동부 지역은 애팔래치아 산맥의 석탄, 오대호 연안의 철광석과 발달된 수운을 바탕으로 중화학 공업이 발달해, 이 도시들을 연고지로 하는 스포츠팀 이름에도 그 특징이 반영되어 있습니다.

또한 팀 이름으로 지역 산업을 파악할 수 있는 대표적인 곳이 휴스턴과 시애틀입니다. 로켓처럼 키가 매우 큰 중국 출신의 농구 선수 야오밍이 뛰었던 팀이 '휴스턴 로켓츠(Houston Rockets)'입니다. 휴스턴에는 미 항공우주국 NASA가 있습니다. 우주항공 산업의 중심지이죠. 그래서 '로켓츠'라는 팀 이름을 얻게 되었습니다. 그리고 지금은 '오클라호마시티 썬더(Oklahoma City Thunder)'로 팀 이름과 연고지가 바뀌었지만, 그 전신은 '시애틀 슈퍼소닉스(Seattle Supersonics)'였습니다. 게리 페이튼이라는 유명한 포인트 가드가 속해 있었지요. 슈퍼소닉스는 초음속을 뜻하는 단어입니다. 시애틀은 세계 최대 비행기 제작사인 보잉 사가 위치하는 등 항공기로 유명한 도시입니다. 이렇듯 미국의 남

NBA 휴스턴 로켓츠(좌)와 시애틀 슈퍼소닉스(우)의 로고

서부는 북동부에 비해 따뜻한 기온과 쾌적한 환경, 값싼 부지를 바탕으로 첨단 산업이 발달했습니다.

기후 및 지형과 관련된 팀 이름도 알아볼까요? 애리조나 주를 대표하는 팀이 바로 '피닉스 선즈(Phoenix Suns)'입니다. 피닉스의 더운 날씨를 상징적으로 보여주는 이름이지요. 또 아열대 기후가 나타나는 플로리다 반도에는 '마이애미 히트(Miami Heat)'와 '올랜도 매직(Orlando Magic)'이 있습니다. 히트는 말 그대로 '열', 뜨겁다는 의미입니다. 미국 드라마 〈CSI 마이애미〉를 떠올려보세요. 사건은 항상 비키니를 입은 사람이 많은 해변에서 벌어지지요. 올랜도에는 매직 킹덤으로 불리는 디즈니 월드가 있습니다. 날씨가 따뜻하고 관광객이 많으니 디즈니 월드가 들어서기에 아주 좋은 입지였겠죠.

팀 이름이 지형과 관련된 곳은 우리나라에 팬이 많은 'LA 레이커스(Los Angeles Lakers)'와 저 개인적으로 좋아했던 '유타 재즈(Utah Jazz)'입니다. 샤킬 오닐과 코비 브라이언트로 유명한 LA 레이커스의 팀 이름에는 호수를 가리키는 lake가 들어 있습니다. 이 팀의 연고지는 원래 LA가 아니라 미니애폴리스였습니다. 미니애폴리스는 오대호에서 조금 떨어진 곳에 위치한 도시로 호수가 많

NBA 피닉스 선즈(좌), 마이애미 히트(중간), 올랜도 매직(우)의 로고

은 지역입니다. 미국의 오대호 연안은 빙하기에 빙하로 덮여 있던 지역으로, 그 주변에도 빙하의 이동에 의해 생긴 호수들이 많습니다. 그래서 팀 이름이 '미니애폴리스 레이커스'가 되었고, 연고 지를 LA로 옮긴 후에도 그 이름을 그대로 사용 하고 있습니다.

NBA LA 레이커스의 로고

'유타 재즈'는 사실 팀 이름보다는 엠블럼에 지형이 나타나 있습니다. 유타 재 즈의 엠블럼을 보면 높은 산봉우리들이 그려져 있지요. 로키 산맥의 고지대에 위치한 솔트레이크 시티에 유타 재즈의 홈구장이 있습니다. 고산 지대라서 원 정팀보다는 홈팀 성적이 대체적으로 좋습니다. 저는 개인적으로 존 스탁턴 선 수를 좋아했습니다. 그런데 왜 유타 '재즈'일까요? 유타 재즈의 전신은 '뉴올리 언스 재즈'였습니다. 미국 남부에 위치해 아프리카계 이주민들이 많이 살던 곳 이었습니다. 미국 남부는 '코튼 벨트(Cotton Belt)'라 불릴 만큼 목화 산업이 발 달했습니다. 목화는 일손이 많이 필요한 작물이라 노예가 많이 필요했고, 그래 서 미국 남부는 다른 지역에 비해 아프리카계 이주민의 비율이 높습니다. 뉴올 리언스는 미국 흑인들의 음악인 재즈의 발상지로 유명한데, 그래서 팀 이름에 도 '재즈'를 붙였고, 연고지를 유타로 옮긴 후에 도 그 이름을 계속 쓰고 있습니다. 이처럼 팀 이 름으로 미국의 인종 분포도 알 수 있습니다.

NBA 팀 이름으로 미국 개척의 역사도 살 펴보겠습니다. 먼저 '필라델피아 세븐티식서스

NBA 유타 재즈의 로고

(Philadelphia 76ers)'입니다. 왜 76이라는 숫자가 나왔을까요? 미국이 독립을 한 해인 1776년을 나타내는 것입니다. 필라델피아에 미국 독립군 본부가 있었고 그곳에서 독립 선언이 이루어졌습니다. 또한 필라델피아에는 이 독립군들을 전사로 표현한 팀이 있었으니 '필라델피아 워리어스(Philadelphia Warriors)'였습니다(지금은 연고지를 오클랜드로 옮겨 '골든스테이트 워리어스Golden State Warriors' 가 되었습니다).

이처럼 미국 동부 지역에는 미국 독립군과 관련된 팀 이름들이 있습니다. '클리블랜드 캐벌리어스(Cleveland Cavaliers)'에 캐벌리어(Cavalier)는 기병을 뜻합니다. '워싱턴 위저즈(Washington Wizards)'의 전신은 '워싱턴 불리츠

NBA 필라델피아 세븐티식서스, 골든스테이트 워리어스, 클리블랜드 캐벌리어스의 로고

NBA 워싱턴 위저즈, 보스턴 셀틱스, 뉴욕 닉스의 로고

(Washington Bullets)'로, 불릿(Bullet)은 총알을 뜻하죠. 그런데 아시다시피 미국에서 총기 사고가 자주 일어나니 팀 이름을 '위저즈(마법사)'로 바꾸게 되었습니다. 미국 동부로 이주한 민족의 이름을 따서 지은 팀 이름이 '보스턴 셀틱스(Boston Celtics)'와 '뉴욕 닉스(New York Knicks)'입니다. 셀틱스의 원래 의미는 켈트족으로 아일랜드계를 지칭하고, 닉스는 네덜란드인을 일컫는 니커보커스에서 온 말입니다. 이렇듯 팀 이름을 통해 미국의 역사가 동부에서 시작되었음을 알 수 있습니다.

동부에서 시작된 미국은 서부를 개척하며 영토를 넓힙니다. 왜 사람들이 아무것도 없는 서부로 갔을까요? 바로 황금을 캐기 위해서였습니다. '덴버 너게츠(Denver Nuggets)'에서 너겟(nugget)은 금덩어리라는 뜻이지요. 그리고 한국인 최초이자 유일하게 NBA에서 활약한 하승진 선수가 뛰었던 팀은 '포틀랜드 트레일 블레이저스(Portland Trail Blazers)'입니다. 개척자라는 뜻이죠. 여담으로, 제가 개인적으로 하승진 선수와 알고 지내는데, 정말 위트 있고 재미있는 친구입니다. NBA에 진출하기 위해 눈물 젖은 햄버거를 먹어가며 고생을 많이 했다고 이야기하더군요.

NBA 덴버 너게츠(좌)와 포틀랜드 트레일 블레이저스(우)의 로고

지금까지 미국 NBA 팀 이름을 통해 미국의 산업, 기후와 지형, 민족, 개척의 역사 등을 살펴보았습니다. 팀 이름에서 이렇게 여러 가지를 배울 수 있다니, 그래서 이름이 중요하다고들 하나 봅니다. 그런데 아직 우리나라의 스포츠 팀 이름에 그 지역의 특성을 반영하는 경우는 많지 않습니다. 보통 기업 이미지나 그냥 예쁘고 멋있는 이름만 생각하는 것입니다. 국내 프로농구 초창기에 '현대 걸리버스'라는 농구팀이 있었습니다. 당시 현대전자에서 출시한 ('걸면 걸리는) '걸리버'라는 시티폰을 따서 팀명을 정한 것이죠. 그때까지 우리나라에는 지역 연고라는 개념이 제대로 자리 잡지 않아 기업 이미지를 살릴 수 있는 팀 이름들이 많았습니다. '기아 엔터프라이즈'도 그렇고요. 그런데 이제는 지역 연고를 바탕으로 농구를 비롯한 스포츠 팀들이 성장해가고 있습니다. 각 지역의 특성을 살릴 수 있는 팀 이름이 많이 나오고, 그 지역과 함께 팀도 성장하는 단계가 되었으면 좋겠습니다.

야구의 지리학, 내가 구단주라면?

현재 나이가 40대 이하라면 아마 1960년대 후반부터 전국적으로 휘몰아친 고교야구의 폭발적 인기를 잘 모를 것 같습니다. 당시의 고교야구의 인기는 1970년대 중반 야구의 프로화 논의를 본격적으로 일으키게 했던 원동력이었습니다. 마침내 1981년 5월, 청와대 수석비서관 회의에서 전두환 당시 대통령은 국민 정서와 여가 선용을 위한 3S 정책(Sports, Screen, Sex)의 일환으로 프로 스포츠 창설을 지시하게 됩니다. 민주화가 이루어지기 전, 군사정부 대통령의 권위는 오늘날 생각하기 어려울 정도로 막강했죠. 대통령의 지시가 떨어지자마자 비서관은 야구협회와 축구협회에 프로화 검토를 의뢰합니다. 이때 축구협회에서는 운동장 야간 조명 설치 등에 막대한 비용이 필요하다고 한 반면, 정부의 지원금 한 푼 없이도 프로화가 가능하다는 골자의 야구 프로화 계획서 내용이 주목을 받아, 우선 프로야구부터 출범시키기로 결정하게 되었습니다.

그런데 정부 지원금 한 푼 없이 프로야구를 출범할 방법은 대체 무엇이었을까요? 바로 대기업들에게 야구단을 하나씩 맡도록 한 것입니다. 시대가 시대이다 보니 대통령의 특별 지시를 따르지 않는 기업은 거의 없었습니다. 물론 정착을 위해 야구단을 만든 기업들에게 운영 면(특히 기업 세무 면)에서 여러 혜택을 주기는 했습니다. 연고지 결정에 있어 최초 계획부터 최종안까지의 공통점은 대기업 회장의 고향 지역이거나 기업이 위치한 곳, 혹은 처음 시작한 곳 등 각 기업의 중요한 지역으로 지정한다는 원칙을 내세웠습니다. 대기업 회장들의 애향심을 이용하려던 것입니다. 이렇게 염두에 두었지만, MBC와 삼성, 롯데를 제외하고는 연고권 문제와 프로야구라는 생소한 사업에 진출한다는 불안함과 부담감을 표출하며 대부분 고사했기에 출범은 어려움을 맞게 되었습니다. 결국 당시 신군부 세력을 포함한 정치권의 연줄 등을 총동원하여 협상을 한 결과, 광주에는 해태가, 충청권에는 OB가 (충청도에 선수가 부족하다는 이유로 3년 후 서울로의 연고 이전을 약속받고) 들어오게 되었습니다. 그리고 창립총회 직전 거의 기적적으로 삼미가 인천 연고 기업으로 프로야구 참여를 확정지으면서, 비로소 1982년에 프로야구가 출범하게 됩니다.

우리나라의 프로야구는 연혁과 관중 동원력에서 볼 때 단연 국내 프로 스포츠의 선두주자라고 할 수 있습니다. 1982년 한국 최초의 프로 스포츠로 탄생한 이래, 2015년 현재까지 34년이라는 역사 속에 바야흐로 10개 구단이 자웅을 겨루는 명실상부한 최고의 인기 스포츠가 되었습니다.

그런데 좀 이상한 점이 있습니다. 축구, 농구, 배구와 달리 왜 야구는 지역 연고제로 운영되면서도 팀 이름에 지역명이 없을까요? 축구에서는 전북 현대, 수원 삼성, 대전 시티즌 등, 농구나 배구도 울산 모비스, 천안 현대캐피탈 등과 같이 지역명이 팀 이름에 포함되어 있는데 말이죠. 그것은 아마 프로야구가 처음부터 확고한 광역 연고제(2001년 SK 와이번스 창단과 함께 지금은 광역 연고제 대신 도시 연고제를 시행하고 있음)로 시작해, 지역명을 넣지 않더라도 연고지를 모를 리 없기 때문이 아닌가 합니다. 그리고 광역 연고제라 현재의 다른 프로 스포츠처럼 특정 지역(도시)명을 넣으면 소외감을 느낀다는 의견 또한 적지 않았다고 합니다. 예를 들어 해태 타이거즈(현재는 KIA 타이거즈)가 아니라 광

주 타이거즈라고 하면 광주 외의 다른 지역 입장에서는 소속감이 조금이라도 떨어지게 되는 셈이죠. 또한 호남 타이거즈라고 이름 지어서 광주(당시에는 전남 소속), 전남, 전북을 아우른다 하면, 비호남 지역민들은 아무래도 심리적 거리감이 더 생길 수 있을 것입니다. 그래서 기업명만 붙여도 된다고 생각했는지 모르겠습니다. 무엇보다도 우리나라에서는 지역명을 붙이는 다른 스포츠 종목들의 인기가 야구를 넘지 못하다 보니 지역명이 큰 이슈가 되지 못하고 있는 게 아닌가 싶습니다.

프로야구 10개 구단 연고지

그렇다면 2015년 현재 10개 구단의 연고지는 어디일까요? 편의상 수도권, 영남권, 호남권, 강원권 등으로 지역을 나누어 살펴봅시다. 광역적으로 보면 서울, 인천, 경기를 아우르는 수도권에 두산, LG, SK, KT, 넥센 등 무려 5개 구단이 자리 잡고 있습니다. 아무래도 프로야구 팀을 지방자치단체가 아닌 기업이 운영하고 있는 관계로, 홍보 효과를 극대화하면서 수익을 창출하기 위해서는 인구가 밀집해 있는 수도권이 최고의 인기 시장임은 불 보듯 뻔합니다. 현재 두산 베어스(이전에는 OB 베어스)는 서울을 연고지로 하고 있지만, 1982년 창단 당시 연고지는 대전이었고 3년 후인 1985년 서울로 연고지를 옮깁니다. 충청권과 수도권을 놓고 선택하라고 하면 아마 독자 여러분이 구단주라고 해도 당연히 수도권에 연고지를 정할 것입니다.

수도권 다음으로는 영남권이 삼성, 롯데, NC 등 3개 구단의 연고지를 보유하고 있습니다. 영남권은 수도권 다음가는 인구 보유 지역으로 우리나라의 산업화와 인구 성장에 큰 역할을 한 지역이기에 수도권 다음의 인기 지역임은 이해될 수 있을 것이라 봅니다.

이제 아쉬운 것은 나머지 지역들입니다. 호남권과 충청권은 각각 KIA, 한화 등 1개 구단씩만 보유하고 있습니다. 그리고 강원권과 제주권은 아예 연고지 구단이 존재하지 않습니다. 아무래도 인구가 상대적으로 적어 팬의 확보는 물론 선수 수급에 어려움을 겪을 수 있기 때문이 아닐까 짐작해볼 수 있습니다.

이렇게 프로야구 각 구단의 연고지를 통해 우리나라 인구의 지역적 편재나 지역의 발달 수준을 가늠해볼 수 있었습니다. 보아하니 마치 프로야구의 지역 연고가 우리나라 지역 발전의 불균형을 대변해주는 듯하여 씁쓸하기도 합니다. 앞으로 인구가 더 늘거나 경제 상황이 좋아지면 구단 수가 더 늘어날지도 모르겠습니다. 과연 여러분이 11번째 구단의 주인이라면 연고지로 어느 지역을 택하고 싶으신가요?

흑인은 정말로 수영을 못할까?

올림픽에서 가장 많은 메달이 걸려 있는 종목은 육상입니다. 육상 종목은 2012년 런던 올림픽에서 금메달 수만 47개였습니다. 그다음으로 많은 금메달 이 걸려 있는 종목이 바로 수영입니다. 수영은 육상에 비해 금메달 수가 하나가 적은 46개입니다. 그래도 엄청나게 많은 숫자라고 할 수 있지요. 이렇게 비교해 보면 어떨까요? 런던 올림픽에서 수여된 총 금메달 수는 302개인데, 육상과 수 영 두 종목에 걸려 있는 금메달 수를 합치면 무려 전체의 30%가 넘습니다.

유명한 육상 선수에는 누가 있을까요? 현재 전 세계에서 가장 빠른 사나이 로 100미터와 200미터 세계기록 보유자인 자메이카의 우사인 볼트, 단거리뿐 아니라 멀리뛰기에서도 금메달을 땄고 올림픽 육상 종목에서 10개의 메달을 획 득한 칼 루이스. 이 두 선수의 공통점은 무엇일까요? 아메리카 대륙 출신이다? 네, 맞습니다. 자메이카는 중앙아메리카에 있죠. 그 외의 공통점은 인종적으로 흑인이라는 점입니다. 육상 경기에서 독보적인 실력으로 메달을 따는 선수들은 대체로 흑인인 경우가 많습니다.

그렇다면 유명한 수영 선수에는 누가 있을까요? 1896년 아테네에서 근대 올림픽 대회가 시작된 이래 가장 많은 올림픽 메달을 딴 마이클 펠프스가 있습니다. 펠프스는 금메달만 무려 18개, 은메달 2개, 동메달 2개를 목에 걸었습니다. 우리나라에도 2008년 베이징 올림픽 400미터 금메달, 200미터 은메달, 2012년 런던 올림픽 200미터, 400미터 은메달을 딴 박태환 선수가 있습니다. 그런데 여러분이 알고 있는 유명 흑인 수영 선수가 있나요? 육상, 농구, 축구, 미식축구, 테니스 등에서 탁월한 기량을 보여주는 흑인 선수들이 수영 부문에서는 그렇지 않은 이유가 무엇일까요? 정말로 흑인이 수영을 못하는 이유가 있는 걸까요?

그 이유를 크게 신체적, 경제적, 사회적인 측면에서 접근하려고 합니다. 먼저 신체적 측면을 살펴보겠습니다. 수영은 물에서 하는 운동이므로 부력이 상당히 중요한 요소가 됩니다. 근육과 지방의 밀도를 비교했을 때, 근육의 밀도가 지방보다 높지요. 쉽게 말하면 지방은 물에 잘 뜨지만 근육은 잘 뜨지 못한다고 할 수 있습니다. 흑인은 백인에 비해 근육 비율이 상대적으로 높기 때문에 물에 뜨는 것이 불리하다고 합니다. 메이저리그 LA 다저스 팀의 전 단장이었던 알 캄파니스는 "흑인들은 부력이 약하기 때문에 수영을 할 수 없다"고 공공연하게 말하고 다녔다고 합니다. 실제로 장거리 수영 경기를 할 때는 부력이 상당히 중요한 요소이지만, 단거리 수영 경기에서는 강한 근력이 반드시 필요합니다. 장거리 흑인 수영 선수가 적고 단거리 흑인 수영 선수가 많다면 위의 주장을 뒷받침하는 근거가 되겠지요? 하지만 장거리, 단거리를 불문하고 흑인 수영 선수가 드문 것을 보면 상관관계가 낮다고 할 수 있습니다. 그리고 프로 선수의 수준으로 나아간다면 백인, 황인, 흑인 할 것 없이 모두 근육이 많아집니다. 따라서 신체적인 측면은 크게 영향을 주지 못한다고 할 수 있습니다.

두 번째로 경제적인 측면을 살펴보겠습니다. 수영이 그냥 물에서 노는 것이라면 어느 곳에서든지 할 수 있겠지만, 정식 수영 경기를 위해서는 수영 인프라가 필수적입니다. 모든 운동이 그렇겠지만, 특히 수영은 어렸을 때부터 체계적으로 기술을 습득할 필요가 있습니다. 또한 장기적인 훈련이 필수적이지요. 곧 수영을 한다는 것은 돈이 많이 든다는 것을 의미합니다. 수영복 구입이나 체계적인 교육과 강습, 집중 훈련을 받는 데는 많은 비용이 들어갑니다. 미국과 유럽의 경우 수영장은 대부분 흑인 거주 지역과 떨어진 곳에 위치합니다. 흑인들이 수영 인프라에 접근하기가 어렵다는 것을 의미하지요. 이러한 이유로 어렸을 때부터 체격이 좋거나 운동신경이 좋은 흑인 아이들은 수영이 아닌 육상, 농구, 미식축구 등으로 진로를 정하게 됩니다.

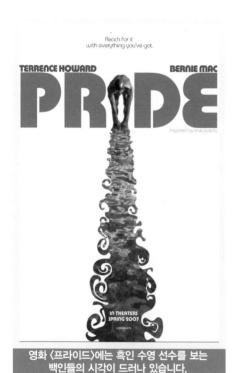

영화 〈프라이드〉에는 흑인 수영 선수를 보는 백인들의 시각이 드러나 있습니다.

세 번째 측면은 사회적 요인입니다. 2007년에 개봉한 〈프라이드Pride〉라는 영화가 있습니다. 실화를 바탕으로 만든 이 영화의 첫 장면은 상당히 충격적이었습니다. 짐 엘리스라는 흑인 수영 선수가 수영장에 등장하자 수많은 백인들이 그를 노려보지만, 짐은 그러한 시선을 이겨내고 출발대에 올라섭니다. 이윽고 출발 신호가 울리고 경기가 시작되었는데, 짐 혼자만 온 힘을 다해 수영을 하고 다른 백인 선수들과 부모들은 그를 비웃기만 합니다. 그 일로 인해 짐은 경찰과 시비가 붙어 체포됩니다. 10년 후 코치가 된 짐은 흑인 선수로 구성된 수영팀을 데리고 대회에 나가는데, 10년 전과 똑같이 많은 백인 선수들과 부모들은 흑인 수영 선수를 차가운 시선으로 쳐다보지요. 수영장에 들어선 흑인 선수들은 소수자였습니다. 여기서 소수자란 수가 작음을 의미하는 것이 아니라 사회에서 소외를 당하는 사람을 가리킵니다. 물론 영화는 해피엔딩으로 끝납니다. 그런데 흑인의 실내 수영장 출입에 대한 사회적 편견이 흑인 수영 선수를 드물게 만든 것은 아닐까요?

드물기는 하지만 올림픽 수영 종목에서 금메달을 딴 흑인 선수들이 있습니다. 흑인으로서 최초로 올림픽 금메달을 딴 선수는 수리남 출신의 앤서니 네스티(Anthony Nesty)입니다. 우리나라에서 열린 88 서울 올림픽 남자 접영 100미터에서 당당히 우승을 차지했지요. 그리고 2000년 시드니 올림픽에서 미국의 앤서니 어빈(Anthony Ervin)도 남자 50미터 자유형에서 금메달을 땄습니다. 앤

흑인 최초의 올림픽 수영 금메달리스트 앤서니 네스티

서니 어빈은 2000년 시드니 올림픽 출전 당시 미국 최초의 흑인 수영 대표 선수였습니다. 그는 인디언의 피가 25% 섞인 흑인 아버지와 백인 어머니 사이에서 태어나 따지고 보면 '37.5% 흑인'이지만, 미국 수영 역사상 최초로 흑인 혈통을 지닌 대표 선수여서 언론의 많은 조명을 받았습니다.

베이징 올림픽에서 4×100미터 자유형 계주에 출전한 미국 수영팀의 컬린 존스(Cullen Jones)도 있습니다. 존스는 계주의 세 번째 선수로 출전해 펠프스와 함께 세계신기록을 달성합니다. 이는 흑인 수영 선수로는 최초로 달성한 것이기도 하지요. 존스는 아기 때부터 수영을 좋아했다고 합니다. 존스의 어머니는 "아기 때부터 물을 너무 좋아해서 욕조에서 꺼내 놓으면 울었다"고 이야기했습니다. 하지만 존스도 수영을 할 때마다 주위에서 "왜 농구나 미식축구를 하지 않고 수영을 하느냐"라는 질문을 들었다고 합니다. 이러한 인종적 편견에 대항하기 위해 수영에 도전했던 이 선수의 말로 글을 마치려고 합니다.

"모든 어린이들은 스포츠 스타를 보면서 자신의 꿈을 키운다. 내가 수영을 계속하고 성공하면 다른 수많은 흑인 어린이들이 나를 보고 꿈을 꿀 것이다. 위대한 수영 선수가 되는 꿈을. 나는 그들을 수영의 세계로 이끄는 미끼다."

_컬린 존스(미국 수영 국가대표 흑인 선수)

오렌지 군단 네덜란드, 축구보다 스케이팅을 더 잘하는 이유

여러분은 네덜란드 하면 무엇이 떠오르나요? 아마 대부분 튤립과 풍차의 나라를 떠올릴 겁니다. 물론 축구로도 유명하죠. 1998년 프랑스 월드컵 때 우리나라는 히딩크 감독이 이끄는 네덜란드에 0대 5로 패하는 수모를 당했고, 그때 상대팀 감독을 영입해서 2002년 월드컵 4강 신화를 이뤄냈죠. 박지성 선수가 유럽에 진출한 것도 네덜란드를 통해서였습니다. 축구로도 많은 이야기를 할 수 있는 나라가 네덜란드입니다.

그런데 사실 네덜란드에서는 세계적으로 축구보다 스피드스케이팅이 더 효자 종목입니다. 지난 2014년 소치 동계올림픽에서 스피드스케이팅 종목은 네덜란드의 독무대였습니다. 무려 4종목(남자 500미터, 5000미터, 10000미터, 여자 1500미터)에서 금, 은, 동메달을 싹쓸이하고, 스피드스케이팅 총 12개 종목에서 모두 메달리스트를 배출했습니다. 네덜란드에서는 스피드스케이팅이 축구만큼 인기가 높은 국민 스포츠입니다. 우리나라의 이상화 선수나 남자 추발 종목 선

수들이 오렌지 유니폼 선수들과 겨루는 걸 보면 정말 장하다는 생각이 들 정도입니다.

겨울에 언 수로 위에서 스케이트를 즐기는 네덜란드 사람들

네덜란드가 스피드스케이팅의 강국이 된 이유는 우선 지형적 요인으로 설명할 수 있습니다. 네덜란드는 인공 제방과 수로가 발달했고, 수로가 거미줄처럼 연결되어 있습니다. 겨울이 되면 이 수로들이 얼어 네덜란드 사람들은 스케이팅을 생활 스포츠로 즐기죠. 평소 자전거로 등교하는 학생들도 겨울에 수로가 얼면 자전거 대신 스케이트를 타고 등교합니다. 수로가 꽁꽁 얼 정도의 추운 날씨가 되면 온 마을 사람들을 수로 빙판에서 만날 수 있다는 말이 있을 정도로 많은 사람들이 스케이트를 즐깁니다. 얼음이 두껍게 얼면 200킬로미터 이상의 코스를 달리는 스케이팅 마라톤인 '엘프스테덴토흐트(Elfstedentocht)'가 열리기도 하는데, 이 대회에는 네덜란드 국왕이 참가할 정도라고 합니다.

수로는 과거에 지금의 고속도로와 같은 역할을 해왔고 네덜란드가 이웃 나라들과 교류하기 쉽도록 하는 무역 통로이기도 했습니다. 네덜란드의 유명 도시들에서 수로를 찾는 일은 아주 쉬운 반면 높은 산을 찾기는 무척 힘듭니다. 자연환경이 이렇다 보니 산악 지형에서나 가능한 스키는 탈 곳이 없고, 자연스레 추운 겨울 꽁꽁 언 수로에서 스케이트 타기를 즐기게 되었죠.

이외에도 네덜란드가 스피드스케이팅 강국인 이유는 장비와 기술 개발에 많은 투자를 하고 있기 때문입니다. 네덜란드가 개발한 '클랩 스케이트'는 스케이트화의 뒷굽과 날이 분리되어 마찰을 줄이고, 다리를 더 많이 뻗을 수 있어 근육의 피로를 줄이는 효과가 있죠. 또한 선수들이 머리와 무릎에 두르는 첨단 실리콘 밴드를 개발, 빙판을 질주할 때 공기의 저항을 최대한 줄일 수 있게 되었고요. 그리고 큰 키와 긴 다리, 탁월한 체력 등 신체적 조건이 좋은 선수들을 조기 발굴하여 체계적인 육성과 훈련 프로그램을 적용시키는 것도 스피트스케이팅 강국이 된 비결입니다.

그렇다면 스키의 강국은 어디일까요? 아마 높은 산지가 발달해 있고 겨울에 눈이 많이 내리는 북유럽의 산악 국가일 겁니다. 동계올림픽 메달 수로 보면 가장 두드러진 나라는 알파인스키(눈 덮인 슬로프를 내려오는 기록경기)에 유독 강한 오스트리아입니다. 역대 올림픽에서 오스트리아는 34개의 금메달을 비롯해 무려 114개의 메달을 알파인스키 종목에서만 따냈습니다. 험준한 산세의 알프스 지방을 중심으로 발전한 알파인스키가 오스트리아에서 꽃을 피운 이유는 '오스트리아 교본'으로 불리는 과학적인 기술 개발로 선수들의 경기력을 높였

엘프스테덴토흐트(Elfstedentocht)

1909년에 시작되어 100년이 넘는 역사를 자랑하는 네덜란드의 스케이트 마라톤 대회입니다. 대회를 무사히 치르기 위한 최소한의 빙판 두께가 14센티미터 이상은 되어야 하는데, 1997년 이후로 해마다 이 두께를 충족하지 못하여 대회가 개최되지 못하고 있습니다. 네덜란드에서는 매년 겨울이 되면 각 방송사와 인터넷 웹사이트, 스마트폰 앱 등에서 기온의 변화와 대회 개최 가능 여부를 '% 단위'로 제공할 정도로 전 국민적인 관심을 받고 있는 대회입니다.

2014 소치 동계올림픽 여자 30킬로미터 크로스컨트리 스키 종목에서는 노르웨이 선수들이 금, 은, 동메달을 모두 차지했습니다. 그 외에도 노르웨이는 크로스컨트리 종목에서만 5개의 금메달과 2개의 은메달, 4개의 동메달을 차지했습니다.

고, 스키어들이 가장 선호하는 스키장을 곳곳에 조성한 것도 한몫했습니다.

한편 '설원의 마라톤'으로 불리는 크로스컨트리에서는 노르웨이가 독보적입니다. 눈이 많이 내리고 언덕이 많은 노르웨이에서 스키는 주요 이동 수단이었고, 자연스럽게 생활 스포츠로 스키가 각광을 받게 되었습니다. 통산 35개의 금메달을 크로스컨트리 한 종목에서만 땄습니다. 크로스컨트리 스키는 19세기까지 노르웨이, 스웨덴, 핀란드 등 북유럽에서 겨울철 이동 수단으로 널리 사용되었으며, 모두 실생활에서 스키를 많이 활용해온 전통을 갖고 있습니다. 또한 북유럽 국가의 군대는 동계 작전을 위해 스키 훈련을 받은 보병을 별도로 보유하고 있기도 합니다.

이와 같이 지형이나 기후적 요건이 특정 스포츠를 발전시키는 요인이 된다면, 히말라야 산맥을 끼고 있는 네팔은 왜 동계올림픽에서 두각을 나타내지 못할까요? 네팔은 소치 동계올림픽에 선수단을 파견했는데, 참가 선수는 이전 두 대회(2006년 토리노 올림픽, 2010년 밴쿠버 올림픽)와 마찬가지로 다치하리 세르파라는 단 한 명의 선수였습니다. 2014년 올림픽이 본인의 마지막 올림픽이라고 이야기한 세르파는 크로스컨트리 스키 15킬로미터 종목에 참가해 총 87명 가운데 86위를 차지했습니다. 스포츠의 강국이 되기 위해서는 국민과 정부의 관심이나 사회적 기반 시설의 확충, 충분한 경제력의 확보 등이 수반되어야 함을 네팔의 사례로 알 수 있습니다.

이제 우리나라로 눈을 돌려보죠. 우리나라는 험준한 산지가 발달한 것도 아니고 스케이팅을 즐기는 국민이 많지 않으며, 동계 스포츠를 할 수 있는 인프라가 턱없이 부족합니다. 자연적 조건은 물론 국민적인 관심 또한 동계 스포츠의 활성화와는 거리가 멀죠. 그런데 놀랍게도 쇼트트랙과 피겨스케이팅, 스피드스케이팅 일부 종목에서 세계 최고 수준의 실력을 보여주고 있습니다. 정치 외교력과 경제력, 기타 사회적 요인 등도 있지만, 동계 스포츠 종목에서의 실력 발휘가 2018년 우리나라에서 동계올림픽을 개최하게 된 중요한 요인이라고 할 수 있을 것입니다. 국민들이 평소에 무관심한 스포츠 종목들에서 세계 최강의 실력을 발휘하는 대한민국, 참 대단하지 않습니까? 그렇지만 앞으로도 지금의 성적을 유지할 수 있도록 전 국가적인 여건이 마련되어야 할 것입니다.

마라톤, 대세는 고산 지역

마라톤, 42.195킬로미터를 달리는 나 자신과의 싸움입니다. 마라톤은 그리스 아테네에서 북동쪽 약 30킬로미터 떨어진 곳에 위치한 지역 이름으로, 이곳에서 기원전 490년에 페르시아군과 아테네군이 전투를 벌였습니다. 이 전투에서 아테네군이 승리하자, 마라톤에서 출발해 아테네까지 뛰어가 승전 소식을 전한 전령 페이디피데스를 기리는 뜻에서, 1896년 제1회 근대 올림픽에서부터 마라톤을 육상 경기 종목으로 채택했습니다. 그런데 헤로도토스의 『역사』에 따르면 기원전 490년 페르시아군이 마라톤에 상륙한다는 소식을 들은 아테네가 스파르타에 도움을 청하기 위해 전령 페이디피데스를 파견하였으며, 페이디피데스는 약 200킬로미터의 거리를 이틀에 걸쳐 독주했다고 합니다. 스파르타는 아테네의 위급한 상황을 듣고 원군을 파병하는 데 동의했으나 스파르타의 전통에 따라 보름달이 뜰 때 출전하는 것이 금지되어 있었기 때문에, 아테네는 스파르타의 도움 없이 몇몇 동맹 도시의 도움으로 마라톤 평야에서 페르시아군을 물리쳤다고 합니다. 여기서 헤로도토스는 페이디피데스가 마라톤 승전 소식을 아테네에 전했다는 사실을 언급하고 있지 않기 때문에, 오늘날 마치 전설처럼 퍼져 있는 마라톤의 유래는 후대에 지어낸 것으로 여겨지고 있습니다.

어쨌거나, 영화 〈300〉에서 묘사된 야만적이고 폭력적인 모습과 다르게, 페르시아인들은 잘 짜인 법령과 관대한 이민족 정책으로 넓은 제국을 통치할 수 있었으며, 그들의 종교인 조로아스터교는 후대 종교관에 큰 영향을 줄 정도로 페르시아는 발전된 나라였습니다. 이 페르시아를 뿌리로 삼고 있는 나라가 바로 오늘날의 이란입니다. 고대 페르시아 역사에 대단한 자긍심을 가지고 있는 이란인들에게 선조들의 치욕의 역사를 떠올리게 하는 마라톤은 달갑지 않은 종목일 것입니다. 그런 이유에서 이란은 한 번도 마라톤 경기를 주최한 적도, 경기에 참가한 적도 없습니다. 심지어 1974년 테헤란 아시안게임에서는 마라톤이 정식 종목에서 제외되기도 했습니다.

오늘날 공식적으로 인정하는 마라톤 코스의 길이는 42.195킬로미터입니다. 사실 이 거리는 앞서 설명한 전설적인 마라톤의 유래와 전혀 관계가 없습니다. 이 코스 길이는 1908년 런던 올림픽에서 최초로 채택되었습니다. 당시 영국 왕실에서 마라톤의 출발과 결승 광경을 편안히 보기 위해 윈저 성의 동쪽 베란다에서 마라톤이 시작해 화이트 시티(White City) 운동장에서 끝마치도록 해달라고 요청하였답니다. 이 요청에 따라 종래의 거리 40.235킬로미터보다 약 2킬로미터가 더 길어진 마라톤 코스가 정해졌으며, 런던 올림픽 이래로 마라톤의 공식 거리로 채택되었습니다.

마라톤은 그리스와 이란의 역사에도 등장하지만, 우리나라와 일본의 역사

결승선을 통과하는 손기정 선수

속에도 등장합니다. 바로 우리나라 최초의 하계올림픽 금메달을 딴 손기정 선수와 관련된 일화입니다. 1936년 베를린 올림픽의 하이라이트인 마라톤 경기(1936년 8월 9일)에서 손기정 선수는 우승을 차지했습니다. 이때 손기정의 목에 금메달을 걸어준 사람은 다름 아닌 아돌프 히틀러였고 손기정은 히틀러와 악수를 나눴습니다. 손기정 선수는 42.195킬로미터를 2시간 29분 19.2초에 주파해 당시 세계신기록을 세우며 금메달을 땄고, 손기정과 함께 출전했던 남승룡 선수가 동메달을 차지했습니다.

1936년 당시에는 우리나라가 일본의 지배 아래 있었기 때문에 손기정 선수는 일본 대표팀으로 뛰어야 했고, 이름을 로마자로 표기할 때도 일본식으로 읽은 'Son Kitei'라고 써야 했습니다. 하지만 손기정은 한국어 이름으로만 서명했으며 그 옆에 한반도를 그려 넣기도 했다고 합니다. 인터뷰에서도 그는 자신의 모국이 조선이라고 밝혔고, 시상식 때 태극기가 아닌 일장기가 올라가는 것을 보고 눈물을 흘렸습니다. 당시 우리나라 언론에서 그의 사진 속 일장기를 지워버린 일장기 말소 사건이 일어나기도 했습니다.

손기정 선수는 귀국 당시 환영 대신 경찰들로부터 연행되는 것처럼 대우받았고 전차를 타는 것조차 일본의 감시를 받아야 했습니다. 아직도 올림픽 공식 기록에는 손기정의 국적이 우승 당시의 일본으로 되어 있습니다. 베를린 올림픽 경기장에 세워진 기념비에 쓰인 국적은 일본에서 한국으로 한 번 바뀌었다가 다시 일본으로 바뀌었죠. 손기정은 일본 올림픽위원회가 국제 올림픽위원회에 국적 변경을 신청하면 공식 기록을 고칠 수 있을 것이라고 주장했지만, 일본 올림픽위원회가 이를 들어주지 않았기 때문에 공식 기록은 일본으로 남아 있습니다. 독도뿐만 아니라 손기정 선수의 국적을 찾아주는 운동 역시 필요하지 않을까 생각됩니다.

해방 이후에는 당당히 태극기를 앞가슴에 달고서 서윤복이 1947년 보스턴 마라톤 대회에서 우승을 했습니다. 처음 태극기를 달고 마라톤 대회에 출전했기 때문인지 서윤복도 민족의 영웅이 되었습니다. 그리고 1950년 같은 대회에서 함기용, 송길윤, 최윤칠이 1,2,3위를 휩쓸어 세계를 놀라게 했습니다.

손기정 선수의 배턴을 이어받아 발전하던 한국 마라톤은 1990년대 들어 황영조, 이봉주로 이어지는 황금시대를 맞게 됩니다. 황영조는 1992년 바르셀로나 올림픽에서 금메달을 따내 '몬주익의 영웅'으로 떠올랐고, 이봉주는 1996년 애틀랜타 올림픽에서 은메달을 획득했습니다. 현재 한국 최고 기록도 이봉주 선수가 보유하고 있습니다.

하지만 그 이후 지금은 적어도 엘리트 체육에서 마라톤의 인기와 실력이 예전만 못한 것이 사실입니다. 최근 마라톤을 점령하

우승을 눈앞에 두고 결승선을 향해 달리는 황영조 선수. 아쉽게도 이후 한국 마라톤은 올림픽 금메달과 인연을 맺지 못하고 있습니다.

고 있는 국가는 케냐, 에티오피아 등입니다. 마라톤뿐 아니라 육상의 중장거리 종목 역시 케냐, 에티오피아 등의 아프리카 국가들이 두각을 나타내고 있습니다. 이는 고원 지대의 장점을 활용한 것입니다. 고산 지대에서 축구를 하는 것이 힘들다는 이야기는 많이 들어봤을 겁니다. 특히 남아메리카의 에콰도르와 같은 나라에서 축구 경기가 열릴 때는 상대편 선수들은 고산 지대의 부족한 산소로 인해 어려움을 겪는 경우가 많습니다. 아르헨티나의 메시 선수도 고산 지대에서 축구 경기를 하던 도중 고산병으로 구토를 했던 일이 있죠.

이러한 지형적 특성을 마라톤이나 중장거리 육상에 활용하는 것입니다. 고원 지대에는 산소가 부족하기 때문에 그런 상태에서 훈련을 하고 해발고도가 낮은 곳으로 내려오면 상대적으로 폐활량이 늘어나는 효과를 얻을 수 있습니다. 그래서 아프리카 고원 지대에 사는 선수들의 마라톤 성적이 좋게 나온다고 볼 수 있습니다.

요즘 우리나라에서는 강원도 평창군 대관령 삼양목장을 마라톤 코스로 사용하는 문제를 두고 전지훈련팀과 목장 간에 해마다 마찰을 빚고 있기도 합니다. 강원도 육상연맹에 따르면 매년 여름철이면 전국에서 50여 개의 마라톤 팀이 고원 지대이면서 여름에도 서늘한 대관령 지역을 전지훈련 장소로 찾고 있다고 합니다. 이 역시 고위평탄면에 해당하는 고원 지역을 활용한 사례라고 할 수 있겠습니다. 물론 이제 갈등은 없애도록 노력해야겠지요.

부드러움이 강함을 이긴다, 주짓수

　어렸을 때 예의범절을 배우고 튼튼한 신체를 가꾸기 위해 태권도장, 합기도장, 검도장에 다녀본 독자분들 많으시죠? 학교에서 태권도장에 다니는 아이들과 합기도장에 다니는 아이들이 만나면 으레 나오는 논쟁거리가 "태권도 사범님이 세냐, 합기도 사범님이 세냐?"는 것이죠. 이렇게 유치하지만 흥미로운 궁금증에서 출발한 스포츠가 바로 이종격투기입니다. 흔히 K-1이나 UFC로 알려져 있는 스포츠입니다(K-1이나 UFC는 이종격투기 경기를 주관하는 단체의 이름입니다). 이종격투기는 말 그대로 각기 다른 특색을 가진 다양한 무술들이 정해진 규칙과 일정한 공간 안에서 강함을 겨루는 스포츠입니다. '태권도와 합기도가 싸우면 누가 이길까? 당랑권 고수와 태극권 고수가 싸우면 누가 이길까? 이소룡과 최배달이 싸우면 누가 이길까?'와 같은 단순한 물음에서 시작한 스포츠가 지금은 전 세계 수많은 팬들을 열광시키고 있습니다.

　1993년 미국에 이종격투기 단체인 UFC가 설립되고 첫 번째 토너먼트 대회

UFC 초대 챔피언인 호이스 그레이시(좌)와 주짓수 대회의 모습(우)

가 개최되었을 때, 어떠한 무술이 최고의 자리를 차지할지 수많은 사람들의 이목이 집중되었습니다. 그런데 놀랍게도 엄청난 펀치와 킥을 가진 거구의 선수가 우승할 것이라는 사람들의 예상을 뒤엎고 작은 체구의 브라질 출신 무도가가 우승을 차지했습니다. 185센티미터에 80킬로그램, 격투기 선수로서는 작은 체구임에도 불구하고 거구의 격투가들을 쓰러뜨리고 최고의 자리에 올라선 것이죠. 그 선수가 바로 '호이스 그레이시'입니다. 아주 특이하게도 토너먼트 내내 호이스 그레이시는 펀치나 킥과 같은 타격기를 거의 사용하지 않았습니다. 주먹과 발차기를 이용하기보다 꺾기, 조르기와 같은 생소한 기술로 상대방을 괴롭혀가며 우승을 차지했습니다. 그레이시가 이종격투기계에 혜성과 같이 등장하면서 그가 수련한 무술도 주목받기 시작했는데, 그 무술이 바로 '주짓수'입니다.

주짓수는 다른 무술과 다르게 상대방의 힘과 신체를 이용하는 무술입니다. 지렛대의 원리를 이용하여 큰 힘이나 무기에 의존하지 않고 상대의 몸을 자유롭게 조종하여 목을 조르고 관절을 꺾어 적을 제압하는 기술들로 이루어져 있습니다. 그래서 '유일하게 여성이 남성을 제압할 수 있는 무술'로 각광받고 있습니다. 꺾고 조르는 등의 관절기 위주의 기술 때문에 거친 무술로 오해받곤 하지만, 주짓 수의 가장 큰 모토는 '부드러움이 강함을 이 긴다'입니다.

브라질에 유술을 전수한 마에다 미쓰요

　재미있는 사실은 브라질 무술이라고 알려 져 있는 주짓수가 실은 일본에서 시작되었다는 점입니다. 일본에서는 주짓수가 '유술(부드러운 무술)'이라는 이름으로 불리며, 사무라이들이 무기 없이 적을 제 압하기 위해 연마한 무술에서 기원했다고 합니다. 이 유술이라는 일본 특유의 무술 문화를 일본인 이민자들이 브라질에 이식하게 됩니다. 일본인들의 브라질 이민은 1908년 이민자들이 고베 항을 떠난 것으로부터 시작합니다. 당시 브라 질에는 광대한 토지에서 일할 농업 노동자가 부족했던 반면 일본의 농민들은 좁은 농토에서 궁핍한 생활을 하고 있어, 일본 정부에서 브라질 이민을 장려했 고 브라질에서는 일본 이민자들을 환영했습니다. 이로 인해 많은 일본인들이 브라질로 건너갔으며, 그중에는 일본의 한 유술 문파인 '강도관'의 강자 '마에다

미쓰요'라는 사람도 있었습니다.

마에다 미쓰요는 20세의 나이에 유도 4단을 획득한 천부적인 무도가로, 1914년 브라질로 이민하여 정착하게 됩니다. 이민자로서 어려운 생활을 이어 가던 마에다 미쓰요는 브라질의 정치 가문인 그레이시 가문에서 여러 도움을 받으면서 인연을 맺습니다. 그는 이에 대한 고마움으로 그레이시 가문의 맏아 들인 카를로스 그레이시에게 유술을 전수하게 됩니다. 이후 카를로스의 동생 인 엘리오 그레이시가 형에게 유술을 배우고 브라질 고유의 격투술인 발리투 도와 유술을 접목하여 우리가 보통 '주짓수'라고 부르는 '브라질리언 주짓수'를 만들게 됩니다. 브라질리언 주짓수의 창시자인 엘리오 그레이시의 아들이 바로 UFC 토너먼트 초대 챔피언인 호이시 그레이시입니다.

보통 문화는 문화의 중심에서 주변으로 전염되듯 전파되는 게 일반적입니다. 그런데 특이하게 주짓수는 지리적으로도 멀리 떨어져 있고 문화적으로도 전혀 연관성이 없는 일본과 브라질의 고유한 무술 문화가 결합되면서 만들어졌습니 다. 일본인 이민자의 브라질 유입으로 문화의 재위치 전파가 이루어졌고, 각 무 술 문화의 특수성이 뒤섞이면서 문화의 긍정적인 변화가 일어난 것이죠. 일본 인들의 브라질 이민이 이렇게 강한 무술을 만들지 누가 알았겠습니까?

요즘 주짓수의 부드러운 강함에 반해 주짓수를 배우는 사람들이 늘어나고 있습니다. 주짓수를 배우고 이종격투기를 즐기면서 단순히 기술만을 연마하는 것이 아니라, 이러한 문화, 역사적인 배경까지 알고 배운다면 더 재미있는 수련 이 되지 않을까요?

나는 즐라탄이다

즐라탄 이브라히모비치, 제가 가장 좋아하는 축구 선수입니다. 메시나 호날두가 축구계의 양대 산맥으로 신이라 불리고 있지만, 저에게는 즐라탄이 최고입니다. 엄청난 피지컬에 어울리지 않는 발재간, 거기에 묘기처럼 보이는 슈팅에 창의적인 패싱 능력까지 갖춘 매력덩어리 축구 선수 즐라탄. 즐라탄은 현재 프랑스의 파리생제르맹과 스웨덴 국가대표팀에서 뛰고 있습니다.

스웨덴 축구가 비교적 약체인 탓에 즐라탄 개인의 실력에 비해 월드컵과 같은 국제무대에서는 좋은 성적을 거두지 못했습니다. 아니, 본선 토너

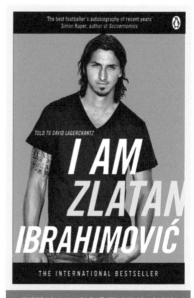

'방랑의 스트라이커' 즐라탄의 자서전
원서 표지

먼트에 오르기 전 유럽 예선을 뚫기도 힘듭니다. 이쯤에서 그의 스웨덴 동료들

을 살펴볼까요? 스웨덴 국가대표팀에는 현재 즐라탄 이브라히모비치를 포함해 세바스티안 라르손, 안데르스 스벤손, 미카엘 안돈손, 요나스 올손, 안드레아스 이삭손 등이 활약하고 있습니다. 그런데 즐라탄은 다른 스웨덴 선수들과 성이 다소 다릅니다. 다른 선수들은 성이 '손'으로 끝나는데, 즐라탄 이브라히모비치는 '치'로 끝납니다. 즐라탄은 다른 나라에서 온 것일까요? 그런데 축구 좀 봤다는 독자라면 성이 '치'로 끝나는 선수들을 여럿 봤을 것입니다. 크로아티아의 루카 모드리치, 세르비아의 비디치 등 발칸반도 출신의 선수들은 성이 '치'로 끝나는 경우가 많습니다. 즐라탄 이브라히모비치는 아마도 발칸반도와 질긴 연결 고리가 있을 듯합니다.

즐라탄은 스웨덴의 말뫼에서 성장했습니다. 그의 첫 프로축구팀도 말뫼입니다. 말뫼에는 로젠고르라는 이민자 지역이 있는데 이곳이 즐라탄의 고향입니다. 즐라탄의 아버지는 보스니아 출신이며 어머니는 크로아티아 출신입니다. 양친 모두 발칸반도의 분쟁을 피해서 스웨덴으로 이민을 떠나 말뫼의 로젠고르에 정착했고, 그곳에서 즐라탄을 낳아 길렀습니다. 즐라탄 이브라히모비치의 부모님은 왜 정든 고향을 떠나야만 했을까요?

우리는 민족이라는 개념을 쉽게 사용하곤 합니다. 그런데 민족이 정확히 무엇이느냐고 물으면 쉽게 대답할 수 있는 사람은 드물 것입니다. 민족을 나누는 기준에는 여러 가지가 있는데, 지리학에서는 민족의 구분을 언어와 역사적 경험, 종교의 동질성으로 구분하곤 합니다. 발칸반도는 언어, 역사적 경험, 종교가 서로 다른 여러 민족이 뒤섞여 있어 싸움이 날 수밖에 없는 상황이었습니다. 발칸반도의 여러 나라 중 즐라탄 이브라히모비치를 자세히 알기 위해 주목

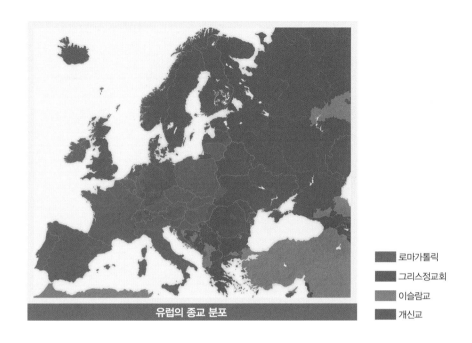

	로마가톨릭
	그리스정교회
	이슬람교
	개신교

유럽의 종교 분포

해봐야 할 나라에는 슬로베니아, 크로아티아, 보스니아 헤르체고비나, 세르비아, 몬테네그로, 마케도니아, 그리고 알바니아가 있습니다.

먼저 이들 국가의 종교를 확인해봅시다. 슬로베니아와 크로아티아는 로마가톨릭을 믿고 있습니다. 세르비아와 몬테네그로, 마케도니아는 그리스정교회를 믿고 있네요. 알바니아는 유럽 유일의 무슬림 국가입니다. 더 중요한 사실은 무슬림들이 보스니아, 세르비아를 중심으로 여러 나라에 분포해 있다는 것입니다. 이들 국가의 무슬림들은 지금도 많은 탄압을 받고 있습니다. 코소보 사태는 세르비아 내 무슬림에 대한 세르비아인들의 잔혹성을 전 세계에 알린 사건이었죠.

슬라브어군
알바니아어(인도유럽어족)

슬로베니아

크로아티아

보스니아 헤르체고비나   세르비아

몬테네그로

알바니아   마케도니아

발칸반도의 언어 분포

다음으로 이들 국가의 언어를 확인해봅시다. 슬로베니아, 크로아티아, 보스니아 헤르체고비나, 세르비아, 마케도니아, 몬테네그로는 큰 틀에서 슬라브어군에 속하지만, 모두 조금씩 다른 자기만의 언어를 가지고 있습니다. 알바니아는 종교도 자기 혼자 이슬람교를 믿더니 언어도 슬라브어군과는 전혀 상관없는 동떨어진 언어를 씁니다. 알바니아에 인접한 세르비아와 몬테네그로, 마케도니아에 사는 무슬림들은 완전히 다른 언어를 사용하고 있네요. 언어와 종교를 보니 이들 나라가 지금 왜 서로 분리되어 있고, 내부 갈등이 현재까지 이어지는지 조금은 알 수 있습니다.

마지막으로 역사적 경험입니다. 이렇게 문화적 다양성이 존재하는 나라들을 제1차 세계대전 후 평화협상 과정에서 하나의 국가로 묶어버립니다. '유고슬라비아'라는 짬뽕 같은 나라가 탄생한 것이죠. 남처럼 지내고 때로 싸우기도 했던 사람들을 하나의 나라에서 사이좋게 지내라고 해버리니, 지역 주민들에게는 이보다 더 황당한 일이 없었을 것입니다. 이후 제2차 세계대전 즈음해 등장한 티토의 강력한 리더십 아래 불완전한 통합을 이루었던 유고슬라비아는, 티토 사망 후 여러 민족들이 자기 색깔을 찾아 분리 독립을 이루게 됩니다. 분리 과정에서 유고슬라비아의 주축 세력이었던 세르비아가 크로아티아, 보스니아 헤르체고비나와 전쟁을 벌였으며, 구 유고슬라비아 내에 존재했던 무슬림에 대한 지속적인 탄압이 있었습니다. 지도를 활용해 종교와 언어를 중심으로 유고슬라비아를 바라보니 역사적 경험이 보다 쉽게 이해됩니다.

이러한 과정에서 즐라탄의 부모님은 정든 고향을 떠나 머나먼 스웨덴으로 향할 수밖에 없었습니다. 즐라탄의 아버지는 보스니아계 무슬림이며 어머니는 세르비아의 침략을 받던 크로아티아계입니다. 이쯤 되니 즐라탄은 어떤 종교를 선택했을지 궁금해집니다. 즐라탄은 어머니의 종교를 따릅니다. 어머니가 크로아티아 출신이니 가톨릭을 믿는 것이죠. '방랑의 스트라이커 즐라탄'이라는 별명은 즐라탄이 유벤투스, 인테르 밀란, FC 바르셀로나, AC 밀란과 같은 빅 클럽을 떠돌아서 붙여진 것이지만, 가족사를 들여다보니 발칸반도와 깊은 연관이 있는 즐라탄 이브라히모비치는 실로 '방랑의 스트라이커'라 불릴 만합니다.

브라질과 아르헨티나 축구 국가대표팀으로
알아보는 남미의 모순

아르헨티나(위)와 브라질(아래) 축구 대표팀의 모습

여기 두 장의 사진이 있습니다. 월드컵이 열릴 때면 언제나 우승 후보로 거론되는 브라질과 아르헨티나의 축구 국가대표팀 사진입니다. 남아메리카에 속한 인접 국가이지만 자세히 들여다보면 두 대표팀을 구성하는 선수들의 생김새가 조금 다르다는 것을 알 수 있습니다. 브라질 국가대표 선수들은 피부색이 더 짙고 아프리카와 가까운 느낌입니다. 이에 비해 아르헨티나 선수들은 유럽에 더 가까워 보입니다. 왜 이런 차이가 나타난 것일까요? 이 글에서는 피부색에 감춰진 남아메리카의 슬픈 이야기를 여러분과 나눠보려 합니다.

남아메리카를 이야기하기 전에 먼저 북아메리카 이야기를 해보겠습니다. 아메리카 대륙을 유럽인들은 신대륙이라 불렀습니다. 자기들 기준으로는 존재를 전혀 모르다가 새로 발견한 대륙이니 신대륙이라 부른 것이죠. 그런데 유럽인들이 몰랐을 뿐이지 아메리카 대륙은 지구를 구성하는 여러 대륙의 일부로 예전부터 존재해왔고, 이미 원주민들도 살고 있었습니다. 하지만 유럽인들은 원주민들의 모든 것을 무시한 채 그들의 '신대륙'을 개척하기 시작합니다.

브라질
언어: 포르투갈어
인종 구성:
백인 53.8%
물라토 39.1%
흑인 6.2%
기타 0.9%

아르헨티나
언어: 에스파냐어
인종 구성:
백인 85%
메스티소 11.1%
기타 3.4%

아르헨티나와 브라질의 언어 및 인종 구성

다양한 자연환경이 나타나는 북아메리카 대륙에서 유럽인들은 자신들이 원래 살았던 지역과 비슷한 곳에 정착하기 시작합니다. 더운 곳이 익숙한 사람은 더운 곳에, 추운 곳이 익숙한 사람은 추운 곳에, 어찌 보면 당연한 이야기입니다. 예를 들어 춥고 침엽수림이 뒤덮인 스칸디나비아 반도에 살았던 핀란드인들은 위스콘신 주 북부의 수목 지대를 개척했습니다. 러시아 남부의 초원 지역에서 밀을 재배하다가 미국으로 이주한 독일계 러시아인들은 '그레이트플레인스'라 불리는 광활한 초원 지역에 정착해 이전과 같이 농사를 지었죠. 북아메리카에는 처음 이주를 시작한 영국인뿐 아니라 새로운 기회를 찾아 유럽 각지의 사람들이 몰려들기 시작했고, 그들은 제각기 자신이 익숙한 고향과 비슷한 환경을 찾아 새로운 삶을 시작했습니다.

북아메리카에 서부 유럽과 북부 유럽 사람들이 주로 이주해 정착한 반면, 남아메리카에는 스페인과 포르투갈 중심의 남부 유럽 사람들이 주축이 되어 이주가 일어났습니다. 남부 유럽은 건조하고 따사로운 여름, 온난하며 여름에 비해 습한 겨울로 대표되는 지중해성 기후가 나타납니다. 스페인과 포르투갈 사람들 역시 자연스레 자기들이 살았던 지역과 비슷한 기후가 나타나는 지역을 찾아 이주하기 시작합니다. 오늘날의 아르헨티나 동부와 브라질 남부 지역은 온대 기후가 뚜렷하게 나타나 유럽인들이 살기에 아주 쾌적한 지역이었습니다. 국경선을 정하는 데 마찰이 있었지만 '토르데시야스 조약'을 통해 서경 46도선을 기준으로 아르헨티나와 브라질의 경계가 그려지기 시작합니다. 그들은 온대 기후가 나타나는 지역에서 대농장을 일구며 살아갔습니다.

브라질의 아마존 강 유역에는 열대 기후가 나타납니다. 온대 기후에서 살아왔던 유럽인들에게 쾌적한 환경은 아니지만, 플랜테이션 농업을 통해 엄청난 돈을 벌어들일 수 있어 매력적인 지역이었습니다. 플랜테이션은 열대 기후에서 자라나는 상업적 작물을 유럽인들의 자본과 기술력으로 원주민들을 착취해 재배하는 농업 형식입니다 처음에는 아메리카 대륙 원주민들을 착취해 농장을 경영했는데, 유럽인들의 학대와 유럽에서 건너온 전염병으로 인해 원주민 인구가 급격히 줄어들기 시작합니다. 그러자 포르투갈인들은 노동력의 대안을 아프리카에서 찾았습니다. 악명 높은 대서양 노예무역이죠. 노예무역을 통해 브라질 북동부 해안의 플랜테이션 농업 지역에 아프리카 흑인들의 강제 이주가 시작됩니다. 앞의 사진에서 브라질 국가대표 선수들의 피부색이 짙은 이유는 노예무역을 통해 건너온 흑인들의 피가 남아 있기 때문입니다.

노예무역으로 시작된 아메리카 대륙에서의 흑인들의 역사는 현재진행형입니다. 남미에서 사회계층은 피부색으로 구별됩니다. 흰색 피부에서 점차 색이 짙어질수록 부자에서 가난한 사람이 되어갑니다. 남미에 정착한 유럽인들은 대농장을 소유하고 유색 인종을 노예로 부리며 막대한 부를 축적합니다. 노예로 시작한 흑인들은 수백 년이 지난 지금도 노예라는 신분만 사라졌을 뿐 노예와 다를 것 없는 삶을 살고 있는 경우가 태반입니다.

브라질의 유명 축구 선수 호나우두는 브라질의 빈민가에서 자랐습니다. 그는 축구가 아니면 먹고살 길이 없었다고 합니다. 축구를 통해 성공하는 것 외에는 빈민가를 탈출할 방법이 없었기에 호나우두에게 축구는 즐거움이자 동시에 하늘에서 내려온 동아줄 같은 존재였습니다. 호나우두와 비슷한 시기에 활약했던 브라질 선수 카카는 백인 중산층 자녀로 굳이 축구를 하지 않아도 잘 살아갈 수 있었습니다. 부유한 집안 환경 덕분에 카카는 호나우두와 달리 학업과 공부를 동시에 할 수 있었는데, 그러다 자신의 재능이 축구에 있음을 깨닫고 축구를 선택해 더 집중한 것입니다. 호나우두와 카카의 사례에서 알 수 있듯이 브라질은 아르헨티나에 비해 양극화가 심하게 나타납니다.

사진을 통해 보이는 피부색으로 축구 선수의 삶 전체를 알 수는 없지만, 브라질 국가대표 선수들이 뭔가 사연이 더 많을 것 같습니다. 지금도 남미에서는 백인은 백인끼리 결혼하며 자신들의 권력과 부를 지키고 유색 인종과 차별된 삶을 위해 노력한다고 합니다.

월드컵을 찾아온 이슬람의 라마단

2014 브라질 월드컵, 대한민국의 승리 상대로 여겼던 알제리의 전력은 생각 이상이었습니다. 우리나라는 알제리에 2:4로 패했고, 16강 진출은 알제리의 몫이 되었습니다. 그런데 16강에 오른 알제리에게 새로운 고민거리가 생겼습니다. 28년 만에 월드컵 기간 중에 라마단이 끼어 있었기 때문입니다. 라마단이 누구기에 고민하는 것일까요? 라마단은 축구 선수 이름이 아니라 이슬람교의 종교 행사입니다. 우선 라마단에 대해서 알아보겠습니다.

라마단은 아랍어로 '더운 달'을 뜻하며, 이슬람력으로 9월에 해당합니다. 천사 가브리엘이 무함마드에게 '코란'을 가르친 신성한 달로 여겨, 이슬람교도는 이 기간 동안 일출에서 일몰까지 의무적으로 금식하고 날마다 5번의 기도를 드립니다. 다만 여행자, 병자, 임신부 등은 면제되는 대신, 후에 별도로 수일간 금식해야 한답니다. 이는 이슬람 신자에게 부여된 다섯 가지 의무 가운데 하나이며, '라마단'이라는 용어 자체가 금식을 뜻하는 경우도 있지요. 이 기간에는 해가 떠 있는 동안 음식뿐 아니라 담배, 물, 성관계도 금지됩니다. 혼동하지 말아야 할 것은 한 달 내내 금식을 하는 것이 아닙니다. 해가 떠 있는 동안에만 금식이 이뤄지는 것입니다. 라마단의 금식은 가난한 이들의 굶주림을 체험하는 동시에 신에 대한 믿음을 시험한다는 의미와, 저녁 이후에는 이웃들과 음식을 나누며 일용할 양식의 소중함을 되새기라는 의미를 갖고 있습니다.

하지만 한 달간 라마단을 따르는 것은 힘들게 땀 흘리며 운동해야 하는 이슬람교도 축구 선수들에게는 쉬운 일이 아닙니다. 일상생활을 하는 사람들은 낮 동안 금식하고 해가 진 뒤 음식을 먹는 생활을 받아들일 수 있지만, 격한 운동과 훈련을 해야 하는 선수들은 고통이 더 클 것입니다. 특히 유럽에서 뛰는 무슬림 선수들은 신앙에 대한 양심으로 고통받습니다. 이슬람 율법에 따르면 라마단 기간에는 훈련 중 물을 마시는 것도 금지돼 있기 때문입니다. 프랑스의 유명 축구 선수이자 이슬람교도인 니콜라 아넬카는 과거 인터뷰에서 "2004년 개종 후 라마단을 지켰지만 금식으로 인해 스트레스가 많았다. 결국 라마단 기간에 계속 부상이 생겼고 그 뒤로는 (율법을) 지키는 것이 어렵게 됐다"고 고백한 바 있습니다.

유럽에서 활동을 하고 돌아온 축구 선수들도 마찬가지였습니다. 이란의 축구 선수 알리 카리미는 독일의 명문 구단 바이에른 뮌헨에서 뛸 정도로 실력이 출중했습니다. 우리나라로 치면 이란의 박지성 선수라고나 할까요? 이런 슈퍼스타 알리 카리미가 이란으로 돌아와 소속팀과 큰 갈등을 벌여 화제가 되기도 했습니다. 카리미가 라마단 기간의 팀 훈련 중 갈증을 느껴 물을 마시려고 하자, 코칭스태프가 율법에 의거해 물을 마시는 것을 저지했습니다. 이에 구단 측에서 라마단 금식을 시작하지 않은 이유를 묻자 카리미가 구단과 이란 축구연맹 관계자들에게 욕설을 했다고 주장했고, 카리미는 구단의 이 같은 주장을 부인하였습니다. 결국 처음에는 카리미 선수에게 해고 통보가 내려졌다가 벌금 4만 달러를 내고 팀 훈련에 다시 참여할 수 있게 되었습니다.

2014 월드컵 참가 선수 가운데 프랑스의 바카리 사냐, 카림 벤제마, 마마두 사코, 무사 시소코, 폴 포그바, 스위스의 제르단 샤키리, 독일의 메수트 외질, 벨기에의 무사 뎀벨레, 마루안 펠라이니, 아드낭 야누자이 등이 이슬람교도였습니다. 이들은 라마단에 대해 다양한 반응을 보였습니다. 독일 미드필더 메수트 외질은 "지금은 일하고 있는 중이기 때문에 라마단에 참여할 수 없다"고 입장을 밝혔고, 프랑스 수비수 바카리 사냐도 "율법에 따르면 몇 가지 경우 라마단 금식을 피할 수 있다. 이번 라마단 기간에 금식을 하지 않겠다"고 밝혔습니다. 반면 알제리의 주장 마지드 부게라는 금식을 할 것이라는 입장을 밝히는 내용의 인터뷰를 했습니다.

결국 라마단 기간에 16강에 오른 알제리는 어떻게 되었을까요? 알제리는 브라질 월드컵 우승국 독일을 만나 연장전까지 접전 끝에 1:2로 패했습니다. 아이러니하게도 연장전에서 골을 넣은 선수는 라마단에 참여할 수 없다고 밝힌 이슬람교도 외질이었습니다. 하지만 라마단을 치르면서 보여준 알제리 선수들의 투혼과 경기력은 박수를 받기에 충분했습니다.

라마단 기간

연도	시작일	종료일
2014년	6월 28일	7월 27일
2015년	6월 18일	7월 16일
2016년	6월 6일	7월 5일
2017년	5월 27일	6월 25일
2018년	5월 16일	6월 15일
2019년	5월 6일	6월 5일
2020년	4월 24일	5월 23일

* 지역에 따라, 교리에 따라 1, 2일 차이가 있습니다.

위 표는 라마단 기간을 보여주는 것입니다. 쿠웨이트 등 일부 이슬람 국가에서는 라마단 일출 시간에 물을 마시거나 음식을 섭취할 경우 내국인은 물론이고 외국인들에게도 예외 없이 강력한 처벌을 가하고 있습니다. 쿠웨이트는 라마단 기간에 사회 기강 잡기에 나서면서 공공장소에서 물 등 음식물 섭취 시 1000쿠웨이트 디나르(우리 돈 약 400만 원)의 범칙금과 1개월 감옥형에 처한다고 발표했답니다. 노약자 및 어린이는 예외로 규정하고 있으나, 외국인도 일출 기간 물 또는 음식물 섭취가 발각될 경우 처벌을 받게 돼 있습니다.

다른 이슬람 국가 가운데 라마단 기간 동안 외국인에게 관대한 나라도 있습니다. 하지만 고의적으로 현지인 앞에서 낮에 음식을 먹으며 돌아다니는 행위는 금물입니다. 또한 낮에 관광지나 관공서를 여는 시간이 단축되는 경우도 있으니 여행할 때 주의해야 합니다. 일부 과격 이슬람 세력들은 라마단 기간에 순교하면 신의 은총을 받을 수 있다고 믿습니다. 이 때문에 라마단 기간을 골라 테러를 자행하기도 하는데요, 유흥업소 등 이슬람의 가르침에 어긋난다고 생각하는 장소를 주로 노리니 될 수 있으면 출입을 삼가는 것이 좋습니다. 다만 해가 진 이후 저녁에는 지인들과 모여 성대한 만찬을 벌이는 모습을 보며 즐길 수 있습니다. 이슬람의 라마단, 여행하기 전 자세히 알아보고 떠나면 도움이 될 것입니다.

대한민국 진짜 교양을 책임진다!
교과서를 기반으로 일반인의 교양지수를 높여줄 대국민 프로젝트

최고의 선생님이 뭉쳤다
〈휴먼 특강〉 프로젝트

1. 사상 최초, 전무후무한 스타강사진

: 국내 최초로 스타강사, 일타강사를 과목별 저자군으로 선정,

그 어디에서도 볼 수 없었던 초호화 스타강사진 형성.

〈최진기·설민석·한유민·이현·이지영·김성묵·박대훈·이은직 등〉

2. 쉽고, 재미있게! 국민교양서

: 교과서를 기반으로 일반인의 교양지수를 높여줄 대국민 프로젝트.

인생을 살아가는 데 꼭 필요한 필수 교양을 마스터하는 대중 지식의 향연.

3. 검증된 〈휴먼 특강〉 기획위원단

: 교과서 출제위원, 사교육계 자문위원, 현직 고등학교 선생님, 대학 교수진 등

콘텐츠의 자문과 기획 등 조언을 해주는 검증된 기획위원 도입.

4. 개론과 각론 등 계속해서 이어지는 〈휴먼 특강〉 시리즈

: 긴 호흡을 갖고 종횡으로 스타강사진의 전공과목 및 주제 등을 선정하여 단행본화.

〈인문학·경제학·철학·역사학 등〉

쉽고! 재미있게!
실생활에 당장 써먹을 수 있는
생생한 글로벌 경제 이야기!

왜, 우리는 글로벌 경제를 알아야 하는가?

우리는 어떻게, 강대국의 상황을 파악하고 이해해야 하는가?

우리는 무엇을 배우고 어디로 가야 하는가?

최진기의
글로벌
경제 특강

살아 있는, 삶에 유용한 경제 이야기

최진기 지음

MBC 〈무한도전〉이 선택한
최고의 한국사 선생님 설민석과 함께하는
대국민 '한국사 바로 알기' 프로젝트!

꼭 알아야 하는 우리의 역사!
꼭 지켜야 하는 우리의 문화!

왜, 우리는 한국사를 알아야 하는가?
스타강사 설민석이 명쾌하게 말하는 쉽고 재미있는 한국사!

최진기의 끝내주는 전쟁사 특강 (전 2권)

최진기 지음

가장 대중적인 인문학 강사
최진기가 전쟁을 통해 바라본
세계 역사의 변화

왜 우리는 전쟁을 알아야 할까?
전쟁 속 전략과 정보를 통해 치열한 삶에서 승자가 되어보자!

한유민의 그럴법한 생활법률 특강

한유민·조태욱 지음

스타강사와 변호사가 말하는
쉽고 재미있는
생활밀착형 법률 이야기!

법을 알면 세상이 제대로 보인다
민사/형사/비즈니스 3개의 장으로 구성된 일상 속 법률 이야기!

김성묵의 무도 _{무지 쉽고 동음 되는} 동양 철학 특강

김성묵 지음

공자부터 정약용까지,
유학부터 동학까지
한 눈에 파악하는 동양 철학 길라잡이

15년차 스타강사와 함께하는
대국민 '공맹순' 바로 알기 프로젝트!

최진기의 거의 모든 인문학 특강

최진기 지음

죽은 지식이 아닌
'생활밀착형' 인문학을 말하다!

가장 대중적인 인문학 강사 최진기와 함께하는
대국민 '인문학' 바로 알기 프로젝트!

박대훈의 사방팔방 지식 특강

ⓒ박대훈, 최.지.선. 2015

1판 1쇄 발행 2015년 7월 3일
1판 3쇄 발행 2019년 6월 5일

지은이 박대훈, 최.지.선.
펴낸이 황상욱

기획 황상욱 윤해승 **편집** 윤해승 이은현
디자인 이정민 **마케팅** 최향모 이지민
제작 강신은 김동욱 임현식 **제작처** 미광원색사(인쇄) 중앙제책(제본)

펴낸곳 (주)휴먼큐브
출판등록 2015년 7월 24일 제406-2015-000096호
주소 10881 경기도 파주시 회동길 455-3 3층

문의전화 031-8071-8685(편집) 031-8071-8670(마케팅) 031-8071-8672(팩스)
전자우편 forviya@munhak.com

ISBN 978-89-546-3672-8 03980

트위터 @humancube44 **페이스북** fb.com/humancube44